把大自然带回家
我想养只小兔子

[日]小宫辉之 著　　[日]大野彰子 [日]大野弘子 绘　　边大玉 译

中信出版集团 | 北京

目录

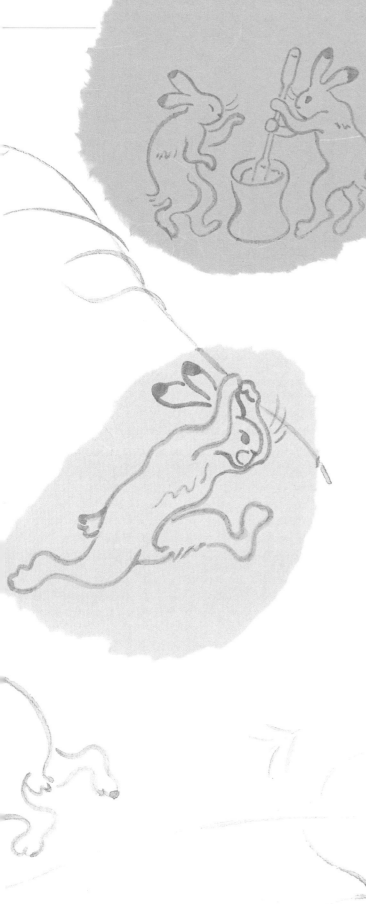

前言

在"因幡白兔""咔嚓咔嚓山"等日本民间传说中，我们经常能够看到兔子的身影。不过，这些传说中的兔子，却并不是我们养在家里或是学校里的那种常见的家兔。

据说，家兔是在14—16世纪才来到日本的。在此之前，日本人心目中的兔子，其实指的是生活在深山老林中的野兔，出现在被誉为日本最古老的漫画的《鸟兽戏画》中的那只和青蛙一起玩耍的兔子，同样也是野兔。不知从什么时候开始，兔子一词渐渐用来专指家兔，而此前一直被称为兔子的野兔，则被冠上了"野兔"或"山兔"的名字。

我曾经做过10年左右的野兔饲养员。在这本书中，我们不仅会给大家带来家兔的相关介绍，还会涉及一些野兔方面的相关知识。当我们在对兔子的身体结构及生活习性等进行说明的时候，希望这样的对比介绍能够帮助大家更加深入地去了解这种动物。

兔子的量词

兔子属于哺乳动物，汉语通常说"一只兔子"，但在日语中，兔子的量词却与鸟的相同，都是用"羽"来进行计数的。

这是因为古代的日本人遵循佛教的某些说法，认为可以捕食鸟，但却不能猎杀哺乳类动物食用。不过，由于农家周围有很多野兔活动，经常也会有野兔不慎落网。为了能够顺利享用到野兔大餐，人们便将鸟的量词直接套用在了野兔的身上，将它们与鸟"一视同仁"了。

在当今时代，较大的哺乳动物一般多用量词"头"，而体形较小的哺乳动物则惯用"只"来计数。

Hare 和 Rabbit

在欧洲，人们习惯将野兔、家兔及它们的祖先穴兔视为几种不同的动物。因此，兔子在英语里也有着不同的叫法：野兔被称为 hare，而家兔和穴兔则被称为 rabbit。

兔类动物

兔类动物指的是哺乳纲兔形目动物，其下又分为兔科和鼠兔科两个小类。

与啮齿动物的区分

松鼠、豚鼠及土拨鼠等都属于啮齿动物。由于兔子的外形与它们的较为相似，而且门齿也可以同啮齿动物的一样无限生长，因此，兔子也曾一度被人们归入到啮齿目的类别之中。

不过，啮齿动物有4颗门齿，但兔子的门齿却有6颗——除了在上颚生有2颗尖锐的门齿之外，这2颗门齿的背后还长有2颗小小的门齿，即楔状门齿，这也是区别兔与啮齿动物的一个重要特征。

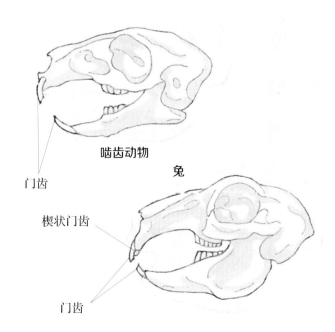

啮齿动物

门齿

兔

楔状门齿

门齿

进食方式

兔子在进食时会横向咀嚼食物，而啮齿动物则是通过上下咀嚼来摄取食物的。此外，兔子无法使用前爪来进行抓握，而是会直接用嘴去够取食物。

野兔

花栗鼠

许多啮齿动物都能在进食的时候用前爪抓握食物。

在外形上，许多啮齿动物与兔类动物极为相似。比如跳兔这种动物，就是名副其实的啮齿动物。

跳兔

食用粪便

除了常见的圆滚滚的粪便之外，兔子还会排出一种小小的深褐色软便，这种软便被人们称为盲肠便。兔子会将身体团成一团，直接从肛门处将这种软便吃掉。

盲肠便含有丰富的维生素及蛋白质，会在再次经过肠道时得到二次吸收。这种排出并食用盲肠便来摄取营养的方式，也是兔子所具有的重要特征之一。

普通粪便

干燥，臭味不明显。

盲肠便

外层有黏膜包裹，颇具光泽。黏膜破裂后会散发出强烈的臭味。

兔子会将排出的盲肠便立刻吃掉，故而盲肠便较难被发现。

鼠兔也是兔类动物

鼠兔与豚鼠大小相仿，头上还长着一对小小的耳朵，看起来和老鼠很像。不过，由于鼠兔生有6颗门齿，而且也有食用排出的盲肠便的习惯，因此可是名副其实的兔类动物。

鼠兔生活在岩石散落的山地，或高地草原等处。在日语中，鼠兔也被称为鸣兔，正是因为其高亢的叫声而得名的。以东北鼠兔为例，它们经常会成对啼叫，其中雄性会发出吱吱的叫声，而雌性则会发出唧唧的声响，很是热闹。等到了秋天的时候，鼠兔便会将草叶收集起来晾成干草，并将这些干草储存在岩石的缝隙之中，用作过冬的食物。此外，鼠兔不仅会将肛门处的盲肠便直接吃掉，甚至还会将盲肠便涂蹭在岩石上，待其干燥以后作为冬天的食物。

阿富汗鼠兔

耳朵的天线功能

一提到兔子，人们就会想到一对长长的耳朵。而兔子的这种耳朵结构，是非常适合收集周围环境的各种声响的。

耳朵的天线功能

狐狸、老鹰等许多肉食动物总是会对兔子虎视眈眈。对于手无寸铁的兔子来说，它们长长的耳朵便具备了极佳的收音效果，能够帮助兔子尽早捕捉到可疑的声响。此外，由于兔子耳根部的肌肉较为发达，可以灵活地转来转去，因此它们能够将不同方向的声音尽收耳中。

左右耳均可独立转动，非常灵活。

竖着耳朵跑来跑去

从减少空气阻力的角度考虑，兔子在奔跑时似乎应该放平耳朵才能跑得更快。然而，在实际生活中我们发现，兔子一定是竖着耳朵跑来跑去的。由于运动过程中很容易被天敌发现，十分危险，因此即便是在奔跑的过程中，兔子也会竖起耳朵，以便尽早捕捉到可疑的声音。

兔子会小心呵护它们重要的耳朵。我们经常能够看到兔子用前爪给自己洗脸，其实它们也会用前爪抱住耳朵来进行清理。

野兔

兔子竖起耳朵，往往表示它们正在小心戒备着周遭的情况。

不会竖耳朵的兔子

有些品种的家兔是无法竖起耳朵的，如垂耳兔。随着年龄的增长，垂耳兔的耳朵会下垂。下垂的耳朵无法帮助兔子听取周遭的细小声音或来自不同方向的响动，因此垂耳兔虽然是基因突变的产物，但在野外环境下是无法生存下来的。

▼ 荷兰兔
荷兰兔是为了便于室内饲养而改良得到的品种，其耳朵长度仅为 5 厘米左右。由于不用担心天敌的袭击，因此耳朵较小也是没有问题的。

▲ 迷你垂耳兔和它的宝宝们
幼兔耳朵竖立，而后会逐渐向两侧弯折，待成年后耳朵彻底垂下。

▲ 英国垂耳兔
在垂耳兔家族中，英国垂耳兔的耳朵不仅又大又重，甚至还会垂到地上呢。

◀ 法国垂耳兔
最早培育出来的垂耳兔品种。在这一品种的基础上，人们又繁育出了耳形巨大的英国垂耳兔及迷你垂耳兔等其他品种。

容易受伤的耳朵

兔子的耳朵较薄，因此在遭受天敌袭击或遇到同伴争斗时，耳朵就很容易受伤。在《西顿动物记》一书中，田野主人豁豁耳就是一只在幼年时期被蛇咬伤了耳朵的白尾兔。

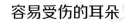

兔子耳朵上的伤口，有时也能够帮助我们分辨出兔群中的兔子。

兔子放下耳朵，往往表示它们正处于踏实放松的状态。

耳朵的散热功能

兔子的长耳朵结构特别，很容易受到气温的影响。因此，兔子会利用耳朵来调节体温。

让我们来看看这几只体重相仿的兔子，试着比较一下它们耳朵的实际大小吧。

生活在沙漠里的兔子

黑尾长耳大野兔生活在美国的沙漠地区，它们的耳朵长度可以达到 18 厘米。在炎热的沙漠中，巨大的耳朵能够帮助它们及时散热，降低体温。

黑尾长耳大野兔

家兔（夏季）

用耳朵调节体温

　　仔细观察兔子的耳朵后不难发现，它们的耳朵不仅薄而透明，上面还布满着大量的血管。由于兔子耳朵的皮肤较薄，此处血液的温度便会随着气温的波动，而发生变化。通过对流经耳部血管的血量进行调节，兔子就能够控制皮肤表面散发出去的热量，从而降低体温。

血液的流动
温热的血液在流经耳部后成功降温，而后返回体内。

夏冬季节的兔子耳朵
兔子的汗腺并不发达。在炎热的夏季，兔子会通过耳朵上密布的血管来进行散热；等到了冬天的时候，由于没有了散热的需要，它们耳朵上的血管也会变得不太明显。

家兔（冬季）

北极兔

生活在北极的兔子
北极兔生活在北极地区，其耳朵长度仅为8厘米左右。为了能够更好地起到保温的作用，北极兔就连耳朵内侧都覆盖有一层厚毛呢。

其他感觉器官

兔子并不具备强有力的攻击武器。为了能够顺利躲避危险，除了生有一对灵敏的耳朵之外，它们的眼睛、鼻子、胡须和嘴等感觉器官也都十分发达。

眼睛——视觉

兔子是一种晨昏性动物，在早晨和黄昏时，它们的视线最好。兔子的眼睛生于面部的两侧，视野较为开阔，甚至能够及时地发现身后的天敌。

视野
只需微微转头，兔子就能够捕捉到全方位（360度）的情形。

左眼视野　　右眼视野

荷兰侏儒兔

叫声

兔子很少发出叫声。在感觉到恐惧或疼痛时，它们会发出金属摩擦般的高亢叫声。除此以外，兔子还会在撒娇的时候用鼻子发出咕咕的声响。

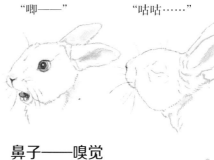

"唧——"　　　　"咕咕……"

鼻子——嗅觉

兔子对味道十分敏感，而且鼻子还会不停地动来动去。通过灵敏的嗅觉，它们能够分辨出自己喜欢的草料，同时也可以感觉到可疑天敌的气味。兔子的下巴上生有香腺（用来释放气味），可以用来涂蹭气味，标记地盘。对于不太爱叫的兔子来说，气味可是它们的一种重要的交流方式呢。

兔子会谨慎地嗅闻陌生的气味。

英国斑点兔

涂蹭气味
来回涂蹭下颚上的香腺，留下自己的气味。

胡须——触觉

　　兔子可以通过胡须的触感，对洞穴或草丛的尺寸大小及安全与否进行确认。因此，胡须是它们探索周围环境的一个重要器官。

长长的胡须
从正面看，有些兔子两侧胡须的展开宽度甚至比它们的身体宽度还要宽出一些。

正在梳毛的荷兰兔
通过舔舐脏污、用牙齿梳毛等方式，将身上的被毛梳理平整。

伸着舌头喘气
兔子的汗腺并不发达，因此在奔跑等运动过后，兔子经常会像小狗一样吐着舌头不停地喘气。不过由于它们的舌头较短，不仔细观察的话是很难分辨出来的。

洞穴中的家兔
家兔喜欢藏身于洞穴之中，这也是它们从穴兔祖先那里继承下来的习性。

嘴——味觉

　　兔子的上唇生有纵裂，可以灵活地来回活动。舌上长有味蕾，能够分辨出不同的味道，帮助兔子找出自己爱吃的食物。

　　此外，兔子的舌头还可以用来舔舐身体，保持卫生。在天气炎热或剧烈运动之后，兔子甚至还会吐着舌头喘气呢。

雪兔（北海道亚种）

四肢的秘密

兔子在全力奔跑的时候，它们强壮的后腿所爆发出来的惊人弹跳力会起到关键性的作用。而在洗脸或挖洞的时候，前腿是功不可没的。

短跑健将

生活在墨西哥沙漠地区的羚羊兔，能够以每小时 64 千米的速度躲避天敌的追捕。不过，羚羊兔高速奔跑持续的时间很短，它们很快便会跳入草丛中躲起来。如果找不到合适的藏身之所，羚羊兔会不停地奔跑下去，当耳朵来不及散发掉足够的热量时，甚至还可能出现因为体温过高而死亡的情况。

在兔子家族的成员之中，每一个都可以称得上是短跑健将呢。

高速奔跑中的羚羊兔

互相攻击

在打架的时候，兔子会利用前腿来进行攻击，有时也会用爪子抓挠对方。

四肢的作用

兔子的脚掌上长着一层厚厚的毛，可以起到很好的缓冲作用。它们的前腿较短，生有 5 趾，除了可以用来清洁面部及耳朵之外，还能够在奔跑时保持身体的平衡。其前脚趾甲锋利，常在挖洞以及与同伴争斗时发挥作用。

洗脸

将前脚的脚掌舔湿后抱头洗脸，去除头上的污垢。

打洞

家兔和穴兔会用前腿的爪子打洞，然后用前腿将挖出的泥土推出地面。在向外推土时，后腿的作用同样不可小觑。

脚印的秘密

初雪后的清晨，我们会在雪地上发现许多动物的脚印。虽然野兔白天大多会待在洞中，不过等到傍晚，它们就会出来四处觅食，雪地上自然也就会留下它们的脚印啦。

野兔的脚印非常神奇——前面并排两个大大的脚印是它们的后脚留下的，而后面一前一后排列的两个脚印则是它们的前脚留下的。

前脚　　前脚　　　后脚

用于雪地防滑的冰爪。

白靴兔正在精心保养自己的后脚。

自带冰爪的兔子

白靴兔和雪兔生活的地区经常下雪，它们的后脚也就起到了冰爪（用于雪地防滑的一种工具）的作用。当后脚4趾张开时，脚掌的面积进一步增大，使它们不至于陷入雪中。此外，脚掌上的毛也同样具有防滑的功能。

脚掌上的毛可以起到缓冲的作用，用于保护足尖的骨骼。

家兔的祖先

家兔是由穴兔驯养后演化而来的。虽然地球上现有家兔数百个品种，而且各个品种的颜色和大小不尽相同，但是它们却都拥有着一个共同的祖先——穴兔。

遍布世界的穴兔

在大约公元前 1 世纪时，穴兔被作为食材在西南欧地区驯养，之后在欧洲各地逐渐普及开来，随后又随着人们迁徙至美国和澳大利亚等地。不过，现如今的穴兔却因为啃食牧草和庄稼，甚至对本土生物构成了一定的威胁。

如果算上驯养普及的家兔，也许穴兔就是全世界分布最广泛的哺乳动物了。

为了保持隧道内的卫生，兔子在离开洞口排便时，会选择将粪便排在自己领地的边缘地带。而幼兔的尿液则是由母兔舔舐干净的。

隧道洞穴

穴兔起源于地中海沿岸的干燥开阔地带。它们会在地下挖出许多通道相互连接，群居生活在仿佛地下室一般的洞穴之中。

家兔的许多行为习惯都是从它们的祖先——穴兔身上继承下来的，如不喜潮湿、挖洞筑巢、傍晚活跃、群居生活等等。

现代培育品种

金吉拉兔

为了培育出与毛丝鼠（一种野生鼠类动物，皮毛非常值钱）皮毛相仿的兔子，人们选择了3个不同种类的兔子进行杂交，并最终成功得到了金吉拉兔这一品种。

穴兔

金吉拉兔

喜马拉雅兔

比华伦兔

赛跑用的兔子

比利时野兔是为了举办兔子赛跑而专门改良的品种，其外形与欧洲野兔非常相似。

比利时野兔

不同身材的兔子

最初，人们为了获取兔肉及毛皮，多选择将兔子改良为体形较大的品种。随着时代的发展，最近又兴起了体形较小的宠物兔改良品种。

巨型花明兔
（体形最大的品种）

不同毛长和毛色的兔子

人们还培育出了不同毛长和不同毛色的兔子，以满足毛纺品或皮具等原料的需要。

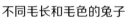

荷兰侏儒兔（体形最小的品种）

安哥拉兔
（长毛品种）

雷克斯兔
（短毛品种）

红眼睛的小白兔

自19世纪末到20世纪初，日本白化品种的兔子在日本全国得到了广泛的饲养。

由于白色的兔子皮毛，不仅可以在雪地中起到很好的隐蔽作用，而且还便于染成其他需要的颜色，因此当时主要用于制作军队所穿的防寒大衣。除此之外，剩下的兔肉还会被制成罐头，为士兵们提供口粮。

日本白化品种

由于该品种的眼睛中缺乏色素，因此眼球直接呈现出了血管的红色——这也是人们一想到兔子，就会想到"小白兔、红眼睛"的原因所在。

兔子的毛色

为了增加皮毛的价值、改善宠物兔的外观，人们对兔子的毛色进行了多次改良，甚至还培育出了一些与其他动物毛色相似的兔子品种。

雷克斯兔（河狸色）

小丑兔（日系色）

泽西长毛兔（橘色）

荷兰侏儒兔（猞猁色）

雷克斯兔（白鼬色）

荷兰侏儒兔（紫丁香色）　小丑兔（喜鹊色）

猞猁

河狸

橙子

紫丁香的花

喜鹊

白鼬

日本短尾猫

喜马拉雅兔

比利时野兔

金吉拉兔

柏鲁美路兔

银狐兔

英国安哥拉兔

狮子兔

以人名或地名命名的兔子品种
除了动物及花草之外，还有一些兔子是以其培育地区，或培育者的姓名来命名的。

喜马拉雅猫

欧洲野兔

毛丝鼠
（英文名发音为金吉拉）

鬃毛华美的帕洛米诺马

银狐

安哥拉山羊

狮子

挑选兔子

兔子的寿命在 7 年左右。如果照顾得当，有些品种甚至可以活到 10 年以上。请在挑选属于自己的兔子之前考虑清楚，养它就要对它的一生负责哟！

到宠物店购买

如何获得属于自己的兔子

直接去宠物店选购最为方便。如果想要特殊品种的话，也可以在宠物店进行预定。

如果能从饲养兔子的朋友那里领养到幼兔的话，我们也可以试着向他们请教一下兔子的喂养方法。

此外，在与小动物有关的杂志上，还会刊登一些转让兔子的信息，当然你也可以主动投稿，求得一只属于自己的兔子。

从朋友处领养　　　　　　在杂志上寻找

有些人一看到兔子样貌可爱，就一时冲动将它们买回了家。要是不知道这些兔子长大后是什么样子的话，养着养着难免会感到后悔。而且，那些摊贩口中长不大的迷你兔，其实长大了也就是普通的兔子，这样的情况可是很多见的。

1只

雄性

+

雌性

+

只有雌性

饲养的数量

只养一只兔子其实是最容易上手的。不过如果想要繁殖幼崽的话，也可以挑选一公一母来进行饲养。

另外，成年雄兔关在一起会互相打架，因此不能饲养在同一个笼子之中。当需要饲养多只雄兔时，请注意分笼饲养，并保证它们相互不会看到彼此。

对于雌兔来说，性格不合同样也会发生争斗。注意，有些兔子无论如何都养不到一起，这就需要我们多多留神了。

挑选健康的兔子

在挑选兔子的时候，一定要对它们的健康情况进行仔细的确认。此外，建议大家最好选择出生后 6 周左右的幼兔，因为此时的幼兔刚刚离开父母，较易亲近人。

在挑选兔子时，注意挑选精神活泼，喜欢和伙伴们抱团玩耍的兔子。另外，注意检查：

面部
眼睛清澈有神，耳、口、鼻干净整洁，呼吸正常。

牙齿
上下齿咬合正常。

挑选的时间
兔子属于晨昏性动物，白天一般较为安静，故难以分辨其精神状态具体如何。建议大家在傍晚时分进行挑选，因为此时的兔子开始活跃起来了。

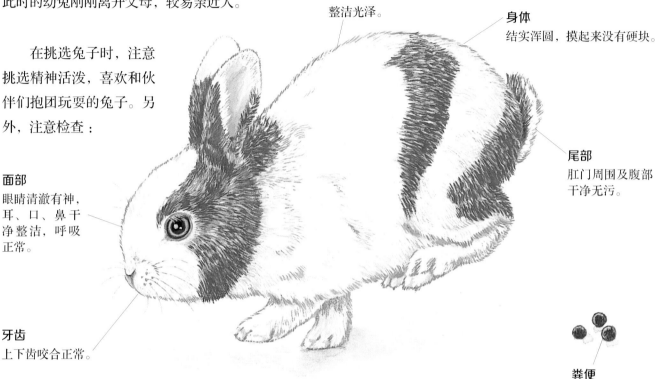

被毛
整洁光泽。

身体
结实浑圆，摸起来没有硬块。

尾部
肛门周围及腹部干净无污。

粪便
呈圆粒状。

小兔子到家以后

小兔子刚刚离开父母来到新的环境，心里难免会感到紧张和不安。建议大家不要因为觉得可爱而过多地抚摸兔子，而是应该让其安静地待上一段时间，适应一下环境。

饲料
请选择与此前相同的饲料进行投喂。环境的改变容易造成幼兔发生腹泻，因此建议饲料以兔粮为主，不要喂食太多的蔬菜和水果。

保温
幼兔喜欢抱团取暖。在离开父母同伴之后，兔子很可能会因为晚上的凉风而感染肺炎。因此，建议大家将室内温度保持在 22℃左右。

见面
新买的兔子要放在单独的笼中，让其与家中原有的兔子隔着笼子认识一下。记得确保它们彼此之间不会打架之后，再把它们放在一起。

室内饲养

如果兔子的体形较小，我们就可以将笼子放在室内来进行饲养。此外，建议定时放养，让兔子能够充分地运动起来，并注意在房间、阳台或院子里放置围栏。

室内饲养时

室内饲养不用担心刮风下雨等天气变化，而且还能够随时观察兔子的状态。因此，无论是其进水进食的多少，还是身体情况的异常，我们都可以立刻有所察觉。

不过要注意的是，如果不好好打扫卫生的话，屋子里会留下难闻气味的。

运动

兔子一直待在笼子里会缺乏运动。如果要将其放出笼子玩耍的话，我们可以试着用围栏圈出一片安全的区域，这样就不需要一直看着它们啦。

另外，如果在阳台或院子内放置围栏，兔子在运动的同时也能晒到太阳，可谓是一举两得呢。

兔子可能从阳台摔落
如果在2楼以上的阳台放置围栏，一定注意不能让兔子钻出围栏。另外，对猫和乌鸦也不能掉以轻心！

夏季暴晒非常危险
夏季暴晒可能会导致兔子中暑，严重时甚至会发生死亡。此外，春秋两季的日晒时间也需控制在30分钟以内。

笼子
建议选择较大尺寸的笼子。饲养1只或1对兔子的话，笼子大小至少需超过50厘米×60厘米。

放置笼子的地点
· 通风良好
· 无阳光直射
· 无人频繁进出
· 避开空调直吹

水瓶

食盆
选择不易打翻的较重容器。

厕所
将兔子放出笼子在室内玩耍时，记得要将它们的厕所放在兔子喜欢排便或排尿的地方，如房间的角落里或笼子的旁边，等等。

可在室内饲养的兔子品种
· 荷兰侏儒兔
· 侏儒狮子兔
· 侏儒垂耳兔
· 迷你雷克斯兔
· 迷你兔

室内物品可能导致的危险

· 电线——触电　　　 · 家具缝隙——被困其中
· 毛毯——勾住趾甲　 · 观赏植物——可能有毒
· 不可食用的物品——啃咬蜡笔等

围栏
用围栏隔离出
安全的区域。

笼子盖布
用纸板或布盖
住部分笼子，
营造出昏暗的
环境。

底板及垫材
金属条形底板可以使粪便轻松漏下，能
够很好地保持笼内的卫生。不过由于这
种金属底板很容易伤到兔子的脚掌，因
此我们可以选择在笼内放入宽度较大的
木条板，或者也可以将一块大小在底板
面积一半左右的木板放入笼中。

如果没有找到合适的金属网或木条板的
话，直接在笼内铺入木屑或撕成细条的
报纸也是可以的。

兔子小窝的清扫

如果在学校里饲养兔子的话，我们不妨试着动手制作一个尺寸合适的小窝摆在学校的户外饲养区。

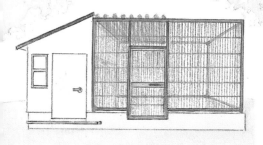

放置兔子小窝的地点

学校的户外饲养区内不会有猫狗进入，放在这里是比较安全的。另外，小窝摆放的位置要能够躲避风雨，而且记得不可以有阳光直射哟。

兔子小窝的构造

出于防潮和卫生的需要，兔子小窝底部需要架高，并与地面保持一定的距离。此外，我们还要在小窝内部做出隔断，将整个小窝分成一大一小两个房间。其中较小房间的光线可以调节得昏暗一些，以供将来兔子产崽、休息及躲藏之用。在打扫卫生时，我们也可以先将兔子关在其中一个房间，以便于清扫工作能够顺利展开。另外，我们还要在小窝底部放入木条板，以便粪便轻松漏下。

打扫卫生

要想让兔子健康地长大，关键就在于保持兔子小窝和笼子的卫生与整洁。不过，频繁的大扫除会让兔子感到焦躁，因此我们只需要每天将粪便打扫干净，并更换弄脏的垫材就可以了。大扫除的频率请控制在每周一次左右，届时一定要记得用钢丝球或刷子，将底板和墙壁上的明显污物擦除干净。另外，如果使用清洁剂将窝内的气味也一并去除的话，兔子回窝后会感到明显的紧张不安。所以对于顽固性污渍，我们可以使用清水或热水浸泡后进行擦拭，以确保污渍能够轻松去除。在清洗干净之后，别忘了放在阳光下彻底晒干。

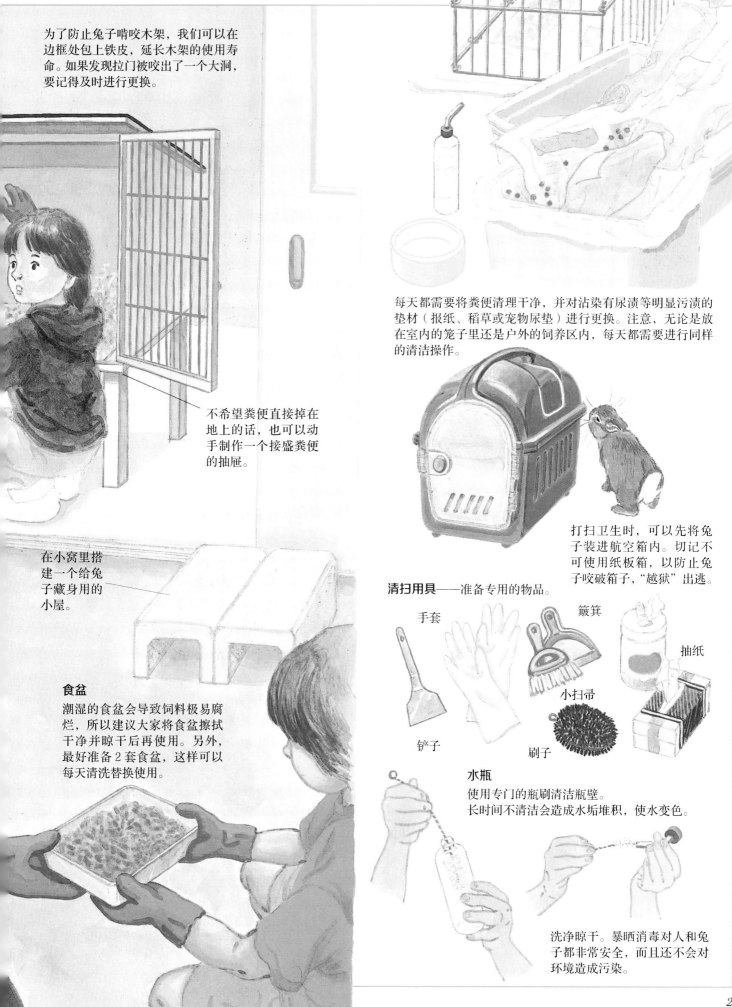

为了防止兔子啃咬木架，我们可以在边框处包上铁皮，延长木架的使用寿命。如果发现拉门被咬出了一个大洞，要记得及时进行更换。

不希望粪便直接掉在地上的话，也可以动手制作一个接盛粪便的抽屉。

在小窝里搭建一个给兔子藏身用的小屋。

食盆
潮湿的食盆会导致饲料极易腐烂，所以建议大家将食盆擦拭干净并晾干后再使用。另外，最好准备2套食盆，这样可以每天清洗替换使用。

每天都需要将粪便清理干净，并对沾染有尿渍等明显污渍的垫材（报纸、稻草或宠物尿垫）进行更换。注意，无论是放在室内的笼子里还是户外的饲养区内，每天都需要进行同样的清洁操作。

打扫卫生时，可以先将兔子装进航空箱内。切记不可使用纸板箱，以防止兔子咬破箱子，"越狱"出逃。

清扫用具——准备专用的物品。

手套
簸箕
抽纸
小扫帚
铲子
刷子

水瓶
使用专门的瓶刷清洁瓶壁。
长时间不清洁会造成水垢堆积，使水变色。

洗净晾干。暴晒消毒对人和兔子都非常安全，而且还不会对环境造成污染。

23

饲料

作为一种食草性动物，草叶、草根、树皮等是兔子的主要食物。在家庭饲养时，建议大家以喂食兔粮（草类及谷物制成的固体饲料）为主，辅以一定的蔬菜或野草即可。

兔粮
兔子被用于动物实验的历史颇为悠久，人们也早已研发出了营养全面的人工兔粮。所以，只喂食兔粮和水也是可以将兔子健康养大的。

干草
干草含有丰富的植物纤维，不仅不会造成腹泻，还可以代替垫材使用。

综合饲料
由兔粮、干草、谷物及蔬菜干混合而成，非常方便。

蔬菜及水果
过量食用富含水分的蔬果，会破坏兔子体内微生物的平衡，造成软便（学会日常观察兔子粪便的习惯很重要）。另外，蔬果上可能还会存在农药的残留。在喂食时，我们一定要选择新鲜的蔬果，充分洗净后再给兔子吃。

树皮
到了冬季，在缺少食物的北方，野兔会啃食树皮来填饱肚子，有时甚至还会造成树苗枯死。

兔子的营养来源

虽然植物是兔子的主要食物，但是兔子本身却并不能够将植物纤维成功分解。真正对植物纤维起到分解作用的，是生活在兔子盲肠中的微生物。没有了纤维的摄取，这些微生物的活性就会降低，因此我们一定要保证兔子能够吃到干草、兔粮等富含纤维的食物。此外，突然更换饲料的种类可能会造成微生物一时无法顺利工作，引发兔子腹泻等情况。

苦菜
野葛
野燕麦
荠菜
紫云英
车前草
迷你雷克斯兔
蒲公英
鹅肠菜
苜蓿

兔子喜爱的野草
到了兔子最爱的野草生长茂盛的季节，我们可以试着给它们喂些新摘的野草来代替水果和蔬菜。

坚硬的饲料
兔子喜欢啃食柳树和樱花树的树皮，我们可以在市面上买些木质的磨牙棒。由于兔子的门齿会一直不断地生长，如果只喂食软粮的话，会造成门齿过长。适当给兔子一些树枝或者坚硬的食物，不仅能够帮助它们消磨时间，还能够有效缓解精神上的紧张呢。

用于磨牙的物品

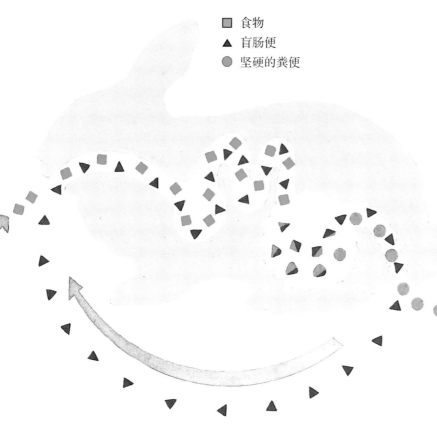

- ■ 食物
- ▲ 盲肠便
- ● 坚硬的粪便

兔子与水

很多人都认为兔子是不用喝水的，然而实际情况却并非如此。

以前，人们一般爱用菜叶和野草喂兔子。这些食物的含水量较高，兔子不用喝水也能够健康长大，因此也就给人们造成了错觉，认为兔子是不需要喝水的。

从饲料到粪便（同时请参见第5页）

兔子的大肠与小肠之间有一段又长又粗的盲肠，其中就生活着分解植物纤维的微生物。营养成分经过盲肠的消化，一部分物质会立刻得到吸收，而另一部分物质则会转化为盲肠便，需要兔子再次吞食后才可得到利用。盲肠便非常柔软，由兔子自肛门处直接吞食后二次经过消化道吸收至体内。至于那些圆圆的硬便，则会被直接排出体外。

兔粮中几乎不含水分，如果不另外喂水的话，兔子是很难生存下去的。注意，一定要记得让兔子可以随时喝到水。

兔子最早生活在地中海沿岸的干燥地区，因此它们很不喜欢潮湿的环境。如果一不小心将笼子里的水洒了出去，受潮的底板会让兔子很不舒服，所以建议大家与其用碟子盛水，不如直接用水瓶更为方便。

小心有毒植物

野生动物的味觉非常发达，基本不会吃到毒草或其他自己不喜欢的食物。与穴兔相比，家兔舌头上的味蕾（感觉味道的感受器）数量较少，而且对于人类投喂的食物来者不拒，因此可能会出现误食毒草等情况。

禁止喂食的东西

我们常吃的加工类食品（如小饼干等），含有大量的盐分和油，而巧克力和咖啡等食物，甚至会造成兔子出现中毒等情况。

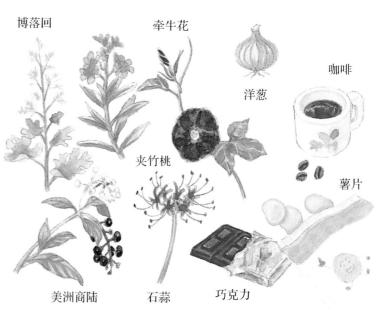

博落回　牵牛花　洋葱　咖啡　夹竹桃　薯片　美洲商陆　石蒜　巧克力

日常护理

有些兔子可能不高兴被人抚摸，也不喜欢被人抱在怀里。这时，我们不要着急上手，可以试着先照顾它们、一起玩耍，给兔子一个慢慢适应的过程。

抱抱看

兔子正玩得开心的时候，试图抱起它们可能会招来一顿"拳打脚踢"。事实上，抱兔子的最佳时间，应该是在它们刚刚从笼子或兔窝里放出来玩耍之前，这时的兔子也会比较容易配合。另外，对于像兔子这样生活在陆地上的动物来说，举高高会让它们万分恐惧。我们在将兔子抱在怀里的时候，记得要用双手将兔子抱稳，以防吓到它们。

如果不太敢抱的话，可以试着先将兔子放在腿上，这样就不用担心摔着它们了。

正确的抱姿

① 抓住后颈部的皮肤，托住兔子的屁股。

② 将兔子的腹部贴在自己的胸口，抱起兔子。

如厕训练

穴兔有在固定地点如厕的习惯。因此，我们只需要铺好宠物尿垫，然后再在上面沾染一些兔子粪便或尿液的味道，它们就知道要在这个位置上厕所了。如果发现兔子已经在其他地方如厕的话，建议将兔子厕所搬过去即可。

也可用报纸代替宠物尿垫。

千万不要拎耳朵

耳朵是兔子的一个非常重要的器官，被人摸一下都会感到十分的抗拒。所以，我们一定不可以拎着兔子的耳朵，否则兔子不仅会来回挣扎，甚至可能还会伤到其他的部位。

不在家时

如果只是出门两三天，我们可以给兔子多留些兔粮，并在2个水瓶中盛满水即可。要是长期不在家，我们就要拜托朋友或者交给宠物店来寄养了。

呵护被毛

兔子会在春季换毛，这时会有大量被毛脱落。特别对于安哥拉兔等长毛兔来说，勤梳毛就显得极为重要了。如果长时间放任不管，不仅兔毛会打结成团，而且还可能会让兔子因此染上皮肤病。

另外，过长的趾甲也许会勾住铁丝网发生危险。如果发现兔子的趾甲过长，一定要记得帮它们剪掉。

尺梳

针梳

长毛兔（美国长毛垂耳兔）

对于被毛较长的品种来说，不好好打理会造成兔毛打结成团。如果发现被毛已经结团或脏得较为严重，建议直接用剪刀剪掉即可。

刷子

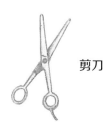

剪刀

梳毛

对于从来没有梳过毛的兔子来说，突然梳毛会造成它们极大的恐慌，因此建议大家在幼兔时期就帮助兔子养成梳毛的好习惯。另外，市面上也能买到兔子专用的橡胶软刷，梳毛的时候就可以放心多了。

毛球症

兔子会用牙齿自行梳理身上的被毛。如果不小心吃进肚子的兔毛过多，这些兔毛就会在胃部结成小球，造成食欲不振，甚至堵塞肠道。

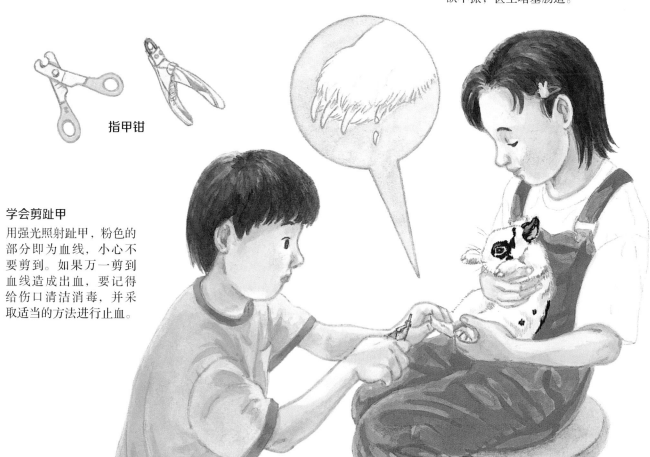

指甲钳

学会剪趾甲

用强光照射趾甲，粉色的部分即为血线，小心不要剪到。如果万一剪到血线造成出血，要记得给伤口清洁消毒，并采取适当的方法进行止血。

观察兔子

兔子全身的动作都可以用来表达它们的意思。如果经常仔细观察兔子的一举一动，你就会对兔子产生更深层次的理解了。

印象中的尾巴

虽然玩具兔子的尾巴都是圆滚滚的，不过仔细观察一下就会发现，兔子的尾巴其实并不短。

催促

想要出来玩耍时，兔子会用前脚不停地拍打笼门，或是将笼子啃得喔喔作响。而到了想要吃饭的时候，它们则会叼起食盆制造声响，借以引起主人的注意。

融洽

如果家里还养了豚鼠的话，可以试着让它们一起玩耍。

打哈欠

在有些犯困或是刚刚睡醒的时候，兔子还会一边伸着懒腰，一边打起哈欠。

放松

伸长身体，当兔子感到放松时，甚至还会打哈欠，给自己梳毛呢。

肚皮朝天

舒适惬意的样子。

耳朵痒痒

有了四条腿的帮助，全身上下就都能够到啦！

玩具

单独饲养的兔子会和玩具一起玩耍。

笼子里又窄又闷，不妨和兔子一起到宽阔的地方玩上一圈，借机也可以观察一下它们的举动。也许，它们还会展现给你许多不同于笼中的表情和动作呢。

确认敌友

兔子能通过嗅闻气味来判断对方是敌是友。如果关系亲密的话，它们还会用下巴在对方身上来回摩擦，以便涂上自己的气味。对于赖以信任的主人，兔子也同样会主动地来回蹭脸或涂蹭气味。

雀跃

也许是出来玩耍太开心了，有时刚钻出笼子便会一蹦三尺高呢。

警惕

猛地竖起耳朵，站直身子紧张地环顾四周。有时也会跳起来观察远处的情形。

害怕

在感到害怕或寒冷时，幼兔会选择依偎在母兔身旁，又或是与兄弟姐妹挤在一起。

生气

生气时，兔子会目不转睛地紧盯对方。谁先转移视线，谁可就输了！

繁殖的准备

虽然兔子的繁殖能力很强，但是要同时照顾多只幼崽却也不是一件轻松的事情。请在开始繁殖幼兔之前，做好详细的计划和准备。

繁殖时间

兔子全年都可产崽（生小兔子）。不过，在梅雨季节或盛夏时分，兔妈妈和宝宝都会比较难熬，因此我们一般选择气候舒适的春秋两季进行繁殖。

不适于繁殖的情况

虽然兔子在产崽当天即可继续交配繁殖，但是这样做会使母兔身体虚弱，需要尽量避免。另外，年龄在 5 岁以上或受孕失败多次的母兔，是不建议进行繁殖的，而身染疾病、体重过大及存在亲缘关系的兔子之间，也都应避免交配产崽。

公母的区别

由于幼年公兔的睾丸会隐藏在肚子里面，想要区分出幼兔的性别也就存在着一定的困难。大约在出生后 3 个月左右，公兔的睾丸就会慢慢落入阴囊了。出生后 4 个月左右，母兔就已经具备了繁殖的能力，因此我们要在幼兔 3 个月大时将公母分笼安置，以防止父代与子代、子代与子代之间出现近亲繁殖。

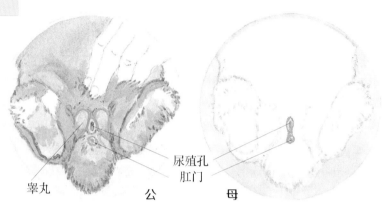

睾丸　　　　　公　　　　母

尿殖孔
肛门

排尿与排便各有一孔，其左右两侧生有睾丸。

尿殖孔与肛门之间的距离较公兔的更近，看起来很像是连在了一起。

相亲

将公兔与母兔的笼子并排放在一起，仔细观察它们的发情（做好了交配产崽的准备）情况。在发情时，公兔会站直身体或竖起尾巴来回走动，有时还会四处排尿，而母兔也同样会变得活泼好动。如果此时轻轻按压母兔背部的话，还会发现母兔会做出伸展身体、翘起尾巴的动作。

母兔对笼子或兔窝的领地意识较强，因此相亲之后要将母兔放进公兔的笼子。

交配

公兔骑跨在母兔身上，并用前腿抱住母兔进行固定。兔子的交配时间很短，而且结束后，公兔还会发出高亢的尖锐叫声。在进行 2~3 次交配之后，我们就可以将公兔与母兔放回各自的笼子了。

生产前的准备

兔子一般有 8 个乳头, 有些甚至可以达到 10 个。在怀孕后第 24 天左右 (产崽前一周), 母兔的乳头会变得非常明显。等到孕后第 28 天时, 母兔开始将干草等垫材运至产房。当发现母兔出现拉毛 (将胸腹部的毛用嘴扯下) 铺窝等动作时, 就说明母兔很快就要生产了。

生产前后, 谢绝打扰

产崽前后的母兔非常敏感, 此时偷看或抚摸幼兔可能会导致母兔咬死或弃养孩子。

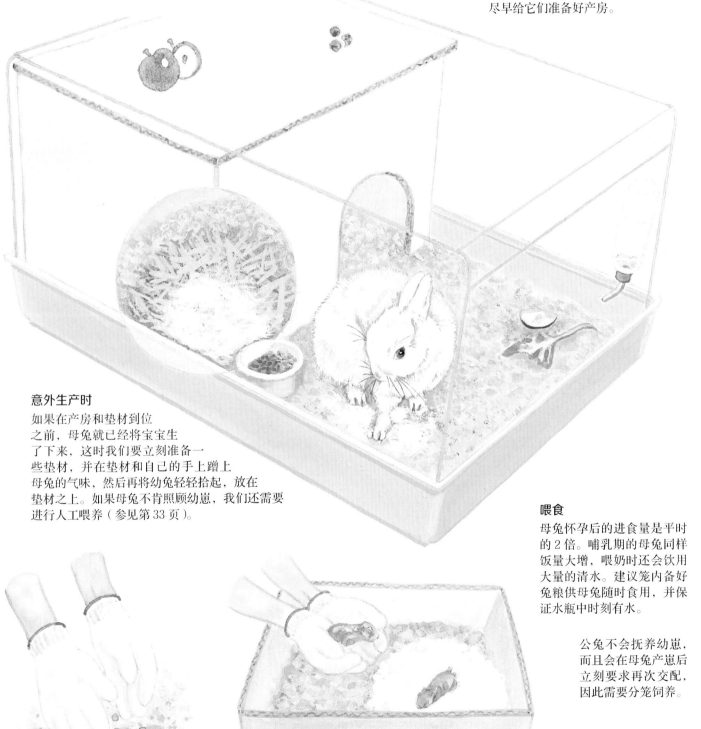

产房
兔子的妊娠期很短, 只有 1 个月左右的时间。对于交配过的母兔, 记得要尽早给它们准备好产房。

意外生产时
如果在产房和垫材到位之前, 母兔就已经将宝宝生了下来, 这时我们要立刻准备一些垫材, 并在垫材和自己的手上蹭上母兔的气味, 然后再将幼兔轻轻拾起, 放在垫材之上。如果母兔不肯照顾幼崽, 我们还需要进行人工喂养 (参见第 33 页)。

喂食
母兔怀孕后的进食量是平时的 2 倍。哺乳期的母兔同样饭量大增, 喂奶时还会饮用大量的清水。建议笼内备好兔粮供母兔随时食用, 并保证水瓶中时刻有水。

公兔不会抚养幼崽, 而且会在母兔产崽后立刻要求再次交配, 因此需要分笼饲养。

幼兔的成长

家兔的幼崽出生时身上无毛，整体尚未发育完全。不过兔子的成长速度非常惊人，出生半年左右即为成年，很快就可以开始繁育后代了。

飞速成长

兔子的成长速度非常惊人。虽然兔子的乳汁中含有丰富的蛋白质和脂肪，不过每天母兔仅哺乳1~2次，因此还是要让幼兔尽早地适应兔粮。另外，如果幼兔适应了除兔粮之外的某种特定食物的话，日后收集食材可就要花费不少工夫了。

什么时候可以摸摸小兔子

等到幼兔能够自行爬出产房时（出生后第3周左右），我们就可以上手摸摸小兔子了。建议大家第一次摸兔子时，还是要在手上沾些母兔的味道，这样才比较保险。

幼兔的成长过程

家兔幼崽——从出生到独立

出生当日
母兔平均单次分娩6只幼崽，多时幼崽可达12只，少时则可能仅产1只。

第4天
开始长出一层薄薄的毛。

第7天
耳道张开，开始对声音有所反应。体重达到出生时的2倍。

第2周
眼睛睁开，开始试着四处走动，并进食。

野兔的幼崽

野兔的幼崽会在出生后2~3天开始吃一些柔软的草叶。人们经过试验发现，这些幼崽在出生第3天断奶（离开妈妈），其后仅依靠蒲公英及野葛叶便可以飞速地成长。早早地断奶意味着，如果母兔受到狐狸等天敌的袭击，幸存的幼崽也能够独立地生存下去。

正在喂奶的母兔

乳汁的成分

蛋白质及脂肪在兔子的乳汁中占比很高。当母兔无法哺育幼崽时，我们当然可以进行人工喂养，但是仅凭牛奶中的蛋白质和脂肪，却是远远不够的。建议将犬奶奶粉用水或牛奶冲开，加热到手感不烫的温度后给幼兔喂食即可。

乳汁成分表

	水分	蛋白质	糖分	脂肪	矿物质
兔					
牛					
狗					
人					

0%　40%　50%　60%　70%　80%　90%　100%

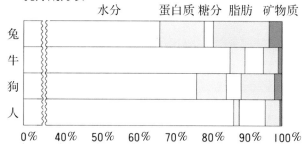

人工喂养的方法
开始时可采用滴管或针筒进行喂奶，待幼兔长大后就可以使用小动物专用的奶瓶了。对于刚刚出生的幼崽来说，人工喂养不仅极为烦琐，而且还需要很大的耐心。

第3周
爬出产房，跳跃玩耍。

第6周
离开母兔。

野兔幼崽出生时全身被毛，不仅眼睛已经睁开，牙齿也同样长了出来。因此，野兔幼崽要比家兔幼崽更容易实现人工喂养。

野兔及家兔的对比

		野兔	家兔
孕期		约45天	约30天
刚刚出生的幼崽	被毛	已有被毛	赤裸无毛
	眼睛	已经睁开	尚未睁开
	耳朵	已有听觉	耳道闭锁
	牙齿	已有牙齿	尚未长牙
	动作	可以跑动	无法行走
	体温	自主维持	无法自主维持
抚养方式		不筑巢	巢中抚养
是否挖洞		不挖洞	挖洞
是否群居		独居	群居

健康管理

在饲养兔子时坚持每天关注其健康情况，我们就能够立刻察觉到兔子的状态是否出现了异常。另外，如果能在附近找到一家可以进行咨询的宠物医院，有事的时候也是会让人安心不少的。

耳道

确认无污无味。耳朵极易感染皮肤病，也很容易有寄生虫滋生。

日常健康管理

检查兔子的健康情况是主人的一项重要工作。只要平时仔细观察，我们就能够尽早注意到兔子的身体是否出现了异常。在抱起兔子或者给其梳毛时，我们也要记得关注它们的身体情况。此外，兔子的体重变化，也是衡量它们健康与否的重要标准，所以一定别忘了定期给兔子称称体重。

嘴巴和牙齿

确认嘴边干净无污，没有异味。

打开兔子的嘴巴（小心不要被咬到），确认牙齿无污，没有过长。

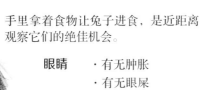

手里拿着食物让兔子进食，是近距离观察它们的绝佳机会。

眼睛　·有无肿胀
　　　　·有无眼屎
　　　　·是否湿润

鼻子　·有无脏污
　　　　·有无鼻涕
　　　　·呼吸是否正常

被毛

抚摸兔子，确认被毛光泽无污，无掉毛、逆毛、打结等情况。

皮肤

逆着毛发生长的方向进行抚摸，观察皮肤上是否出现结痂、伤口、红肿及干燥等情况。此外，腹部、尾部和臀部的周围也要记得仔细确认哟。

四肢和趾甲

握住兔子的四肢，确认脚掌内无肿块、趾间无异物、趾甲长度适中。

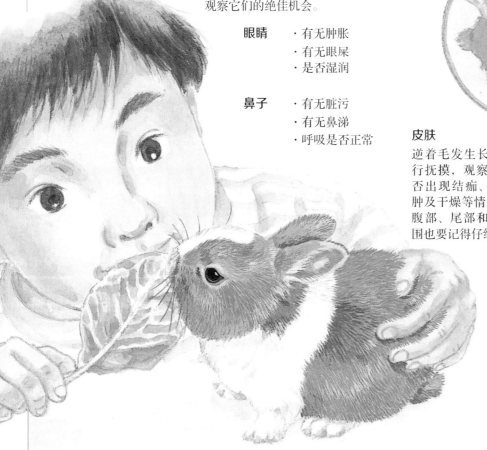

兔子的健康指标

体温：38~40℃

脉搏：120~333 次 / 分钟

呼吸：35~65 次 / 分钟

寿命：5~10 年

体重：1~7kg

当出现软便或腹泻等情况时，我们需要检查一下兔子的饲料，并且暂时停止喂水果、蔬菜等含水量较高的食物。

另外，有时兔子的尿液会呈现红色，看起来有些吓人。其实，这并不意味着兔子生病了。通常情况下，它们很快就会排出黄色的正常尿液。不过，如果很长时间都还是红尿的话，那就要带着兔子去宠物医院看看医生了。

除消毒剂外，人用的其他药物也都可能会对兔子造成危险。

测量体重

兔子体重突然下降时需引起注意。另外，体重过高也会引发疾病。

1998年 6月 20日

今天小奶糖拉的便便很软，和平常不一样，而且它无精打采的样子让我很担心。于是我和妈妈一起带它去看了医生，医生帮忙查看了它的肚子和便便，给它开了些药。

兔子生病或受伤时

兔子经常会吃坏肚子，出现腹泻。要是患上了传染性的鼻炎，兔子还会不停地流鼻涕，呼吸也会变得非常吃力。

当发现兔子开始掉毛时，可能意味着兔子已经患上了皮肤病。皮肤病可能由细菌、寄生虫（螨虫等）、营养不良等多种诱因造成。

此外，兔子还可能会因打斗或因异物勾住而受伤，甚至还可能出现骨折及脱臼等情况。

如果觉得兔子有些不太对劲的话，可一定要记得带它去看看宠物医生哟。

日本的野生兔种

就日本境内的野生兔种来说，雪兔、鼠兔生活在北海道地区，野兔居住在本州、四国及九州地区，而琉球兔则把家安在了鹿儿岛县的奄美大岛和德之岛上。

冬夏变色的兔子

随着兔毛中心髓质的色素不断流失，北方野兔的毛色会在冬季逐渐变白。尤其在雪天，这种白色的皮毛不仅能够起到很好的隐蔽作用，而且保温性能也随之得到了提升。当白昼时间逐渐缩短时，野兔们就能够感知到冬天的来临了。

日本兔（东北亚种）实验

· 即便在温室环境中进行饲养，冬季仍会出现毛色变白现象。

· 冬季无雪时，毛色依然变白。

· 若在屋内开启照明装置，并保证秋冬季节光照时间与夏季相同，则毛色无变化。

由此可知，光照时间的长短决定了兔子的毛色是否发生变化。

4 种不同类型的野兔

日本兔仅生活在日本境内，其下又可分为 4 个亚种。如右侧地图所示，东北亚种生活在冬季降雪频繁的地区，九州亚种居住在降雪较少的地区，佐渡亚种多见于佐渡岛，而隐岐亚种则把家安在了隐岐诸岛。

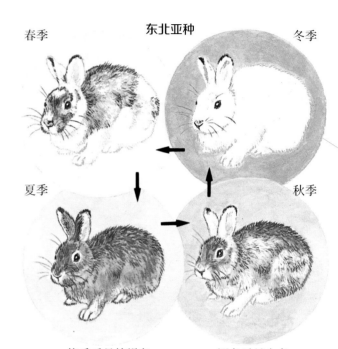

东北亚种

春季　冬季

夏季　秋季

换毛后呈棕褐色。　褪色后呈白色。

珍贵的琉球兔

大约 1000 万年以前，琉球兔就已经与穴兔、野兔等有了进化上的区别。它们生活在大森林里，平时习惯昼伏夜出，白天则喜欢躲入洞穴之中。

从世界范围来看，琉球兔也只栖息于奄美大岛和德之岛两处地区，是非常珍贵的物种。虽然人们将其指定为特别天然纪念物并加以保护，但是由于獴科动物及犬类的捕食以及森林面积的逐渐减少，它们目前依然面临着物种灭绝的危机。

无论再怎么对野兔进行驯养，它们也不会变成家兔。事实上，野兔与家兔属于两种完全不同的动物，二者间是无法进行杂交配对的。（详见第3页、第33页）

冬季   夏季

佐渡亚种

虽然佐渡亚种的毛色也会在冬季变白，但是变色的时间却比东北亚种的要短暂许多。这是由佐渡岛四面环海、温度适宜、下雪的时间较短造成的。

东北鼠兔

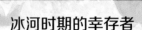

冰河时期的幸存者

  雪兔北海道亚种与东北鼠兔的生活环境相同，广泛分布于亚洲大陆的东北部及西伯利亚东部地区。冰河时期，北海道仍与陆地接壤，雪兔便是在这个时候移居至此的。在北海道与陆地分离之后，雪兔依然幸存了下来，并存活至今。山地熔岩的陡坡之上、林中岩石地带的岩缝等地，都是它们常见的栖息空间。

夏季   雪兔（北海道亚种）   冬季

隐岐亚种
无论春夏秋冬，脖颈等处的白毛都非常醒目。

九州亚种
冬季不会变白。

雪兔

  雪兔是一种广泛分布于英国至西伯利亚地区的大型野兔，其北海道亚种生活在日本的北海道，而这里也是雪兔最靠近东部的栖息地之一。到了冬季，这一亚种的毛色同样也会变白。

世界上的野生兔种

在我们的印象中，兔子是一种生活在山林里的动物。然而，它们也同样生活在许多其他的地方，甚至在地球的多种环境中都有分布。

草原——草兔
生活在温带草原及热带稀树草原等多种环境中。

岩石较多的草丛——穴兔
生活在非洲的荒野上。

高山——大耳鼠兔
生活在喜马拉雅山海拔 4000 米以上的森林边界处。

穴兔　欧洲野兔　阿富汗鼠兔

琉球兔

粗毛兔

苏门答腊兔

南非山兔

▲ **粗毛兔**
生活在印度及尼泊尔等地。粗毛兔的栖息地属于热带季风性气候，因此它们的毛质地较硬，透气性能极佳。由于误被当作数量众多的印度野兔，而受到人们的大肆猎杀，数量锐减。

逐渐灭绝的兔子

随着栖息环境的人为开采，一些种群的兔子失去了它们赖以生存的家园，逐渐陷入了濒临灭绝的窘境。此外，由于人类的猎杀，猫、狗及獴科动物等天敌的捕食，某些种群的兔子数量也正在不断减少。

▶ **苏门答腊兔**
生活在苏门答腊岛西南部的密林之中，近 10 年间仅发现 1 例。

被人类猎捕灭绝的兔子
由于受到人类的捕食，意大利鼠兔在 18 世纪末 19 世纪初灭绝。

◀ **南非山兔**
大约 100 年前在南非发现。生活在河流附近的植被中，目前仅存 1500 只左右。

▶ **墨西哥兔**
生活在火山地区，现已被国际自然保护联盟列为濒危物种而得到保护。其叫声与鼠兔的相仿。

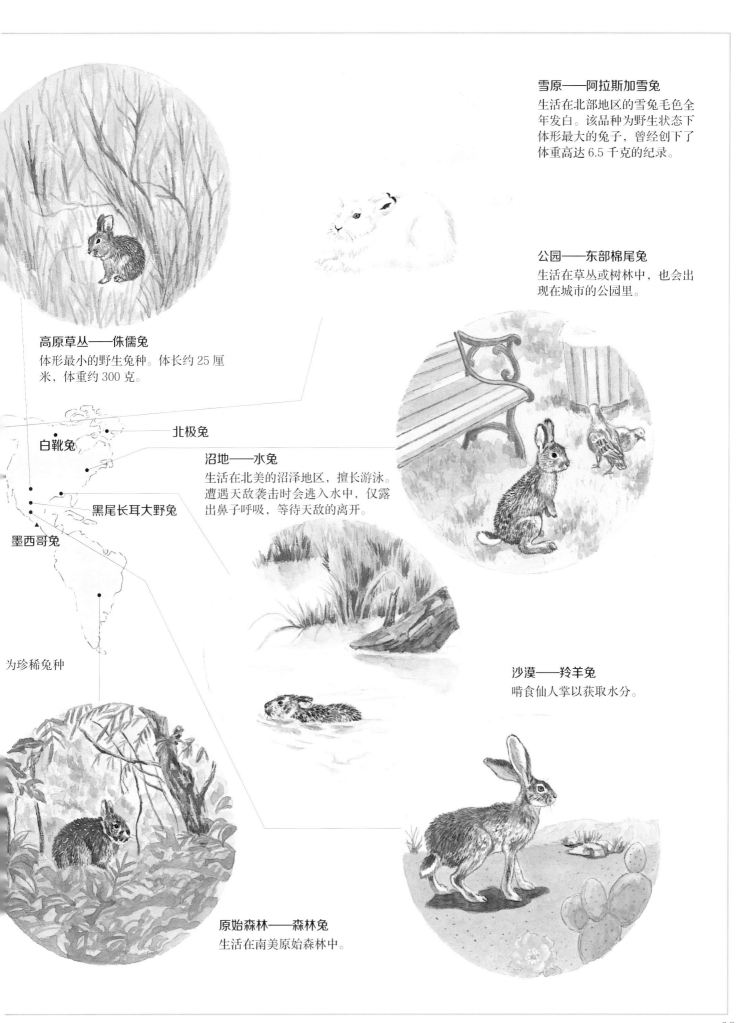

雪原——阿拉斯加雪兔
生活在北部地区的雪兔毛色全年发白。该品种为野生状态下体形最大的兔子，曾经创下了体重高达 6.5 千克的纪录。

公园——东部棉尾兔
生活在草丛或树林中，也会出现在城市的公园里。

高原草丛——侏儒兔
体形最小的野生兔种。体长约 25 厘米，体重约 300 克。

北极兔

白靴兔

沼地——水兔
生活在北美的沼泽地区，擅长游泳。遭遇天敌袭击时会逃入水中，仅露出鼻子呼吸，等待天敌的离开。

黑尾长耳大野兔

墨西哥兔

为珍稀兔种

沙漠——羚羊兔
啃食仙人掌以获取水分。

原始森林——森林兔
生活在南美原始森林中。

图书在版编目（CIP）数据

把大自然带回家．我想养只小兔子／（日）小宫辉之
著；（日）大野彰子，（日）大野弘子绘；边大玉译．--
北京：中信出版社，2021.4
　　ISBN 978-7-5217-2646-6

　Ⅰ.①把… Ⅱ.①小…②大…③大…④边… Ⅲ.
①自然科学—儿童读物 Ⅳ.① N49

中国版本图书馆 CIP 数据核字 (2020) 第 260450 号

把大自然带回家·我想养只小兔子

著　　者：[日]小宫辉之
绘　　者：[日]大野彰子　[日]大野弘子
译　　者：边大玉
出版发行：中信出版集团股份有限公司
　　　　　（北京市朝阳区惠新东街甲4号富盛大厦2座　邮编　100029）
承 印 者：北京汇瑞嘉合文化发展有限公司

开　　本：889mm×1194mm　1/16　　印　张：2.5　　字　数：94千字
版　　次：2021年4月第1版　　　　　印　次：2021年4月第1次印刷
京权图字：01-2020-7610　　　　　　审 图 号：GS (2020) 6609号（本书地图系原文插附地图）
书　　号：ISBN 978-7-5217-2646-6
定　　价：179.00元（全9册）

出　　品：中信儿童书店
图书策划：知学园
策划编辑：隋志萍　　　责任编辑：谢媛媛　　　营销编辑：张超　李雅希　王姜玉珏
封面设计：谢佳静　　　内文排版：王哲　　　　审　　定：严莹

把大自然带回家

我想养些海洋生物

[日]浅井稔 著　　[日]浅井枭男 绘　　王宗瑜 译

中信出版集团 | 北京

目录

我们把本书中的生物进行了分类。与哺乳类和鸟类等陆生生物相比，海洋生物种类更丰富，形态也更多样。

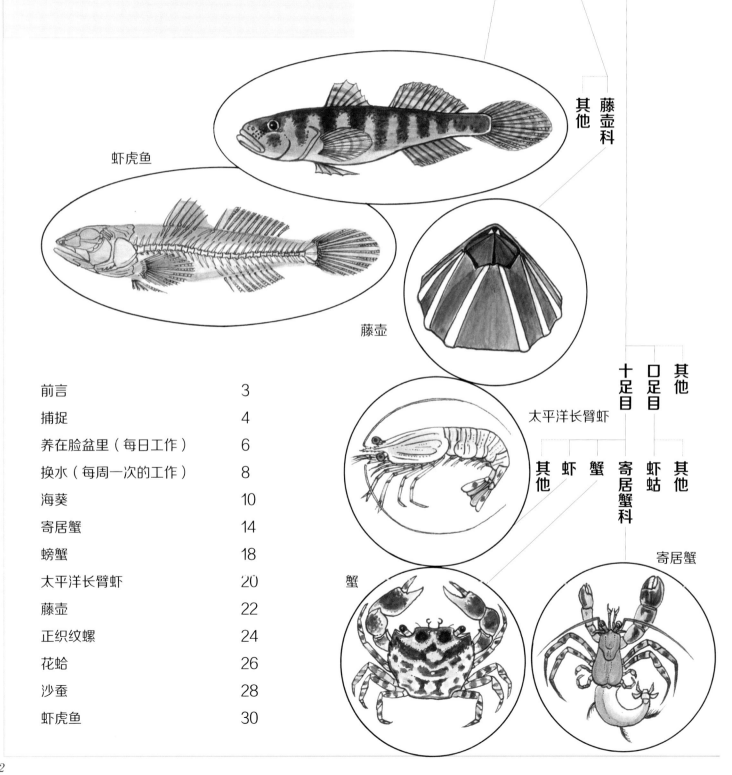

有脊椎 ← | → 无脊椎

脊椎动物门　　　节肢动物门

哺乳纲　鸟纲　爬行纲　两栖纲　硬骨鱼纲　其他　　颚足纲　昆虫纲　软甲纲　肢口纲　蛛形纲　其他

虾虎鱼

其他　藤壶科

藤壶

十足目　口足目　其他

太平洋长臂虾

其他　虾　蟹　寄居蟹科　虾蛄　其他

蟹

寄居蟹

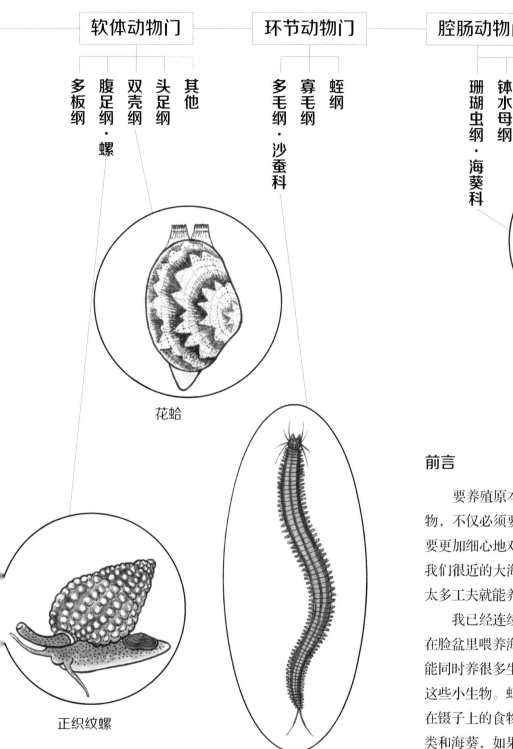

软体动物门

多板纲
腹足纲·螺
双壳纲
头足纲
其他

花蛤

正织纹螺

环节动物门

多毛纲·沙蚕科
寡毛纲
蛭纲

沙蚕

腔肠动物门 ……

珊瑚虫纲·海葵科
钵水母纲
水螅虫纲

海葵

前言

　　要养殖原本栖息在热带海洋里的美丽生物，不仅必须要有大水箱和过滤装置，还需要更加细心地对它们加以照顾。不过，在离我们很近的大海里，也有很多生物不需要花太多工夫就能养得好。

　　我已经连续好几年不用过滤装置，而是在脸盆里喂养海洋生物了。这种喂养方式不能同时养很多生物，不过可以近距离地观察这些小生物。虾虎鱼和寄居蟹会直接吃你放在镊子上的食物。那些看起来一动不动的贝类和海葵，如果你每天都进行观察，就能发现其实它们的活动量也很惊人。

　　我喂养的海葵已经在脸盆里生活了3年多。以前还有人用相似的喂养方式，把纵条矶海葵放在杯子里喂养了将近50年。喂养海洋生物，其实并不难。

捕捉

大海和滩涂有各种各样无法预料的危险，请一定要和大人一起去。

另外，就算你捉到了很多海洋生物，只需带走自己能够喂养的量就够了哟。

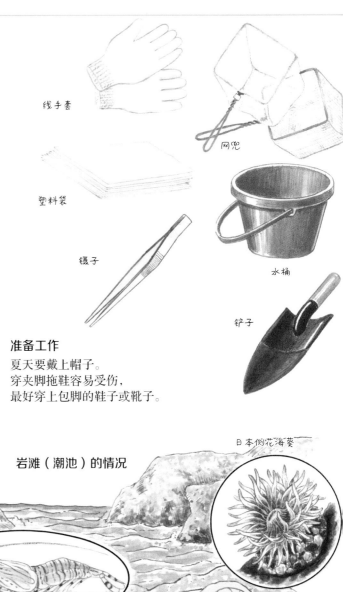

线手套

网兜

塑料袋

镊子

水桶

铲子

捕捉时的注意事项

先在电脑或手机上查询并确认低潮（干潮）和高潮（满潮）的时间，请在退潮时去捕捉海洋生物。如果要去有很多人游玩的岩滩，或者会有垃圾从上游被冲到河口的滩涂上，一定要小心，不要踩到空罐头瓶或玻璃瓶，以免受伤。还要注意，手不要被附着在岩石上的藤壶和牡蛎的壳划伤。如果你觉得喂养它们太麻烦，那就把它们送回原来生活的地方，让它们回归大自然。

准备工作
夏天要戴上帽子。
穿夹脚拖鞋容易受伤，
最好穿上包脚的鞋子或靴子。

岩滩（潮池）的情况

日本侧花海葵

太平洋长臂虾

平背蜞

鳞笠藤壶

等指海葵

大口巨颌虾虎鱼

滩涂的情况

裸身虾虎鱼

粗纹织纹螺

纵条矶海葵

豆形拳蟹

白脊管藤壶

日本美人虾

花蛤

沙蚕

绒毛近方蟹

如何带回家

　　要想把捉到的小生物健健康康地带回家，先得注意不要捉太多了。原本脸盆里能喂养的动物数量就有限，即便你捉回了很多海洋生物，也没法全部喂养。把捉到的海洋生物和少量的水放到塑料袋里，再把塑料袋放到保温箱或者泡沫塑料箱里带回家，以免温度上升。有的海洋生物则只需要一个湿润环境，那就不需要在塑料袋里加水了。

将塑料袋充入空气，然后系上袋口。

如果使用空气泵，那就更没有问题了。

把塑料袋放到保温箱或泡沫塑料箱里。

为了不弄伤海洋生物，最好把它们装进塑料袋再放到桶里。

养在脸盆里
（每日工作）

与喂养远海的热带鱼或大型鱼类不同，布置喂养海洋生物所需要的水箱（脸盆）花不了多少时间。就算是把它们带回家以后再准备也来得及。

设置水箱（脸盆）

在脸盆里铺上沙子，调制人工海水（见第8~9页）。天然海水有时会混有垃圾，不太干净，所以我们一般不会使用。如果在小小的脸盆里喂养太多海洋生物，水很快就会变混浊，生物也会死亡，所以要注意喂养的生物一定不能太多。夏天脸盆要放在通风的地方，冬天要放在平时有人的房间。开空调的时候，或者冬天空气比较干燥的时候，水分蒸发得比较快，水里的盐分浓度会变大，这一点一定要注意。

大螃蟹会攻击其他动物。
如果是小螃蟹，就可以一起喂养。

庇护所

为了能让喂养的海洋生物藏身，可以把捡来的小石头或牡蛎壳等用自来水清洗干净后放入脸盆。不要把那些附着生物或海藻的石头放到脸盆里，因为它们死了之后，脸盆里的水就不能用了。

脸盆的材质

只要是浅底、宽口的容器都行。但是金属制品会被海水锈蚀，所以不能使用。另外，玻璃制品和陶瓷制品既沉又容易碎，不便于换水。

沙子

尽量从捕捉海洋生物的地方带些细沙回家，用自来水清洗之后铺在脸盆里。有的小生物喜欢钻到沙里，那最好多铺一些。

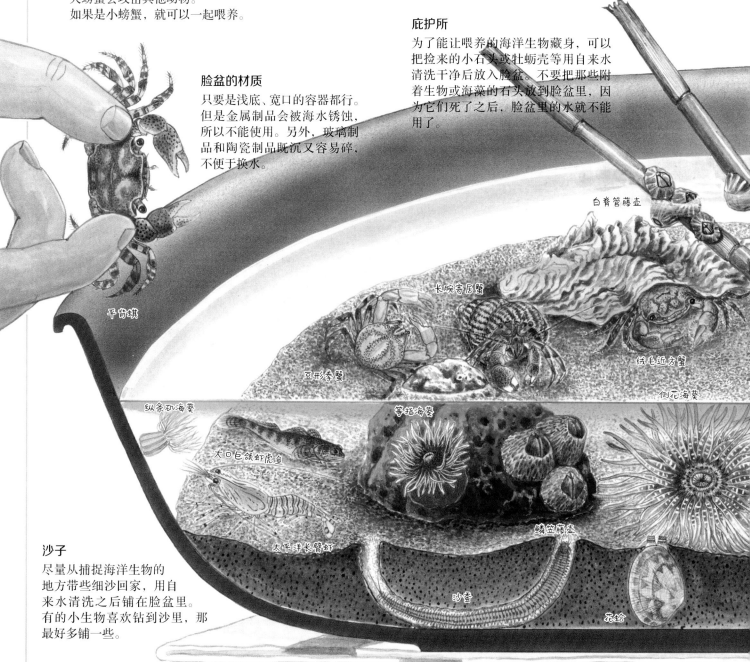

平背蜞
白脊管藤壶
长腕寄居蟹
绒毛近方蟹
豆形拳蟹
侧花海葵
纵条矶海葵
等指海葵
大口巨颌虾虎鱼
鳞笠藤壶
太平洋长臂虾
沙蚕
花蛤

　△ 上图画的是本书中会出现的生物。这并不意味着我们要像上图那样，把它们全部喂养在一个脸盆里。

把喂养海洋生物所需要的东西集中在一处。

碗

人工海盐

瓶子
用于溶解人工海盐。

饵料

盐度计

温度计

抹布
铺在脸盆下面会比较好。

滴定管
用于吸出粪便和垃圾，或是投喂细小的食物。

镊子
可以用来喂食饵料、取走蜕皮后的壳等，使用起来非常方便。一般五金店里有售。

饵料（碎薄片状）

花蛤

生鱼片
准备一块生鱼肉，把它切碎后冷冻，时不时取出给这些海洋生物喂一点。

喂食

碎薄片状的热带鱼复合饵料非常适合喂食。我们喂养的这些海洋生物吃得非常少，所以即便是最小号的瓶装饲料也能喂很久。平时投喂碎薄片状的饵料，偶尔也可以把生鱼片和生花蛤切碎了喂它们吃。

日本侧花海葵

长指寄居蟹

裸身虾虎鱼

平背蜞

粗纹织纹螺

日本美人虾

写喂养日记
为了不忘记喂食和换水的日期，让我们来好好写喂养日记吧。

8月5日 晴 32℃
今天换了水。
最近天气一直很热，水好像很容易变脏。今天的晚饭是用乌贼做的生鱼片，顺便拿了一点喂海葵，结果它一下子就吞下去了。

换水
（每周一次的工作）

换掉脸盆里的水比换掉大水缸里的水要简单得多。清洗脸盆时，可以连带着将盆里的生物也清洗了。

每周一次的工作

每周换一次水，可以确定好周几，这样就不容易忘记了。换水之后要注意观察生物的情况。如果水面上出现泡沫且一直不消散，或者生物死亡导致水变浑，就要立刻换水。

人工海水的浓度

如果离大海很远，我们可以用人工海盐，随时配制出人工海水，非常方便。用自来水溶解人工海盐时，浓度调得要比自然海水低一点。因为到下次换水之前，盐分浓度会随着水分的蒸发而变高，所以开始的时候最好把浓度调低一点。

盐度计

塑料制的盐度计不易破损，使用方便。可以在海水鱼宠物商店里买到。

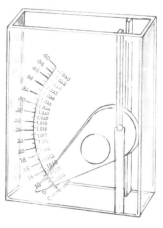

如何换海水

① 配制新的海水

在换海水之前，最好先适当配制一些浓度较高的人工海水（参见③）。即便瓶底还有一些人工海盐没完全溶解也没关系。配好之后放在一边，等使用时再加水溶解，配制成适宜海洋生物生活的海水。

用自来水稀释上述浓度较高的人工海水。自来水中的氯不用去除。

将密度计浸入海水直至充满海水，测一下浓度。自然海水的密度＊是1.025左右，人工海水的密度要低一点，1.022左右就可以了。人工海盐即便没完全溶解也不用担心。密度计使用后要用自来水冲洗干净。

临时从脸盆里取出

清洗前，要从脸盆里取出容易受伤的生物，以及换水时可能会造成其他生物受伤的东西。在清洗脸盆期间，要把它们放到新配制的干净海水中。

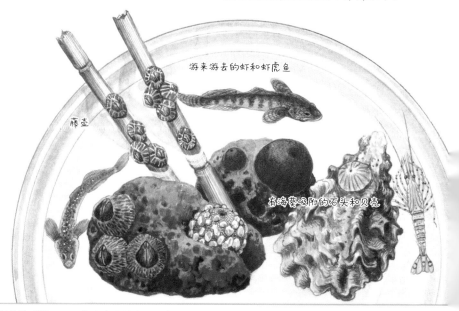

游来游去的虾和虾虎鱼

藤壶

有海葵吸附的石头和贝壳

＊自然海水的密度，是指在4℃时，海水与同体积水的质量之比。海水盐度是海水中含盐量的一个标度。

要保证从水龙头中流
出的水不是热水。

② 清洗脸盆
用水龙头注水时可以将水流
开大一点，保证脸盆底部的
沙也能够被水流冲起来。将
脸盆倾斜倒水，但注意不要
将沙子和海洋生物也倒掉
了。重复清洗 3~4 次。

清洗时留在脸盆里
附着在脸盆上的海葵、有坚硬外壳保
护的螃蟹、寄居蟹、螺、双壳贝等可
以在脸盆里直接清洗。钻进沙里不好
拿出来的沙蚕也不用刻意取出，保持
原样直接清洗海沙即可。

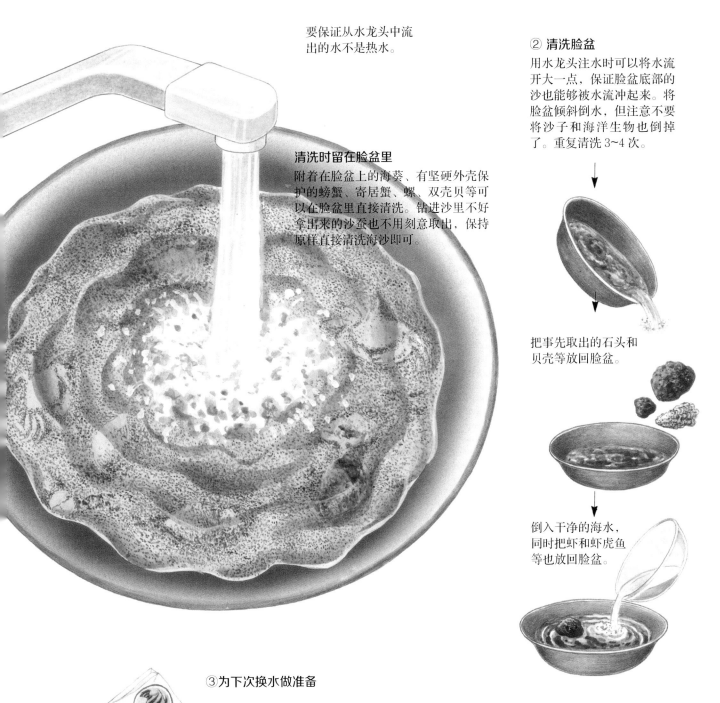

把事先取出的石头和
贝壳等放回脸盆。

倒入干净的海水，
同时把虾和虾虎鱼
等也放回脸盆。

③为下次换水做准备

不在家或生物死亡的情况

因为可以喂养在脸盆里的生物，原本就
是食量比较小的物种，若出门一周左右，即
便不喂食也可以。只需出门之前换水时多加
一点海水即可。

如果有生物死亡，要尽快取出它们并换
水。因为水变混浊后会导致其他生物生病。
取出的尸体要在腐烂之前用土埋起来。

先适当配制一些浓度较高的人工海水，以便使用前稀释到要
求的浓度。注意不要放在阳光直射、温度较高的地方。

海葵

乍一看，海葵好像总是紧紧地吸附在岩石上，一动不动。但实际喂养起来，你就能发现其实它们会到处跑，会自己吃东西，还会有其他各种各样的行为活动。

海葵是什么

海葵身体柔软，好像总是附着在石头上一动不动，但实际上它和有着坚硬骨骼的石珊瑚以及在海里漂浮的水母是近亲。在大海里，海葵以用触手上小毒刺捕捉的浮游生物和其他小生物为食。不过，这种毒刺并不能防身，在海牛属和蝴蝶鱼科中，也有一些种类会以海葵为食。

另外，注意不要被海葵的毒刺扎到。

如何捕捉

为避免弄伤海葵，要小心地将其从岩石上剥下来，可不能生拉硬拽，尤其是海葵吸附在岩石凹陷处时。

如何带回家

海葵身体柔软，若将其连带着石头一起带回，可能会因为石头滚来滚去而弄伤海葵，所以一定要想办法不要伤到它们。带 2~3 只海葵回家就够了。

①吸附在岩石或贝壳上的海葵

用木刮刀（也可以用吃冰激凌的勺子）撬下来。

等指海葵
在捕捉之前注意要搞清楚这里是不是等指海葵保护区。

纵条矶海葵
在滩涂和外海的岩滩都能看到。个头小，比较结实。

海葵钻到沙里留下的坑。

②对于钻到沙里的海葵，要用铲子挖

侧花海葵
它们一般会藏在滩涂的沙子里。个头大，容易喂养。

③对于附着在岩石凹陷处的海葵，要挑那些附着在小石头上的摘取

日本侧花海葵
它们会吸附在岩石上，很难把它们取下来。

用①、②的方式取下来的海葵如何带回家

放入湿润的海藻也行。

装入适量海水，让它保持湿润。

用③的方式取下来的海葵如何带回家

A. 为了不弄伤海葵，先罩上一个杯子。

B. 用胶水把石头粘在一块板子上，或者用胶带把杯子固定好。

C. 放到塑料袋或者水桶里。

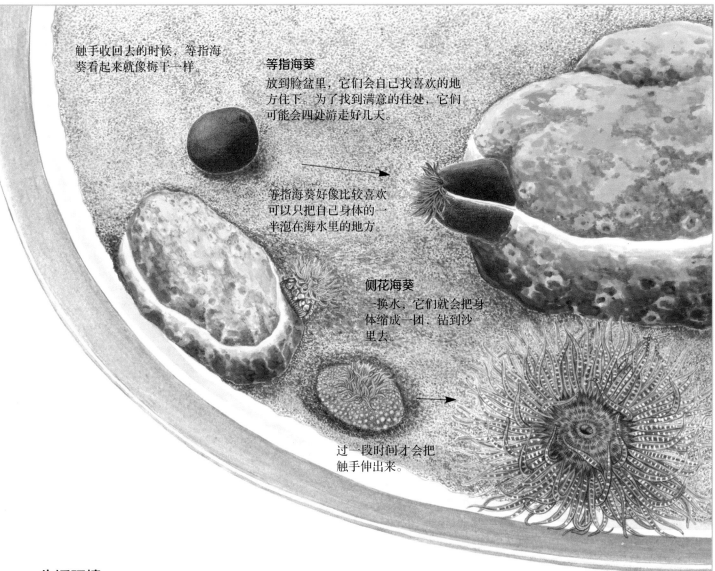

触手收回去的时候，等指海葵看起来就像梅干一样。

等指海葵
放到脸盆里，它们会自己找喜欢的地方住下。为了找到满意的住处，它们可能会四处游走好几天。

等指海葵好像比较喜欢可以只把自己身体的一半泡在海水里的地方。

侧花海葵
一换水，它们就会把身体缩成一团，钻到沙里去。

过一段时间才会把触手伸出来。

生活环境

　　和大海不一样，脸盆里没有波浪，也没有潮起潮落。如果没有外界刺激，等指海葵就会一直不伸触手。请每天摇晃几次脸盆，让盆里的水晃动起来吧。届时可以观察到海葵的生长状况。

换水
换水前要把石头和贝壳这些东西全拿出来。对于牢牢附着在脸盆上的海葵，我们不用动它们，就这样清洗之后直接换水就好。

结膜
为了不让自己身体表面太干，等指海葵会分泌黏液。黏液干了之后会形成一层膜。

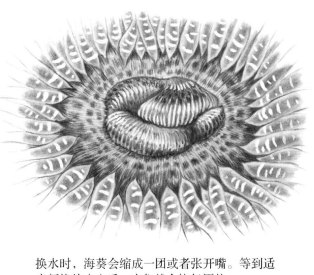

换水时，海葵会缩成一团或者张开嘴。等到适应新换的水之后，它们就会恢复原状。

如何喂食

一般每2~3天喂食一次。而像铁海葵那样食量比较大的种类，则需要每天都喂一点饵料。但如果饵料太多，又会导致水被污染，所以一定要注意不要过量。虽然海葵几天不吃东西也没问题，但如果供食不足，它们的身体就会变小。一定要注意调整饵料的量。

如何让海葵伸展触手

如果海葵的触手一直缩着，就算给它们投喂饵料，它也没办法抓住。在喂食海葵之前，我们需要让它们先伸展触手。可以摇晃脸盆让水晃动起来。另外，如果先给同一个脸盆里的寄居蟹和螃蟹喂食，海葵也会像闻到味道一样有所反应。还可以把饵料溶解在水里，然后将其滴一些到脸盆里。

触手的毒刺

本书中出现的海葵，它们触手里的毒刺毒性非常弱，人类几乎感觉不到（海葵毒刺毒性的强弱也会因人而异，最好不要直接触摸海葵）。但是在日本以南的海域，有一些海葵触手里的毒刺毒性非常强，甚至能伤人。

有时候由于水质不好，海葵也会把触手缩起来。如果晃动脸盆，海葵怎么也不伸出触手，那就说明该换水了。

录像

用摄像机把海葵的动作录下来，然后快进播放。这样就能观察到它们的与人类感觉不一样的令人意外的动作。最好将摄像机用三脚架固定。

悠闲地进行观察

与其他生物不同，海葵对食物的反应非常迟钝。投喂饵料后，要等5~10分钟海葵才会活动，请留出充足的时间进行观察。

喂食实验

海葵仅靠触手触碰就能知道所触物体是不是食物吗？让我们一起用金属（剪成小块的铝箔）、木头（一小段牙签）去碰一碰它的触手吧。一般情况下，海葵不会用触手去抓非食物的东西。不过也有一些"贪吃鬼"，它们会把金属和木头放进嘴里，过一段时间又吐出来。有的海葵身上会有小石头和贝壳，从这一点也可以看出，它们大概也会用触手去抓那些不能吃的东西吧。

日本侧花海葵

身体结构

海葵和水母都属于腔肠动物，海葵的身体结构正好和水母上下颠倒。

触手
用触手抓住食物，送往口中。

口（肛门）
从口吃进去的食物变成粪便，又从口排出来。

粪便是偏红色、柔软的块状物。如果吃的是红色碎薄片状饵料，它们就会排出漂亮的红色粪便。

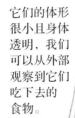

它们的体形很小且身体透明，我们可以从外部观察到它们吃下去的食物。

试着给纵条矶海葵喂食吧。

足盘
生活在岩滩岩石上的海葵会附着在小石头和脸盆壁上，居住在沙地里的海葵则会附着在铺着沙子的脸盆底部。

如何繁殖

海葵的卵有的在雌体内受精，有的在海水中受精。受精卵在母体内发育形成浮浪幼虫，然后离开母体，游动一段时间后，固着下来发育成新个体。但有的海葵不经浮浪幼虫，直接在母体内发育成海葵。这就是为什么有的从母体出来时与父母的形状不同，有的与父母长得一模一样。另外，有的海葵通过纵分裂或出芽来繁殖。虽然很难看到海葵产卵，但侧花海葵等会因为受到换水的刺激而排出精子，所以有时我们能在水箱底部看到白色的沉积物。

观察它们的行动

海葵虽然会附着在石头和脸盆上，但实际上它们经常移动。尤其是换水之后，它们会在脸盆里四处移动。可能是在寻找一个更舒服的住处吧。另外，像等指海葵那样平时会附着在石头上的海葵，有时也会吸附在寄居蟹藏身的贝壳上。

等指海葵刚出生时的模样和父母一模一样，它们是从嘴里出生的。投喂新出生的幼体时要用更小的食物，还需要注意不要让它们受到其他生物的伤害。

在塑料板上画横竖交叉线，然后尝试一下每隔1~2天记录海葵的位置吧。

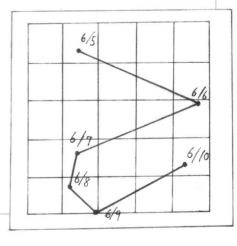

寄居蟹

寄居蟹是一种容易捕捉，且生命力顽强、容易喂养的代表性海洋生物。寄居蟹的行为非常独特且有趣，比如四处爬行的样子，还有换贝壳的方式，等等。

寄居蟹的同类

寄居蟹又分很多种类。其中比较容易捕捉且又很适合喂养的，要数潮水洼地里的长腕寄居蟹，以及居住在海湾深处和河口的长指寄居蟹。长指寄居蟹生活在河流入海口、水质并不是很干净的地方，所以应该很好喂养。夜市上卖的凹足陆寄居蟹，它们为了适应在陆地上的生活，身体结构发生了相应的改变，一般都不会再回到水里生活。陆寄居蟹的喂养方式稍有不同，应该给它们铺一些小石头，喂一些黄瓜什么的。在日本，陆寄居蟹的数量在不断减少，所以它们作为特别天然纪念物被保护起来了。

长指寄居蟹
退潮后，它们会集中到小水坑、石头或木桩背面安静地待着。

当它们紧紧抓住岩石的时候，看上去和螺没什么区别。如果感觉到晃动的身影纷纷从岩石上掉落下来，那就是寄居蟹了。

带回家时的注意事项

虽说雄性寄居蟹的体形和螯更大，但仅从外表上看，很难区分雄性和雌性。带回家的寄居蟹，最好按照一只体形大的配两只体形小的比例搭配。喂养一段时间后，寄居蟹的身体会变大，这时就会换壳（搬家）。最好提前多捡些螺壳带回家。

长腕寄居蟹
日本关东地区的长腕寄居蟹非常多，潮水洼地里的寄居蟹几乎都是长腕寄居蟹。

当它们把身体缩进壳里时，右边的大螯就成了盖子。

换水

由于寄居蟹会待在坚硬的螺壳里，所以清洗换水的时候不用把它们从脸盆里取出来。如果它们藏进沙里了，那就用小镊子把它们挖出来吧。

用滴定管轻轻地把墨汁或墨水滴在它们的头部附近，这样我们就能通过水流变化来观察它们的呼吸状况了。

喂食

每天给寄居蟹喂食 1~2 次，用镊子把食物放在它们的面前即可。如果每天喂两次的话，每次的量就要少一点。当它们习惯以后，就会用螯直接取食了。

也许是由于身体有硬壳保护，寄居蟹根本不怕海葵触碰，所以有时候它们也会抢走喂给海葵的食物。

呼吸

就算看着一动不动，寄居蟹的呼吸运动也是很活跃的。换水时把它们转移到别的容器里，在容器中加入海水时，注意要将海水加到寄居蟹嘴部的位置。如果寄居蟹的体形较大，我们还能观察到水流变化。

如果和正织纹螺一起喂养，寄居蟹会帮它们吃掉剩下的食物。

观察寄居蟹的身体及如何搬家

请按照右图所示，让寄居蟹从螺壳里爬出来，好好观察它的身体吧。不过要注意别被烫伤，也别烫伤寄居蟹哟。然后再观察它如何搬家。给它一个比它一直居住的螺壳小一点的壳。也许是由于柔软的身体一直裸露在外，会让它感到不安全，所以寄居蟹会很快爬进那个小螺壳里。这时再把它原来住的螺壳也放入容器中，就能看到寄居蟹的搬家场景——它会搬到原来的螺壳中。

用镊子夹住螺壳，慢慢地让螺壳的尾部靠近火焰。如果太靠近的话寄居蟹会被烧死，所以一定要小心。

由于尾部受热，寄居蟹会赶紧从螺壳里爬出来。一定要注意，别让它从很高的地方摔下去。

蟹钳（螯）
长腕寄居蟹的右螯比较大。

第一触角很长，有条纹图案。

眼睛
寄居蟹的眼睛是由很多小眼睛组合而成的复眼。

步足1
这是用来走路的脚。头胸部有两对。

步足2
这是用来抓螺壳的小脚。头胸部有两对。

头胸部

腹部
寄居蟹的身体只有腹部是柔软的。

身体结构

寄居蟹的身体并不是左右对称的。它的腹部是弯曲的。这是身体为了适应居住在螺壳里而产生的变化。就算是像椰子蟹和阿拉斯加帝王蟹那样不用寄居在螺壳里的寄居蟹，它们的身体也遗留着这一痕迹——腹部也不是左右对称的。

让寄居蟹搬家

如果寄居蟹住在一个很舒服的螺壳里，它一般是不会搬家的。所以要想观察它搬家，就要把寄居蟹从壳里赶出来，然后故意让它进入一个小一点的螺壳里。

腹足
腹部只有左侧有腹足。雌性寄居蟹会把卵产在腹足处，然后随身携带。

当寄居蟹发现新的螺壳后，就会用螯测量一下螺壳的大小。如果很满意，它就会抓牢新的螺壳，从现在居住的螺壳里爬出来。

寄居蟹的腹部很柔软，为了不受到天敌的袭击，它会非常快速地搬进新的螺壳里。

冬天到初春期间，雄性寄居蟹会抓着雌性寄居蟹走路。

这时的雄性寄居蟹会用左侧较小的螯牢牢抓住雌性寄居蟹。即便是把雄性寄居蟹从地面上拿起来，它也不会放开雌性寄居蟹。

寄居蟹如何生育子女

长腕寄居蟹从日本北部的海洋向南，一直在不断拓展它们的栖息地。也许是出于这个原因，它们会在海水冰凉的季节产卵。雌性寄居蟹会把产出的卵置于腹部的腹足处，此后一个月会一直随身携带并保护它们，直至小寄居蟹孵出。孵化出来的小生命被称为溞状幼体，它们会在海水中漂游，一边蜕皮一边生长。溞状幼体会在一个月的时间里蜕皮 4 次，然后沉到海底。这时它们被称为大眼幼体。大眼幼体蜕皮一次后就会成为幼蟹，它们要花一年的时间才能够繁殖后代。寄居蟹的寿命在野外比较短，一般为 2~5 年（陆生的寄居蟹发育 2 年后达到性成熟）。在人工饲养条件下，因食物充足且没有天敌，寿命会更长。

雌性寄居蟹会从螺壳里探出部分身体，让卵在螺壳内进行孵化。这些卵并不是正抓住它的雄性寄居蟹的后代，而是以前和其交尾的其他雄性的卵。

溞状幼体作为浮游生物在大海中漂游，反复蜕皮。

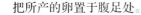

把所产的卵置于腹足处。

雄性　　**雌性**

交尾结束后，雄性和雌性寄居蟹分开。寄居蟹在一个冬天之内会有数次交尾和产卵的过程。（此处把雌性寄居蟹的壳画成了透明的，但实际上我们看不到螺壳内部的情况。）

离开卵的雌性寄居蟹会在几天后蜕皮，然后与守候在一旁的雄性寄居蟹交尾，交尾后立刻产卵，并将其置于自己的腹足上。

蜕皮

寄居蟹、虾和螃蟹身上都有坚硬的螺壳，如果不把原来的壳蜕下，它们就没办法长大。因此，迅速生长的年轻寄居蟹的蜕皮间隔会比父母的更短。它们大都在晚上蜕皮。

这是寄居蟹蜕下来的壳，沉在水里，仿佛尸体一样。

螃蟹

螃蟹是偏肉食性的杂食性动物，它们会捕捉其他生物并把它们吃掉。选择与螃蟹一起喂养的生物时，一定要注意其种类和大小。

如何捕捉和带回家

尽量捕捉个头小的螃蟹，带回家 1~2 只最合适。数量少的话，可以把它们放在小桶或塑料瓶里带回家。注意不要让水温升高。

豆形拳蟹
去滩涂的岸边附近找找看。有时它们会将身体埋在沙里。

栖息地

从河口的滩涂到会有海浪涌来的潮水洼地，到处都生活着螃蟹，它们的种类繁多。在这里，我们只介绍那些适合喂养的种类。

如果螃蟹用它们强壮的螯攻击其他生物，那我们就仅喂养螃蟹。它们会四处乱爬，所以一定要注意别让它们从脸盆里逃走。

绒毛近方蟹
它们会躲在海岸石壁的牡蛎壳缝隙里，或者滩涂的石头和轮胎下等地方。

在岩滩和滩涂上捕捉小生物时，容易被附着在岩石和木桩上的牡蛎和藤壶划伤手，所以要戴上线手套。这样一来，就算被螃蟹夹住手，也不用太担心。

捕捉海洋生物时如果要翻开石头，捕捉之后要把它们还原。

肉球近方蟹
栖息在潮池里。它们会迅速躲进各种缝隙里，所以我们要用金属丝把它们从缝隙中赶出来。

不适宜喂养的螃蟹
有些螃蟹不适宜在脸盆里喂养，比如喜欢到处乱爬、用强壮的螯捕食其他生物的相手蟹和台湾厚蟹，体形较大、居住在远海干净海水里的齿突斜纹蟹，还有性格凶猛、有着强有力的螯（一旦被其夹住，可能会使人受伤）的三疣梭子蟹和日本蟳等。

平背蜞
栖息在潮池的石头下面。它们一般不会迅速逃走。

喂养时的注意事项

为了不让其他生物遭到螃蟹的攻击，我们要为它们准备好庇护所。螃蟹打架或蜕皮时也可能因遭受攻击而死，所以也要为螃蟹准备几处庇护所。还要每天喂食，以免螃蟹饿了去攻击其他生物。

身体构造

螃蟹习惯横着走，它们的关节非常适于横向运动。豆形拳蟹则会竖着走。让我们一起来仔细观察螃蟹的身体构造吧。

庇护所的制法
虽然也可以使用小石头来做，但牡蛎等贝壳更好用一些，因为它们既轻巧又不会划伤海洋生物。

打架
由于小螃蟹会被大螃蟹攻击，所以螃蟹的个头差异不能太大。

肉球近方蟹的眼睛
它们的眼睛上各连着一根小柄，可以把眼睛支起来，这有助于它们在天敌较多的岩滩观察四周情况。

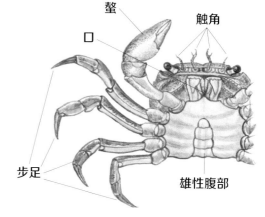

螯
口
触角
步足
雄性腹部

颚足
与人类不一样，螃蟹、虾、寄居蟹的颚是由几个部分共同组合而成的。颚足便是脚进化成的可以帮助颚部进食的部位。

雌性腹部
雌性的腹部更宽，有利于产卵。

平背蟌的颚足
仔细观察吃东西时的平背蟌。它们会使用像鸟的羽毛一样的颚足来收集食物。

蟹壳的模样
每一只平背蟌的蟹壳长得都不一样，有的平背蟌的蟹壳是纯白色的。

太平洋长臂虾

我们可以喂养一些能够在水中四处游走的虾。它们的身体是透明的，所以我们能够看见它们的身体构造。要注意，我们要想办法防止它们从脸盆里跳出来。

虾的栖息地

太平洋长臂虾经常出现在潮池和河口等地。但由于它们身体透明，所以可能不太容易被我们发现。

喂养时的注意事项

虾蜕皮时有可能会受到螃蟹和寄居蟹的攻击，所以要为它们准备好庇护所。

如果它们身体状况不好，原本透明的身体就会变白。一旦出现这种情况，基本就没救了。要赶紧把死去的虾捞出来，以免污染水质。

如何捕捉

寻不见虾的踪迹时，试着用网眼很细的捞热带鱼的抄网在岩石下面和海藻周围捞一捞。

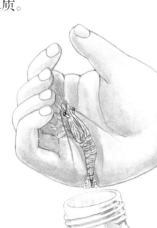

因为虾又小又娇弱，所以不要用手指捉它们，而应把它们放在手掌上。为了不让它们跳出手掌，手要握成空心拳状。

虾逃跑的时候会向后跳。一旦发现有虾要逃跑，可以把一个抄网放在虾尾方向，用另一个抄网把它们赶进去。

不是虾类的日本美人虾

日本美人虾的体形和虾非常相似，但它和寄居蟹是同类，只不过它不住在螺壳里。

即便给日本美人虾喂食，也见不到它们吃东西的情形，不过它们寿命很长。

翻开滩涂上的石头，或者试着挖一挖沙土来找找看有没有日本美人虾。如果光看沙上的洞穴，你完全不知道里面住着的会是谁。

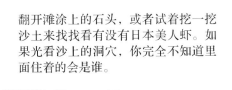

把脸盆罩住

喂养虾类时，最令人头疼的，就是它们一旦受惊就会从脸盆里跳出去，不及时被放回盆里就会死掉。如右图所示，请想个办法不让虾跳出脸盆。

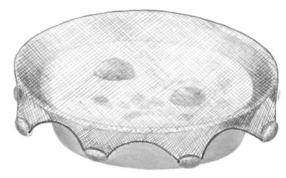

找一个网兜剪开并罩在脸盆上，四周再挂上钓鱼时用的铅坠。

透明的身体

太平洋长臂虾的身体是透明的，所以我们在给它们喂食的时候，能够知道吃下去的食物到了哪个部位。从外部还能看到它们呼吸时鳃的动作。

如果将水与空气隔绝，水中的氧气就会越来越少直至完全被消耗，所以注意不要把脸盆完全密闭起来。

长触角

1 对。太平洋长臂虾会转动长触角，来感知四周的情况。

雄性与雌性

根据前边第 1 对腹足的形状，可以区分雄性和雌性。

短触角

1 对。触角根处有感知平衡的结构。短触角的前端被分成了 2 根。

眼睛

太平洋长臂虾的眼睛是由许多小眼睛组成的复眼。

步足

5 对。前面 2 对步足的指尖部位长成钳状，可用来夹住食物。

食物通道

进入胃部的食物会一直被运送到尾根的肛门处，我们可以清楚地观察到这一过程。

肛门

尾

腹足

5 对。虾在游走时不仅会用到步足，还会同时划动腹足前进。

清洗身体

太平洋长臂虾这一类动物常常会清洗自己的身体。它们会用步足前端的小钳子把附着在身上的脏东西清除掉，有时还会把步足伸入硬壳内清洁自己的鳃部。

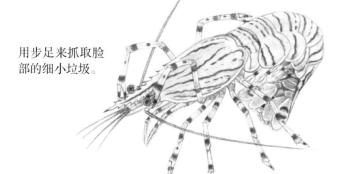

用步足来抓取脸部的细小垃圾。

用步足捋自己的触角，从触角根捋到触角头，以便清洁。

弯曲腹部，清扫长在腹足上的细毛。

藤壶

藤壶有着像贝壳一样坚硬的外壳，一般会附着在岩石、木桩、船底等处，不会自己移动。观察一下它们吃东西的情况吧。

藤壶的同类

藤壶与螃蟹和虾是近亲。日本的东北地区和南美洲的某些地方会捕食大的藤壶吃。藤壶的味道很像螃蟹和虾。除了船和岩石，有的藤壶还会附着在海龟的龟壳上或者鲸的皮肤上。

如何捕捉

用榔头等工具把附着在岩石和岸壁上的藤壶敲下来非常困难。最好寻找附着在贝壳或小石头上的藤壶，然后把贝壳或小石头一起带回家。藤壶很耐旱，即便半天没有水也没问题，可以直接带回家。

白脊管藤壶
它们生活在河口或滩涂，会附着在牡蛎和厚壳贻贝的贝壳上。它们个头很小，很适合在脸盆里喂养。

鳞笠藤壶
它们附着在岩滩的岩石上，很是显眼。因为个头比较大，不太适合喂养，不如在原地观察它们的身体形状。

致密纹藤壶
它们原本生活在欧洲，后来被带到了美国，再后来又被带到了日本，主要栖息于内海。

象牙纹藤壶
20 世纪 60 年代，日本第一次发现了象牙纹藤壶。无论海水的盐分是高还是低，它都能够生存。

附着在船上的藤壶

外来藤壶是附着在船底被运到日本的，之后便在日本扎根。有的外来藤壶还会抢夺日本本土藤壶的地盘，继而繁衍后代。

喂食

在给其他的海洋生物喂食或者是在晃动海水之后，我们能看到藤壶用自己的脚收集食物的行为。将碎薄片状的饵料用海水浸泡，然后用滴定管在藤壶周围滴上几滴。喂养藤壶时，每天喂食2~3次比较好，如果喂食过多会导致水质变差。即便食物很少，藤壶也能存活3个月左右。

身体结构

大部分藤壶是雌雄同体。不过，在产卵的时候必须要和其他藤壶交尾才行。藤壶虽然不能走动，但它们喜欢群居，所以能够很方便地和附近的藤壶交尾。

藤壶会把成为盖子的2对盖板左右分开，从中间伸出像鸟的羽毛一般的脚（蔓足）。

它们会四处挥动脚来收集细小的食物，然后把脚收回到壳内进食。

栖息在岩滩的长腕寄居蟹也许是觉得沙地不方便爬行，时不时地会爬到藤壶上边。

壳上有2对盖子

脚（蔓足）
共有6对。与虾和螃蟹的步足一样。

壳
石灰质的硬壳。虽然藤壶会脱壳，但壳会不断变大。

交接器
藤壶会伸出交接器与旁边的藤壶交尾。

用榔头或錾子（凿石头或金属的小凿子）把藤壶从岩石上剥下来。

用尖嘴钳把藤壶的壳弄断，然后把它剥下来。

藤壶就算取一点壳下来也没事，不用担心。

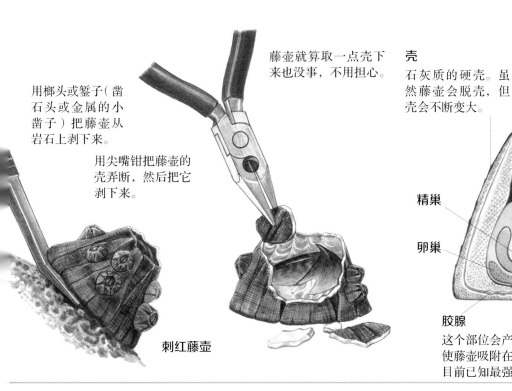

刺红藤壶

精巢

卵巢

肛门

胶腺
这个部位会产生藤壶胶，能使藤壶吸附在岩石上。这是目前已知最强力的胶。

胃　口
这是藤壶去掉外壳之后的样子。

正织纹螺

以藻类为食的螺没有合适的饵料，所以难以喂养，但食腐肉的螺能用碎薄片状饵料喂养。蜗牛和海兔也是螺的同类。

正织纹螺的生活

正织纹螺虽然是肉食性的贝类，但它们不会攻击活着的健康生物。在自然界中，它们会聚集到死亡的生物那里，把尸体吃得干干净净，可以说是大自然的清洁工。

如何捕捉

去滩涂的水边找找吧。如果放上死去的鱼，肉食性的贝类就会聚集过来，带回家4~5只即可。

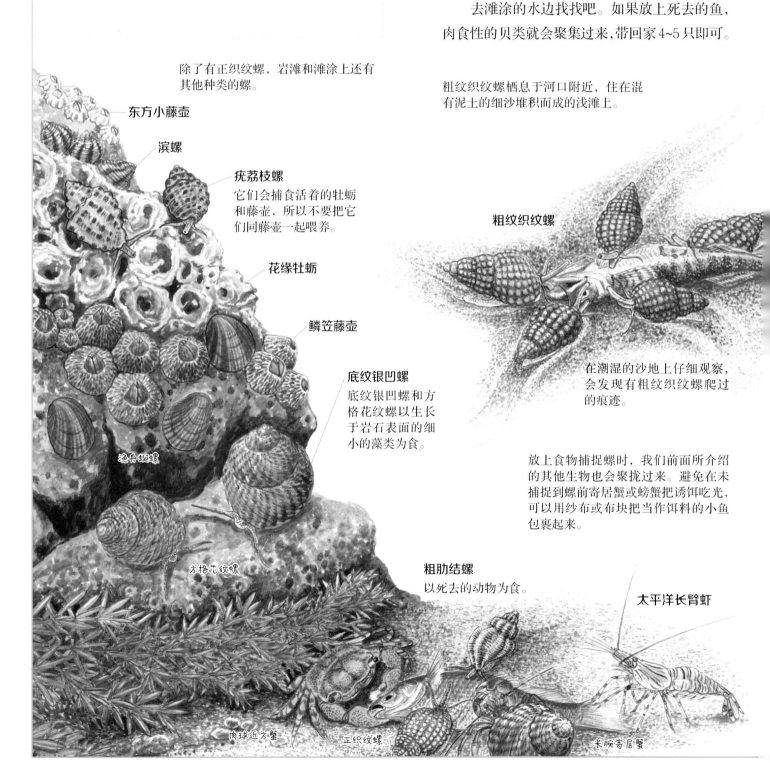

除了有正织纹螺，岩滩和滩涂上还有其他种类的螺。

东方小藤壶

滨螺

疣荔枝螺
它们会捕食活着的牡蛎和藤壶，所以不要把它们同藤壶一起喂养。

花缘牡蛎

鳞笠藤壶

底纹银凹螺
底纹银凹螺和方格花纹螺以生长于岩石表面的细小的藻类为食。

沧舟蜒螺

方格花纹螺

粗肋结螺
以死去的动物为食。

肉球近方蟹

正织纹螺

粗纹织纹螺

在潮湿的沙地上仔细观察，会发现有粗纹织纹螺爬过的痕迹。

放上食物捕捉螺时，我们前面所介绍的其他生物也会聚拢过来。避免在未捕捉到螺前寄居蟹或螃蟹把诱饵吃光，可以用纱布或布块把当作饵料的小鱼包裹起来。

太平洋长臂虾

长腕寄居蟹

粗纹织纹螺栖息于河口附近，住在混有泥土的细沙堆积而成的浅滩上。

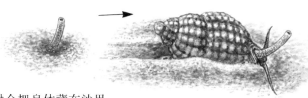

因为它们有藏在沙里的习惯，所以要尽量把细沙铺厚些，最好能将它们的壳完全盖起来。

平时会把身体藏在沙里，只把水管露在外面。

一旦放上食物，离食物近的螺就会从沙里现身。

它们会不断晃动水管，四处爬行，搜寻食物。

喂食

螺什么都吃，它的食物可以是碎薄片状的饵料，也可以是切成小块的生鱼片。脸盆中如果有生物死亡，它们就会聚在一起把死亡的生物吃掉。

尤其是正织纹螺，就算不给它们喂食，它们也会把寄居蟹和螃蟹进食时散落的细渣消灭干净。

清扫苔藓的贝类

喂养小生物后，脸盆内侧会逐渐长出褐色或绿色的苔藓或细小的藻类。如果在脸盆里放入1~2只方格花纹螺或底纹银凹螺这种专吃藻类的贝类，它们就会把这些苔藓吃得干干净净。只要把脸盆放在能照射到阳光且适宜藻类生长的地方，就能为专吃藻类的贝类生物长期提供食物。只要水质干净，它们就不会从脸盆里爬出去。

进食的样子

它们首先会使用水管探寻放入水中的食物的气味。一旦发现食物，它们便会伸出嘴来进食。

水管

能够伸缩的吻

我们平时是看不见它们的吻的。只在进食的时候它们才会伸出来。抓住机会好好观察吧。

吻

身体结构

螺的内脏都是弯曲的。

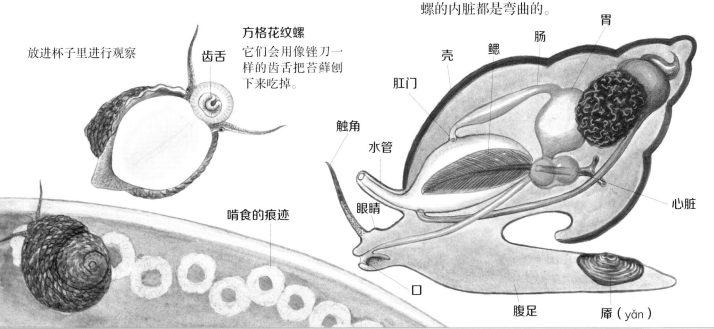

放进杯子里进行观察

方格花纹螺

它们会用像锉刀一样的齿舌把苔藓刨下来吃掉。

齿舌

啃食的痕迹

胃
肠
鳃
壳
肛门
触角
水管
眼睛
口
腹足
厣（yǎn）
心脏

花蛤

我们在赶海时总能发现很多花蛤，它们也是一些酱汤的主要配料。花蛤最为人们所熟知，那我们就试着喂养一下这个熟悉的朋友吧。喂养时，我们不仅可以观察它们藏进沙里的样子，还可以观察它们呼吸造成的水流变化等现象。

花蛤的生活

自然界中的花蛤以漂浮在水中的浮游生物以及掉落在海底的细碎食物残渣为食。脸盆里没办法保证有这样充足的食物，所以没办法喂养很长时间。即便如此，靠着吃其他生物吃剩下的食物残渣，它也能够存活 2 个月左右。小的花蛤食量也小，应该能够喂养得久一点。

如何捕捉

捕捉活花蛤是非常简单的事情。去海产品店或超市买活花蛤的时候，挑出 1~2 个小花蛤就好。如果能在赶海的时候捉到像小手指指甲盖大小的花蛤，那就再好不过了。

赶海的诀窍

只要在一个地方发现了一个花蛤，那这个地方应该就是适宜花蛤栖息的地方，很可能还有更多的花蛤。可以在周围大面积地浅挖一下。要想找到适合喂养且个头比较小的花蛤，那就到赶海时人们一般不去的河口处搜寻一下。小的花蛤会从赶海用的网兜的网眼里掉出来。所以，如果只养 1~2 个花蛤，我们可以把它们装在小塑料袋里带回家。

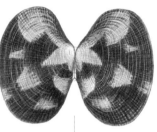

花蛤贝壳的花纹各不相同。就算是同一个花蛤，它的两扇贝壳上的花纹也会有细微的不同。

煮过或者是晒干之后，贝壳的颜色会发生变化。

贝壳的花纹与年轮的原理不同。据说花纹的样式是由基因决定的。

如何钻进沙里

把花蛤放在沙上，不一会儿它就会钻进去。如果持续每天观察，就会发现它并不是只钻在沙里不动，还会在脸盆中四处游走。在双壳贝当中，花蛤算是脚部肌肉强健的一类。而附着在岩石上的牡蛎，它们的腹足则在慢慢地退化。

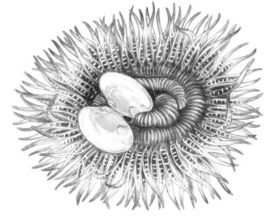

被吃掉的花蛤

有一天，我喂养的侧花海葵吐出了花蛤的壳，应该是花蛤在脸盆中四处游走时被侧花海葵抓住吃掉了。

沙要铺得厚一些，好让花蛤可以钻进去。

花蛤伸出腹足插进沙里。

以腹足为支撑，让贝壳沉下去。

喂食

如果给花蛤大量投喂它在大自然当中吃的那种很细小的食物，脸盆里的水质将会受到影响。可以把碎薄片状的饵料用水浸泡，然后用滴定管将饵料滴到花蛤旁边。只要水稍有晃动，花蛤就会紧闭贝壳。所以要在它伸出水管的时候，轻轻地把混有饵料的液体滴下去。

可以在花蛤的水管旁滴上墨水，这样就可以观察到花蛤呼吸时所引起的水流的变化情况了。

贝壳上的圈纹

环境一旦发生改变，贝壳边缘就会出现一个圈纹。长约1厘米的小贝壳生长6个月以上就会长到2厘米。从大海转移到脸盆，环境发生了变化，花蛤就会在刚好1厘米的地方留下一个清晰的圈纹。大贝壳在小脸盆中是长不大的。

长1厘米

身体结构

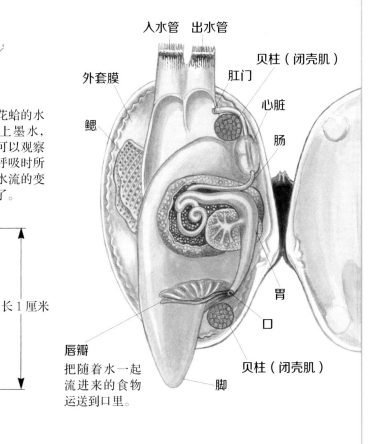

入水管　出水管

外套膜

鳃

贝柱（闭壳肌）

肛门

心脏

肠

胃

口

贝柱（闭壳肌）

脚

唇瓣

把随着水一起流进来的食物运送到口里。

花蛤没有头，几乎所有种类的花蛤都没有眼睛。

沙蚕

沙蚕作为钓鱼的鱼饵为人们所熟知，不过没人想要喂养它们。但是，如果尝试着喂养，你就能观察到它们进食的样子及其他有趣的行为。

沙蚕的生活

沙蚕生活在河口的泥滩里。在岩滩和滩涂上还有很多没有被命名的沙蚕的同类。沙蚕的寿命很短，只有1年左右。夏天在滩涂上捉到的沙蚕，等过了冬天的产卵期之后就会死掉。

如何捕捉

有些地方专养沙蚕作为钓鱼的鱼饵，所以不让随便捕捉。我们只要捕捉到足够喂养的数量就可以了。渔具店里也会把沙蚕作为鱼饵来卖，但是受了伤的沙蚕很容易死亡，所以建议不要去这些地方买沙蚕来喂养。有的地方还会卖外来沙蚕。

沙蚕的脸

仔细观察沙蚕的脸。它们既有眼睛，也有口。虽然口很小，但它们的颚很厉害，如果你不小心被咬到了，会感到相当疼。

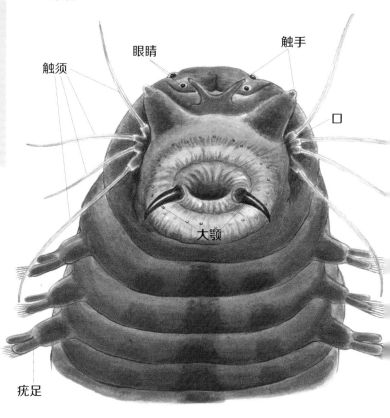

触须　眼睛　触手　口　大颚　疣足

不同种类的沙蚕

有些沙蚕会自己在石头或贝壳上挖穴造窝，之后便不再移动。我们无法喂养大的沙蚕，所以如果捉到小的沙蚕，可以试着喂养看看。

挖开巢穴

沙蚕会自己在滩涂的泥土里挖穴生存。让我们用小铲子大力地挖开泥土看看吧。

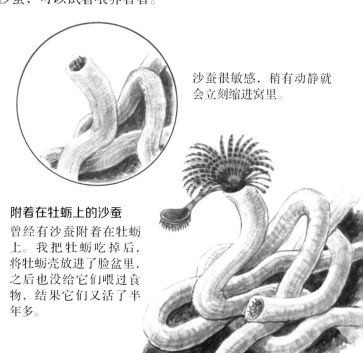

沙蚕很敏感，稍有动静就会立刻缩进窝里。

附着在牡蛎上的沙蚕

曾经有沙蚕附着在牡蛎上。我把牡蛎吃掉后，将牡蛎壳放进了脸盆里，之后也没给它们喂过食物，结果它们又活了半年多。

喂养时的注意事项

　　沙蚕在滩涂上会被肉食性动物吃掉。如果脸盆里的螃蟹和寄居蟹数量比较多，沙蚕很容易被它们抓住。在换水的时候，也可以让沙蚕躲在脸盆的沙里直接用自来水清洗。不过，从沙里游出来的沙蚕可能会被海葵抓住，这一点需要注意。

细沙会更好
从沙蚕栖息的滩涂上带回一些细沙，将其中的泥土洗掉之后，铺在脸盆底部。

身体结构

　　沙蚕的身体是由很多个短体节（由节隔开的具有同样构造的结构）组合而成的，可以伸缩。

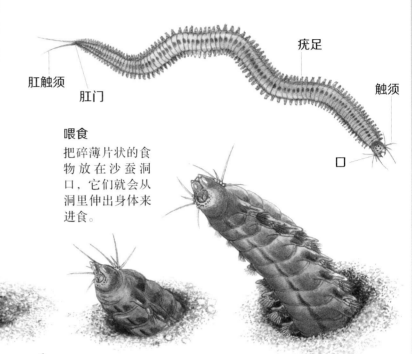

肛触须

肛门

疣足

触须

口

喂食
把碎薄片状的食物放在沙蚕洞口，它们就会从洞里伸出身体来进食。

沙蚕的作用

　　落叶和人类丢弃的一些垃圾会不断分解，最后从河流的上游被冲到滩涂上。沙蚕和花蛤等生物会以这些东西为食，鸟类和鱼类则会捕食沙蚕。这样一来，滩涂就能保持干净了。

鸟粪会成为树木的养料。

落叶和人类丢弃的垃圾。

垃圾在顺流而下的时候，会被分解成细小的垃圾。

沙蚕和花蛤等生物会吃掉这些垃圾。

滩涂如果脏得连沙蚕和小生物都无法生活下去，就会变得越来越脏，最后变成污泥。

鸟类和鱼类会吃掉沙蚕。

鱼粪会成为海洋浮游生物的食物。

虾虎鱼

体格小巧而结实的虾虎鱼在小水箱里也能喂养。我曾经用自己家里的脸盆喂养过大口巨颌虾虎鱼，时间长达8个月以上。

用脸盆养鱼很难

对于总是游来游去、会排出很多粪便的鱼类来说，我们很难用没有过滤装置的狭窄水箱来喂养它们。如果要喂养热带鱼，冬天还需要有加热装置。在春夏期间去捕捉一条幼小的虾虎鱼，试着在脸盆里喂养一下吧。

如何捕捉

在小小的潮池里边更容易捕捉。试着使用网眼细小的热带鱼专用网兜来捕捞小小的虾虎鱼。

虾虎鱼的生活

我们在小小的潮池里常常能看到被捕剩的大口巨颌虾虎鱼和大口虾虎鱼。裸身虾虎鱼能够适应盐分的浓度变化，从河流的下游到混有海水的河口区域，到处都有它们的生活踪迹。

它们在海里主要吃小螃蟹、虾、寄居蟹、沙蚕、海藻等生物。

大口巨颌虾虎鱼和大口虾虎鱼

它们常常生活在同一个潮池里，由于两者非常相像，有的地方干脆就不区分，将它们统称为小型虾虎鱼。

大口巨颌虾虎鱼

常在潮池之间移动。

大口虾虎鱼

常常定居在一个潮池里，不到处移动。

裸身虾虎鱼

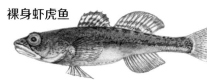

和生活在水底的其他虾虎鱼不同，裸身虾虎鱼多在水中游动。

如何带回家

往有盖子的塑料桶里多倒些海水，以免水温上升，然后提着水桶带它们回家。

□
它们会将水中的小生物整个吞下去。虾虎鱼身体虽小，却长着一张"大嘴巴"。

左右腹鳍愈合成吸盘。

吸盘

身体结构

大多数虾虎鱼生活在海底。也许是由于不需要上浮，所以很多种虾虎鱼都没有鱼鳔。由腹鳍进化成的吸盘也非常适合它们停留在海底石头上生活。

喂食时的注意事项

喂食的时候，虾虎鱼很快就会游过来吃。因为它们动作非常快，而且有的时候还会把一起喂养的其他海洋生物的那一份食物也吃掉，所以要想办法在喂食的时候把脸盆分隔成两个部分。

另外，如果它们吃得太饱导致肚子鼓起来，在换水的时候就很容易受到惊吓。所以喂食虾虎鱼的时候，一定要注意控制好量。

大口巨颌虾虎鱼的一生

冬末春初，它们在石头下产卵。父母会在一旁保护产出的卵。

春天，孵化的幼鱼会到潮池的水面附近游泳。

虾虎鱼只要看到食物就会游到水面上，从小镊子上把碎薄片状饵料咬下来吃掉，甚至还会抢走海葵用触手抓住的食物。

从夏天到秋天，幼鱼会快速生长，不再在水中游泳，而开始在海底生活。到了秋天它们会长得跟父母差不多大小，通常1年会长到4~6厘米长，大的大口巨颌虾虎鱼则会长到大约7.5厘米。大口虾虎鱼会长得更大一点。大口巨颌虾虎鱼的寿命是1年左右，大口虾虎鱼的寿命是2年左右。

图书在版编目（CIP）数据

把大自然带回家.我想养些海洋生物/(日)浅井稔
著;(日)浅井籴男绘;王宗瑜译. -- 北京:中信出
版社, 2021.4
　　ISBN 978-7-5217-2646-6

　　Ⅰ.①把… Ⅱ.①浅…②浅…③王… Ⅲ.①自然科
学—儿童读物 Ⅳ.① N49

　　中国版本图书馆 CIP 数据核字 (2020) 第 260457 号

Original Japanese title: UMI NO IKIMONO KAIKATA SODATEKATA
Text copyright © 1999 by Minoru Asai
Illustration copyright © 1999 by Kumeo Asai
Original Japanese edition published by Iwasaki Publishing Co., Ltd.
Simplified Chinese translation rights arranged with Iwasaki Publishing Co., Ltd. through
The English Agency (Japan) Ltd. and Eric Yang Agency, Inc
Simplified Chinese translation copyright © 2021 by CITIC Press Corporation
ALL RIGHTS RESERVED

把大自然带回家·我想养些海洋生物

著　　者：[日]浅井稔
绘　　者：[日]浅井籴男
译　　者：王宗瑜
出版发行：中信出版集团股份有限公司
　　　　　（北京市朝阳区惠新东街甲4号富盛大厦2座　邮编　100029）
承 印 者：北京汇瑞嘉合文化发展有限公司

开　　本：889mm×1194mm　1/16　　印　张：2　　字　　数：75千字
版　　次：2021年4月第1版　　　　　印　次：2021年4月第1次印刷
京权图字：01-2020-7610
书　　号：ISBN 978-7-5217-2646-6
定　　价：179.00元（全9册）

出　　品：中信儿童书店
图书策划：知学园
策划编辑：隋志萍　　责任编辑：谢媛媛　　营销编辑：张超　李雅希　王姜玉珏
封面设计：谢佳静　　内文排版：王哲　　审　定：黄端杰

把大自然带回家

我想养只独角仙

[日]三枝博幸 著　　[日]高桥清 绘　　边大玉 译

中信出版集团|北京

目录

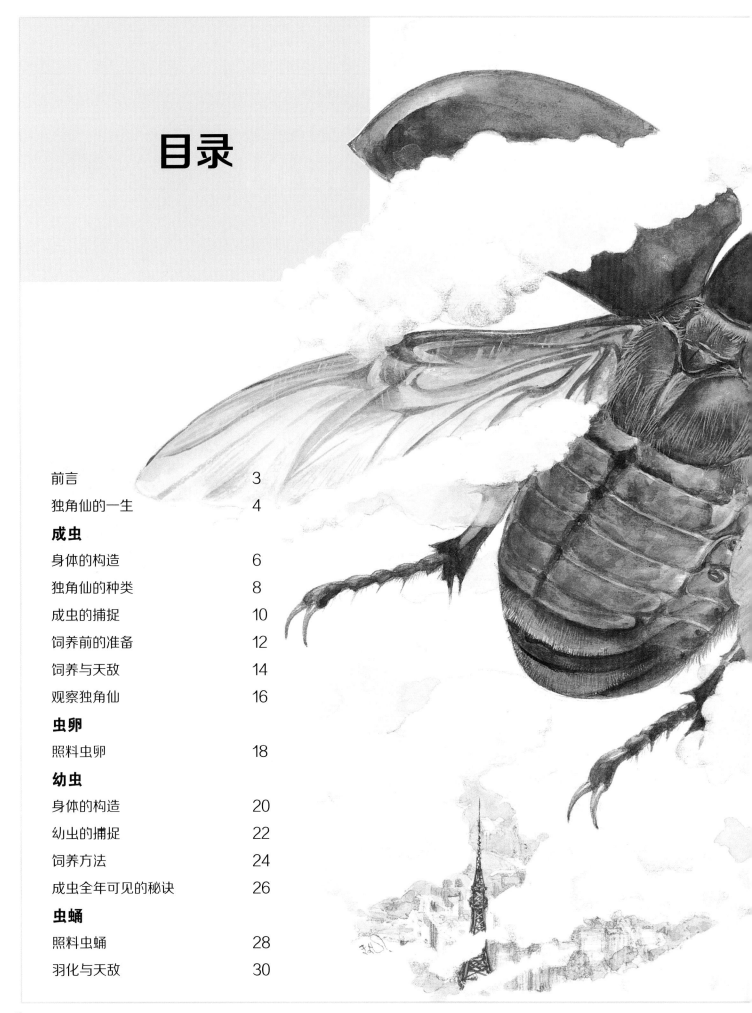

前言

　　读小学的时候，我一直都住在日本群马县沼田市，而这里也作为尾濑原的登山口而广为人知。

　　放了暑假以后，我每天都会穿梭于旧址公园和树林之间来找寻独角仙的踪迹。不过就算运气好抓到了几只*，也不够分给一起来抓独角仙的小伙伴们。在我的印象里，大部分的小孩子都是抓不到独角仙的。

　　但在我的昆虫笼里，整个夏天都会有独角仙。这是因为我知道一个地方，只要去了那里肯定就能发现独角仙——这个地方其实并不是一片树林，而是附近的一处澡堂。澡堂里用来烧水的木料残渣在被雨水打湿后会逐渐腐烂，也就变为了独角仙的幼虫们大快朵颐的地方。只要我一过去玩耍，澡堂烧锅炉的老爷爷就会帮我捉上几只。

　　时至今日，每当我在照顾独角仙的时候，都会想起当年老爷爷送给我的那些大大的独角仙，也会想起他那双满是青筋的大手。

独角仙的身体两侧排列有许多的小孔，这些小孔被称为气门。独角仙不会像人一样用肺来呼吸，而是通过这个小孔将空气吸入体内。电影中出现的超大型昆虫其实在现实生活中无法存在，其中一个原因便是这种呼吸结构的特殊性——如果昆虫的身体变得过于庞大，又没有足够多的气门，氧气就无法被及时运送到身体的各个角落，昆虫自然也就无法存活了。

* 独角仙作为叉犀金龟属昆虫，在我国被列入《国家重点保护野生动物名录》，捕捉、饲养需遵循相关规定。

3

独角仙的一生

独角仙的成长会经历卵→幼虫→蛹→成虫四个阶段，身体也会随之发生相应的变化。

让我们一起来看看，独角仙在不同的季节都是什么样子的吧！

独角仙的完全变态

独角仙的一生会经历 4 次形态变化——破卵而出、幼虫蜕皮、蛹变成虫、成虫繁殖。在这一过程中，其身体结构也会随着不同阶段的不同需求而发生变化。

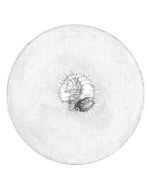

二龄幼虫
（约 20 天）

身体大小的不同

通过对大量的独角仙成虫进行比较后发现，独角仙的大小不尽相同，体形差距之大，如同大人与小孩的身高差距。不过，体形较小的独角仙是不会继续变大的。这是因为，成虫阶段的独角仙不会继续蜕皮，所以体形也就不能再发生变化了。而成虫的大小，具体则是由它在幼虫阶段所食饲料的多少还有它自身的遗传因素共同来决定的。

按照体形从小到大排列，我们会发现独角仙的角也在逐渐地变长。谁的角越长、越大，谁打起架来就越厉害，也越容易将对手成功挑飞。

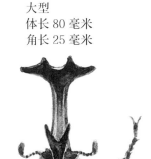

一龄幼虫
（约 10 天）

卵
（约 12 天）

独角仙俯视图

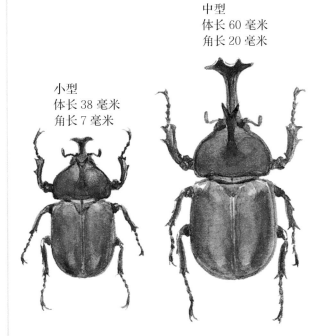

大型
体长 80 毫米
角长 25 毫米

中型
体长 60 毫米
角长 20 毫米

小型
体长 38 毫米
角长 7 毫米

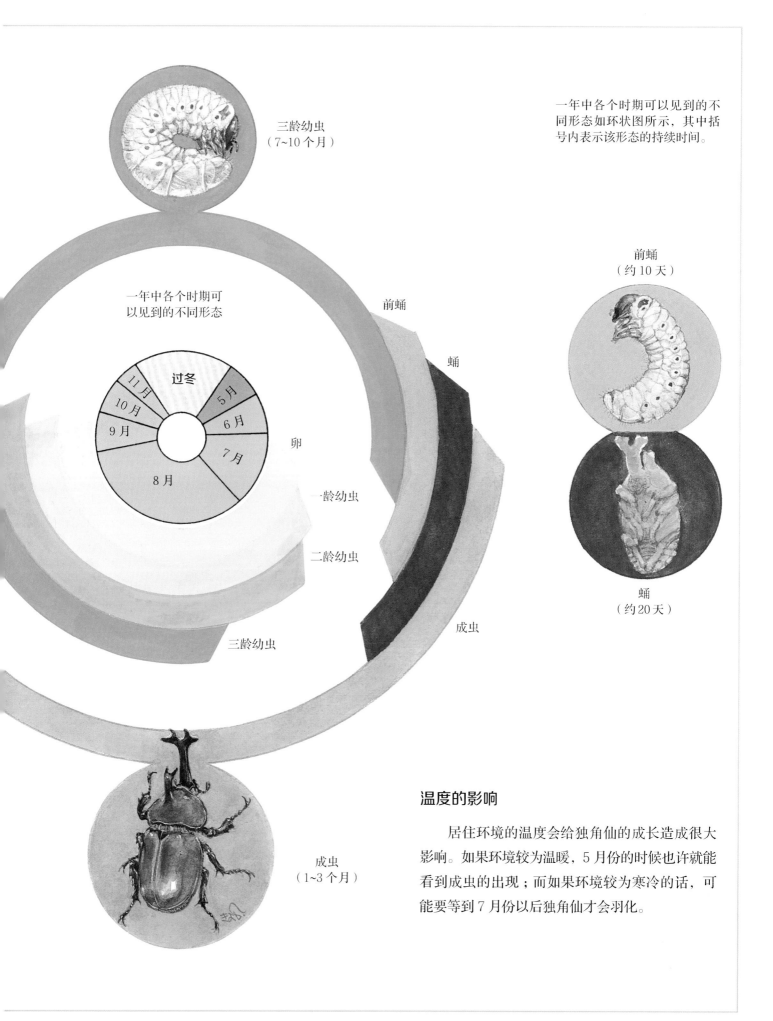

三龄幼虫
（7~10 个月）

一年中各个时期可以见到的不同形态如环状图所示，其中括号内表示该形态的持续时间。

前蛹
（约 10 天）

一年中各个时期可以见到的不同形态

过冬

11 月
10 月
9 月
8 月
5 月
6 月
7 月

前蛹

蛹

卵

一龄幼虫

二龄幼虫

三龄幼虫

成虫

蛹
（约 20 天）

成虫
（1~3 个月）

温度的影响

居住环境的温度会给独角仙的成长造成很大影响。如果环境较为温暖，5 月份的时候也许就能看到成虫的出现；而如果环境较为寒冷的话，可能要等到 7 月份以后独角仙才会羽化。

成虫
身体的构造

昆虫的体内并没有人类那样的骨骼，而代替骨骼起到支撑作用的，其实是一层类似于甲壳的硬质皮肤（外骨骼）。

昆虫的身体

昆虫的身体可以分为头、胸、腹三个部分，这也是昆虫的一大特征。仔细观察本页的图可以发现，独角仙胸部向外生有 2 对翅和 3 对足。一般来说，昆虫的头部多有感觉器官，胸部多有运动器官，腹部则多有消化器官及生殖器官。

甲虫

人们把表皮坚硬、体态圆润，前翅特化为鞘翅的昆虫称为甲虫（鞘翅目昆虫），其种类在 35 万种左右。独角仙便是甲虫的一种。

展翅的方式

独角仙及瓢虫等昆虫在飞行时会将前翅（鞘质翅）展开，而花金龟科昆虫在飞行时却几乎都是将前翅合拢的。

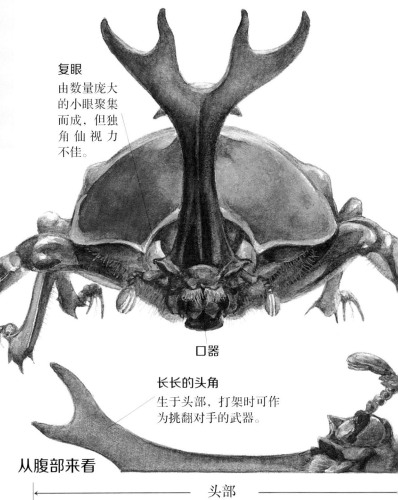

体色
雄性独角仙的体色偏红或偏黑，具体颜色与遗传有关；而雌性独角仙则基本都呈黑色。

复眼
由数量庞大的小眼聚集而成，但独角仙视力不佳。

口器

长长的头角
生于头部，打架时可作为挑翻对手的武器。

从腹部来看

← 头部 →

从背部来看

复眼

触角

前翅与后翅

昆虫的胸部分为前胸、中胸和后胸三个部分。具体到独角仙的翅膀来说，一对硬质的前翅生于其中胸，一对薄软的后翅则生于其后胸。虽然前翅在飞行时显得似乎有些多余，但是如果羽化出了问题造成前翅无法展平的话，独角仙是飞不起来的。事实上，在增加升力及转换飞行方向等方面，前翅都发挥着重要的作用。

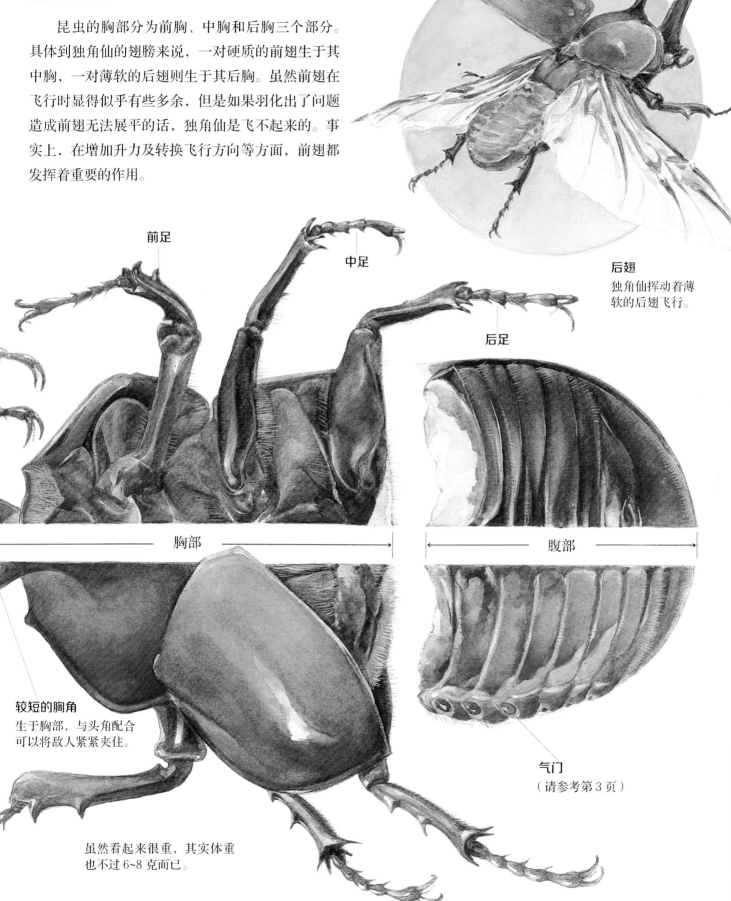

后翅
独角仙挥动着薄软的后翅飞行。

前足

中足

后足

胸部

腹部

较短的胸角
生于胸部，与头角配合可以将敌人紧紧夹住。

气门
（请参考第 3 页）

虽然看起来很重，其实体重也不过 6~8 克而已。

独角仙的种类

在全球，有超过 1000 种独角仙（犀金龟科昆虫），而其中又以南美洲和北美洲的种类最为繁多。在日本，有 4 种独角仙。

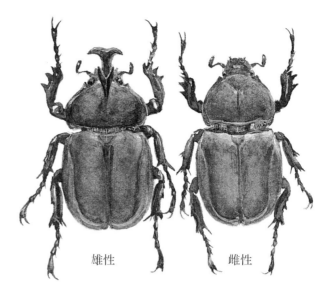

雄性　　　　　　雌性

独角仙冲绳亚种
分布于冲绳。体态圆润，
仅雄性有角，角短。

日本常见独角仙的分布

独角仙原本生活在日本的本州、四国和九州几个地区。不过，人工养殖的独角仙目前也同样作为商品被人们带到了北海道及冲绳等地，并在这些地方成功地存活了下来。

亚种

同一种生物如果跨海相隔或是相距较远的话，那么在经历漫长的岁月之后，它们之间在形态或基因等方面就会发生某些细微的变化。我们将这样的产生了变化的物种内相似种群的集群称为亚种。

四国岛

九州岛

大隅诸岛

吐噶喇列岛

大岛（奄美大岛）

奄美诸岛

冲绳岛

冲绳诸岛

先岛诸岛

石垣岛

琉　球

光背蔗龟
分布于九州吐噶喇列岛。
雌雄均无角，且体态相仿。

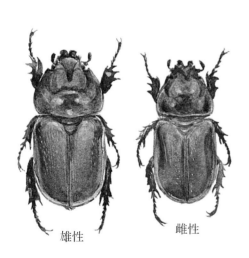

雄性　　　　　　雌性

椰蛀犀金龟
分布于冲绳。雌雄均有角。

成虫与幼虫的食物

成虫一般多以甜甜的树液或果类的汁水为食。除了树液以外，华晓扁犀金龟还会舔食蛙类或昆虫尸体上的体液。在饲养的时候，我们也可以将苹果切成薄片后抹上蜂蜜，然后再撒上一些鲣鱼粉，投喂给独角仙。

幼虫一般多以腐叶土或朽木为食。根据其种类的不同，幼虫对于食物软硬的喜好也不尽相同。另外，椰蛀犀金龟的幼虫还会取食新鲜的水牛粪便。

在你居住的地方，又会生活着哪一种独角仙呢？

成虫的寿命不同

在羽化以后，成虫还可以生活 1~2 个月的时间。另外，华晓扁犀金龟能够在成虫阶段顺利过冬，其寿命为 1~2 年。

图片均与昆虫的实际大小相一致。另外，"长角就是雄性"的说法并不一定对。还是让我们按照种类逐一来看吧！

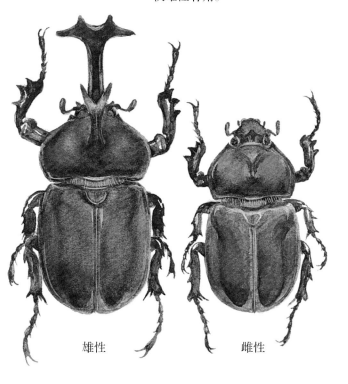

独角仙
分布于本州、四国、九州及冲绳等地。
仅雄性有角。

雄性　雌性

华晓扁犀金龟
分布于本州、四国、九州及冲绳等地。
雌雄均有角。

雄性　雌性

成虫的捕捉

独角仙是一种夜行性昆虫。从晚上 8 点左右到凌晨 4 点多，趁着天还没亮的这段时间，它们或出来觅食，或寻找伴侣，很是活跃。而到了白天，它们则会找地方躲起来呼呼大睡。

树液

树液常见于日照良好且长势颇佳的树木之上，主要成分为碳水化合物和无机盐，营养价值与水果的大致相同。树液带有一种略微发酵的酸甜气味，会引来许多甲虫、蜜蜂和飞蛾。

成虫出现的时间

根据地面温度及幼虫时期食物多少的不同，破蛹羽化为成虫后的独角仙在钻出地面的具体时间上也会有所不同。从东京多摩动物公园内的相关记录来看，早则 6 月上旬，晚则 8 月左右，独角仙便会钻出地面了。

动手制作树液涂在树上，试着将独角仙吸引过来。

树液的制作

将黑糖与等量的水及少许猪油混合后进行炖煮，待冷却后再加入白酒及白醋即可。

黑糖　　猪油少许　　　水

全部混合

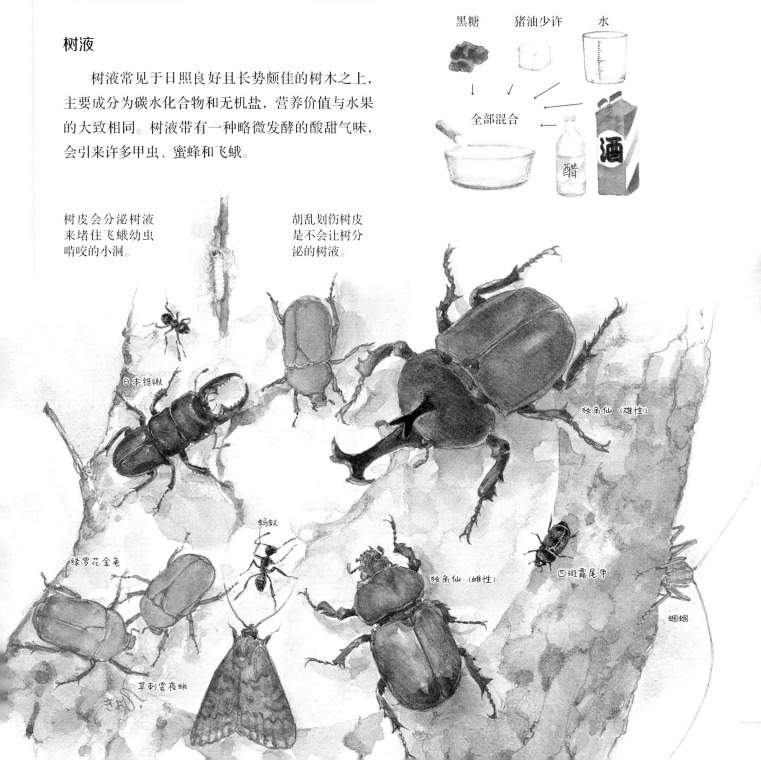

树皮会分泌树液来堵住飞蛾幼虫啃咬的小洞。

胡乱划伤树皮是不会让树分泌的树液。

日本锯锹

独角仙（雄性）

蚂蚁

绿罗花金龟

独角仙（雌性）

四斑露尾甲

蝈蝈

苹刺蓑夜蛾

找一找，哪棵树流出了树液呢？

只有在距离幼虫生活环境不远的地方，才能找到独角仙成虫的踪迹。

· 木材加工厂的木屑堆
· 香菇养殖地点的木料废弃场
· 农户家中的肥料堆积处

试着在这些位置附近的小树林里找找看吧！

晚上 9 点

找一找，会不会有独角仙正围着路灯飞来飞去呢？

昆虫大多具有趋光的特性。天气良好，新月当空，这样的夜晚正是捕捉独角仙的绝佳机会！

深夜 12 点

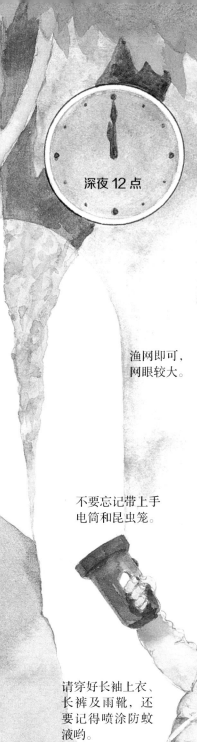

渔网即可，网眼较大。

不要忘记带上手电筒和昆虫笼。

请穿好长袖上衣、长裤及雨靴，还要记得喷涂防蚊液哟。

捕捉独角仙的时间

独角仙主要以光蜡树和栎树的树液为食。从晚上 8 点左右开始，角部较短且不擅长打架的雄性独角仙便会率先聚集在淌有树液的地方了。对于捕捉独角仙来说，最佳时间是在深夜 12 点到凌晨 2 点左右。不过如果要在深夜出门的话，一定要记得跟着大人一同前往。等到了天蒙蒙亮的时候，独角仙就会钻回土里休息了。所以，你也可以选择早上早早起床，先找到流出了树液的树，然后再沿着它的根部挖一挖试试看。

挖树根，找成虫
到了天蒙蒙亮的时候，独角仙就会钻回土里休息了。不过由于雄性独角仙的角有些碍事，所以它们大多不会在土里钻得很深。

另外，挖出来的土一定要记得填回原处。如果树木受损，树液就会停止分泌了哟。

凌晨 4 点

饲养前的准备

　　如果选择较小的鱼缸饲养独角仙，它可能会很快失去活力。在本书中，我们不仅会给大家介绍独角仙的具体饲养方法，同时也会针对独角仙在产卵及幼虫时期的饲养方式等进行说明。

饲养容器的摆放位置

　　请将饲养容器置于通风良好的背阴处，以避免较小的容器在经过阳光直射后迅速地升温。另外，也请不要在频繁开关空调的房间内饲养独角仙，以防温度突变造成独角仙虚弱不适。还有，杀虫剂除了能够消灭蚊子等害虫，也会给独角仙带来危害，所以一定要小心呀！

饲养器具和注意事项

准备容器
准备一个较大的鱼缸，塑料桶或收纳箱等亦可。

准备喷壶
土壤干燥时用来喷洒，以增加湿度。

控制雌雄比例
建议 1 只雄虫搭配 1~2 只雌虫进行饲养，以避免雄虫过多造成争斗频繁，对独角仙不利。

进行日晒消毒
将土壤摊放在报纸上，让土壤充分接受阳光的照射。

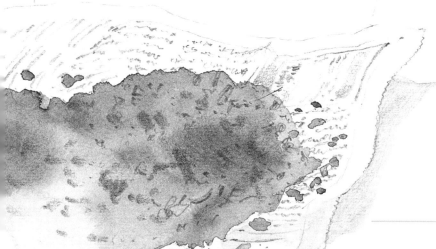

注意要盖好盖子

请记得盖好盖子，以防止独角仙飞出容器。事实上，独角仙的力气十分惊人，甚至可以拖动自身体重 15~20 倍的物品。

此外，为了防止独角仙站在攀爬木上顶开盖子，我们还可以在盖子外压上一块石头。

交配情形

雄虫会用后足摩擦雌虫的腹部，发出咕咕的声响。

排尿情形

排泄物由肛门向外排出，因为其中的水分较多，所以姑且算是在排尿吧。独角仙 30~60 分钟会排尿一次，你也可以试着来观察一下看看哟！

准备果冻

饲养员不在家的时候，选择昆虫果冻保证其生存较为方便。市面上也有一些攀爬木会开有凹槽，专门用来放置果冻。

攀爬木选择

不需要选择特殊的木材，表面粗糙的木板或是揪掉叶子的树枝等等也都可以。这些东西可以在独角仙翻倒之后帮助它们翻过身来，同时也是它们嬉戏玩耍的地方，所以一定要在容器里准备一些呀。

土壤更换

独角仙白天会钻进土里休息，所以容器内铺入的土壤深度需要在 10~20 厘米。考虑到虫卵孵化的需要，我们要先将腐叶土铺在下面，而上半部分则可以选用腐叶土或其他种类的土壤。这样如果因为排尿或喂食造成土壤污染，我们只需要更换表面的那层土即可。

饲料放置

请不要把饲料直接置于土上。把饲料放在小碟子里面，土壤和饲料就都不会被弄脏了哟。

饲养与天敌

在饲养独角仙的过程中，你一定也很想去摸摸它吧。不过，在对待它的时候一定要记得温柔一些。如果反反复复拿出来玩的话，独角仙就会变得虚弱无力，很快也就死了。

土壤的湿度

在养了较长时间之后，我们会发现容器中的土壤会变得越来越干燥。当土壤表层有些发白的时候，就要用喷壶来喷些水了。另外，如果将土轻轻挖开，发现干燥土壤的深度在 1 厘米以上时，我们就要将独角仙取出容器，好好地给土壤洒上些水了。请注意，过度洒水造成容器中泥浆较多的话，独角仙可是会生病的哟。保持好土壤的湿润程度，是养好独角仙的一个关键。

饲料

请选择含有糖分及水分的饲料进行投喂。以投喂苹果为例，我们可以切下 1/4 个苹果，把苹果放入带有边框的小碟子中喂给独角仙吃。另外，略微变质的食物依然可以作为饲料供其食用，因此投喂的苹果可以 4~5 天不用更换，这在我们有事儿几天不在家的时候就显得极为方便了。而梨及西瓜等水果汁水较多，很容易弄脏土壤，所以我们也可以选择将独角仙从容器取出来后放在水果上使其享用，待其吃饱之后再放回饲养容器。还有，市面上常见的甲虫果冻虽然也很方便投喂，但是如果果冻的含糖量较少，独角仙也会很快死掉。

独角仙的拿法

独角仙停在树上的时候，我们可以将手指或木棍插到它的肚子下面，使其慢慢地挪到上面。注意，生拉硬拽很可能会造成独角仙断足。一旦足部折断，独角仙便再也无法抓住食物，渐渐身体也就变得虚弱了。

雌虫的后足

如果一直喂食西瓜等含水量较高的食物，独角仙可是会拉肚子的。

我们可以捏住独角仙的两侧将其取出，如果是雄虫，也可以捏住它的大角。另外，独角仙足上的刺比较扎人，捏取时请一定要小心呀。

成虫的疾病与天敌

独角仙的疾病多由细菌引起，严重的话甚至可能会导致其突然死亡。而独角仙一旦生病，我们是无法救治它们的。

在自然界中，独角仙会被它们的天敌（老鼠等小型哺乳类动物及乌鸦等鸟类）所捕食。此外，吸食体液的螨虫同样也是独角仙的天敌。螨虫是家养独角仙的最大敌人，但只要我们精心照料，还是能够防止螨虫滋生的。

天蒙蒙亮的时候，乌鸦便会早早地起床，搜寻那些围着路灯飞来飞去的独角仙们。一旦发现目标，捉住独角仙，乌鸦就能轻而易举地将独角仙翻转过来，啄食它们较软的肚皮。

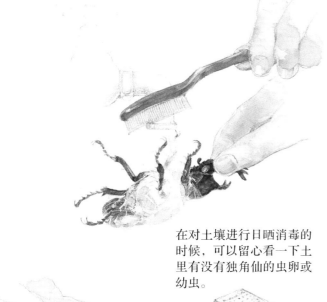

在对土壤进行日晒消毒的时候，可以留心看一下土里有没有独角仙的虫卵或幼虫。

除掉螨虫

将独角仙从容器中取出之后，请仔细检查它的足根部及身体的关节等处，这些地方也许会出现螨虫。独角仙身上的螨虫虽然对人体无害，但却可能会给独角仙带来危害。要是看到了螨虫，我们可以将独角仙拿到水龙头下不断冲洗，并借助牙刷或牙签等工具进行清除。如果独角仙身上的螨虫数量很多的话，那么土壤里肯定也会有螨虫。这时，我们就需要对土壤进行日晒消毒，并将容器用水刷洗干净。做完这些工作之后，还要记得将土壤喷湿，然后再将独角仙放回容器。

寿命

在自然界中，成虫独角仙的寿命为 1~3 个月。如果只养一两只且饲养环境舒适的话，独角仙也许能活到 10 月份左右。在我饲养过的独角仙中，曾经有个老寿星活到了第二年的 2 月。即便如此，也没有独角仙能一直坚持到第二年的夏天。如果独角仙死了，我们可以将它埋在公园之类的地方。但要注意的是，饲养容器的土壤中也许还留有它们产下的虫卵哟。至于如何照顾虫卵，请参见 18~19 页的内容。

试着将死掉的独角仙做成标本吧。只要将独角仙装入一个可以密封的容器，在密封前放些干燥剂，就大功告成了。

15

观察独角仙

如果漫无目的地观察，就算花上很久的时间也不会产生什么深刻的印象。所以，我们不妨先想好自己到底要看些什么，角的使用、口器的结构、排尿的情况等等都是不错的选择。

角的作用

椰蛀犀金龟（参见第8页）无论雌雄均生有角，角可用于在植物上挖洞取食或斩断纤维。但对独角仙来说，不仅雌虫一般无角，而且雄虫头上的角也并非用来挖洞，而是作为在占据取食最佳位置或是争抢交配伴侣打架时的一种极为发达的武器。虽然长长的大角在打架时确实颇为好用，但是在钻回土里的时候也十分碍事。所以，有一些雄独角仙因为大角过长而无法完全躲回土里，在白天很容易被天敌发现。

看一看它的角——打架的时候——

上下夹击

独角仙会用大角和小角上下夹住并高高举起对方的身体。有时，夹击的力道还能让小角刺穿硬壳，在对方的身上扎出洞来。而这些打架时留下的小洞，可是永远都不会愈合的。

两种作战方式

雄性独角仙可以极为灵活地利用自己头上的角来甩开对手。它们的作战方式共有两种：一种是将头上的大角伸到对方的肚子下面将对方"挑飞"；另一种则是用大小两角"上下夹击"，将对方的身体高高举起。

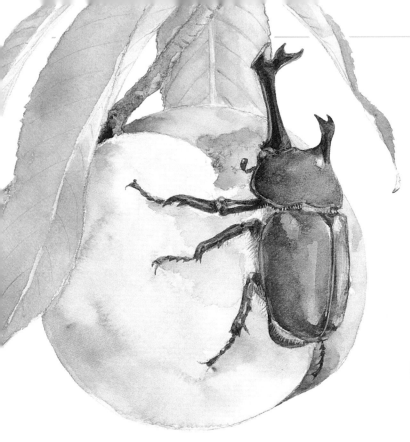

看一看它的口器——进食的时候——

　　除了西瓜等较为柔软的食物，我们也可以试着将桃子连皮喂给独角仙。对于独角仙来说，它们可以运用上颚的力量将果皮啃食下来。所以在果农的眼中，独角仙也算是一种害虫。

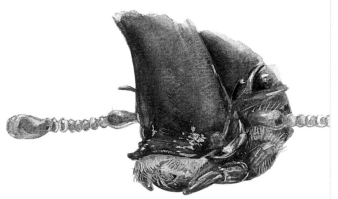

口器里的毛刷可以随意伸缩。

看一看它的足部——爬动的时候——

　　请仔细观察独角仙的细长足部及其末端的锋利钩爪。这样的形态结构能够帮助独角仙更好地抓牢树干。但要是在玻璃上，独角仙可是会因为钩爪无处施力而寸步难行。

雄虫后足上的倒刺

雄性

看一看成虫的尾部

　　除了头上的角，成虫的尾部也可以用于分辨独角仙的性别。具体来说，不仅雄虫与雌虫的尾部在形状上有所不同，而且雌虫的尾部还覆盖着一层带有触觉的绒毛，它能够帮助雌虫更好地找到适合产卵的位置。

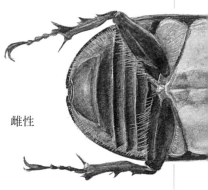

雌性

虫卵

照料虫卵

对于有卵室保护的虫卵来说，在其长到一龄幼虫之前，我们其实是不需要做任何工作的。如果不小心将其从土里挖了出来，可是千万不能再重新埋回去了哟。

产卵

将雄虫与雌虫放在一起饲养，摄取了充足养分的雌性独角仙便会在交配之后产卵。从 7 月下旬至 8 月下旬，如果我们发现雌虫钻进土里数日不出，它也许就是正在里面产卵。切记不要因为看不到雌虫就频繁地翻动土壤，否则雌虫可是会拒绝产卵的。

体形较大的雌虫可产卵 30~60 枚。
如果雌虫营养不佳、体形较小，则只能产卵 10 枚左右。

雌虫后足上的倒刺比雄虫的更为尖锐，十分适合挖土。

土块
土块里的小房间便是卵室。每个卵室内有一枚虫卵。

卵室未被破坏时，虫卵的发育情况

放大后的样子

8 毫米

虫卵的真实大小
长径 3 毫米
宽径 2 毫米

卵室遭到破坏后，虫卵的照顾方式如右图

刚刚产下的虫卵呈椭圆形。直接伸手去拿可能会捏碎虫卵，所以我们不如用勺子将其挑拣出来。大约 2 天后虫卵变圆，此时它就算是掉在地上也能反弹起来，非常结实。

学会寻找虫卵

产下的虫卵会在卵室的保护下发育成长。虽然翻新土壤会造成卵室的破坏，但如果容器内已经生出霉斑或有螨虫滋生的话，还是建议将土壤翻动一下。

待成虫死后 1 周左右，我们就可以将饲养容器倒扣在报纸上，然后将其中的土壤细细摊开，并用勺子等工具将土块由上至下轻轻压碎。由于虫卵大多会存在于容器的底部，所以在处理下层土壤时还请务必小心。

卵室

独角仙会在土块里的每个小房间内产下一枚虫卵，这种小房间即被称为卵室。卵室内壁光滑，由雌虫输卵管分泌的体液加固而成。人们普遍认为，土块的出现与体液的外渗密切相关。

卵室可以保护虫卵免遭霉菌及螨虫的侵害，因此十分重要。此外，土块也是幼虫孵化后的第一个食物。

虫卵期

虫卵孵化所需的时间与气温及土壤的温度息息相关。在炎热的夏季，当气温在30℃左右时，虫卵大约需要12天即可孵化。而当气温在18℃左右时，孵化时间则可长达25天。临近孵化时，在幼虫上颚的位置还能够隐约看到两个黑色的斑点。

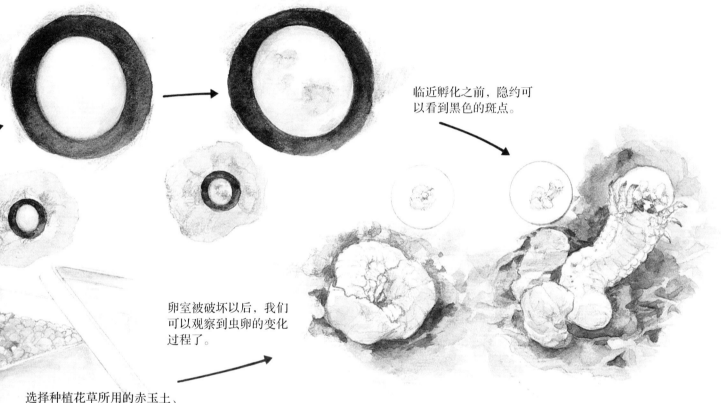

临近孵化之前，隐约可以看到黑色的斑点。

卵室被破坏以后，我们可以观察到虫卵的变化过程了。

选择种植花草所用的赤玉土、河沙及山沙等。由于其养分较少，故不易霉变。

照料虫卵

挖出的虫卵就算直接掩埋也无法孵化成功，所以我们就需要另制卵室来保护虫卵。

在虫卵孵化之前，选择赤玉土或河沙会比容易发霉的腐叶土更为合适。将这些经过日晒消毒的土壤倒入带盖的容器至2厘米左右的厚度，然后再一点点地洒上些水来增加湿度。准备完毕之后，我们用勺子等工具将虫卵轻轻地放在土上，然后扣好盖子即可。待幼虫孵化完成，我们便可以将其转移到装有腐叶土的容器中了。

孵化

自卵壳内隐约透出黑色斑块后2~3天，卵壳表面就会有规律地运动起来。这种规律的运动由幼虫的脉搏造成，表示心脏已经开始向外泵送血液。再过不久，幼虫就会用它的一对上颚咬开卵壳，然后从背部开始，慢慢地破壳而出。彻底孵化的一龄幼虫在伸了一个大大的懒腰之后，就会软绵绵地一动不动了。不过，如果是土中翻出的虫卵在土壤表面完成孵化，那么大约30分钟以后，幼虫便会开始钻回土里。此外，幼虫在孵化后不会立刻进食。

幼虫
身体的构造

腹部占了幼虫身体的绝大部分，腹内有胃等消化器官。之所以会有这样的身体构造，是因为可以帮助幼虫储藏养分，快快长大。

幼虫阶段

幼虫经过蜕皮，会逐渐成长为一龄幼虫、二龄幼虫和三龄幼虫（末龄幼虫）。虽然幼虫的体长在蜕皮前后有着巨大的变化，不过我们可以看一看它们硬邦邦的头部，从头部的大小来判断幼虫的虫龄。一龄幼虫和二龄幼虫体形较小，不爱进食，而到了三龄幼虫的阶段，它们却会疯狂地大吃大喝起来。此外，刚刚蜕皮的幼虫体长在 5 厘米左右，等到了 11 月份前后，这些小家伙们可是能长到 8~10 厘米的哟。

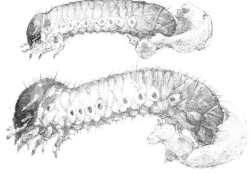

刚刚蜕皮的
二龄幼虫

刚刚蜕皮的
三龄幼虫

刚刚蜕完皮的幼虫头部看起来很大

幼虫及其粪便的实际大小

一龄幼虫（约 10 天）
体长 8~20 毫米
头部长 3 毫米

二龄幼虫（约 20 天）
体长 20~50 毫米
头部长 5.5 毫米

幼虫在四季的成长

夏天快要结束时孵化出来的虫卵，会在秋天长成为白白胖胖的三龄幼虫，并且还会以三龄幼虫的形态直接进入冬眠（类似睡眠状态）。在这一时期，它们基本上不会取食或者排便。等到了第二年 3 月气温回升的时候，幼虫就会从冬眠状态中苏醒过来，重新开始像秋天一样大快朵颐起来。而在不久之后的 4 月下旬到 6 月这段时间，它们便会逐渐变成虫蛹。

气门
呼吸用的小孔。前胸两侧各一，腹部第 2 节至第 8 节两侧各一。

三龄幼虫（7~10 个月）
体长 50~100 毫米
头部长 10 毫米

幼虫会保持这种姿势
来度过漫长的冬天

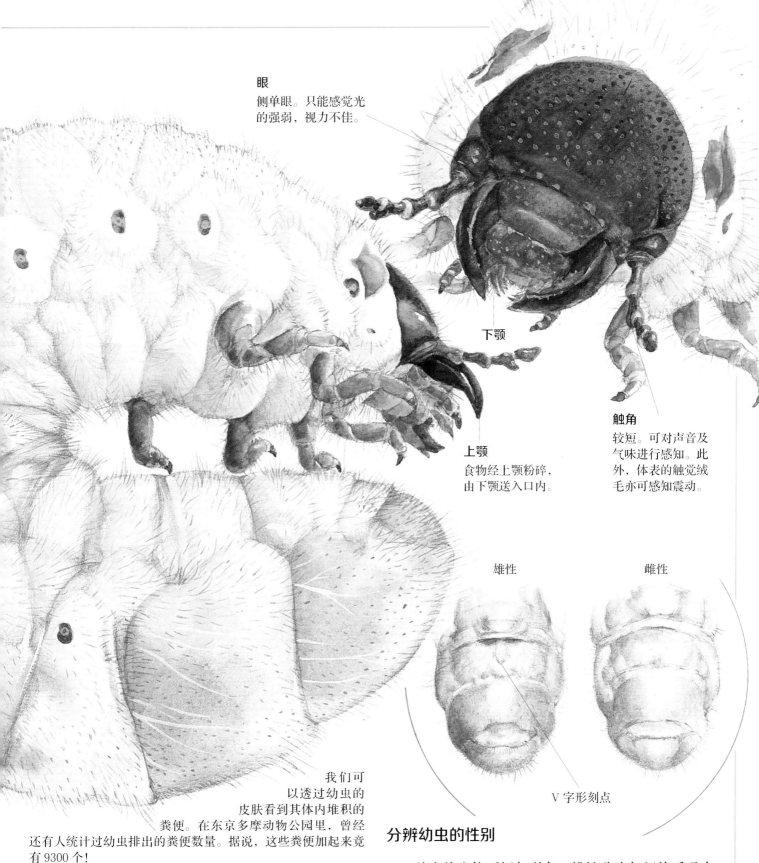

眼
侧单眼。只能感觉光的强弱，视力不佳。

下颚

上颚
食物经上颚粉碎，由下颚送入口内。

触角
较短。可对声音及气味进行感知。此外，体表的触觉绒毛亦可感知震动。

雄性

雌性

V 字形刻点

我们可以透过幼虫的皮肤看到其体内堆积的粪便。在东京多摩动物公园里，曾经还有人统计过幼虫排出的粪便数量。据说，这些粪便加起来竟有 9300 个！

幼虫的头部、胸部及腹部

虽然幼虫的身体前后一般粗细，不过我们还是可以将其分为头、胸、腹三个部分。具体来说，幼虫胸部生足，胸部之前为头，胸部之后为腹。幼虫足的数量与成虫的相同，均为 3 对。

分辨幼虫的性别

幼虫的身体两侧各列有一排被称为气门的呼吸小孔。前胸两侧各一，从腹部第 2 节开始到第 8 节结束，每一节两侧都各有一个气门。如果再继续往后看到第 9 节的话，我们便会在幼虫的腹部正中间发现一个 V 字形的刻点。这个刻点所在的部位会发育为成虫的雄性生殖器，所以带有刻点的即为雄虫。

幼虫的捕捉

仔细搜寻一下幼虫可能躲藏的地方吧。我们可以先用小铲子挖开土壤，等到发现幼虫时再小心地刨开土块，以免伤到幼虫。

捕捉时间

在日本，有人在暑假期间捕捉独角仙成虫的时候，顺带着也会试着在土里挖一挖幼虫。事实上，想要寻找幼虫的话，选择 11 月到 4 月的寒冷时候会比夏天更为合适。这一时期的幼虫胖胖的，更容易被人发现，而且它们处于冬眠状态时也不需要费心喂食。

暑假前后的独角仙

试着挖开腐叶土堆看看。在不同的温度下，幼虫的生长速度有快有慢，我们也许能看到许多不同发育阶段的独角仙哟。

捕捉地点

在日本，出于住宅用地等需要，城市中的森林面积正在不断减少，找到可以捕捉独角仙的地方也就成了一件难事。所以，如果能够找到农户堆肥的肥堆、户外木材加工厂的木屑堆、香菇养殖用的废旧木料或是林子里的朽木（腐烂的树木）的话，我们不妨试着在这些地方搜寻一下幼虫的踪迹，也许在发现独角仙幼虫的同时，还能意外收获几只锹甲的幼虫和成虫呢。

翻动肥堆时要记得和农户打声招呼。另外，翻过的肥堆别忘了恢复原状呀。

寒冷季节时的样子

花金龟幼虫在移动时仰面朝天。

花金龟的幼虫

独角仙幼虫用足爬动。

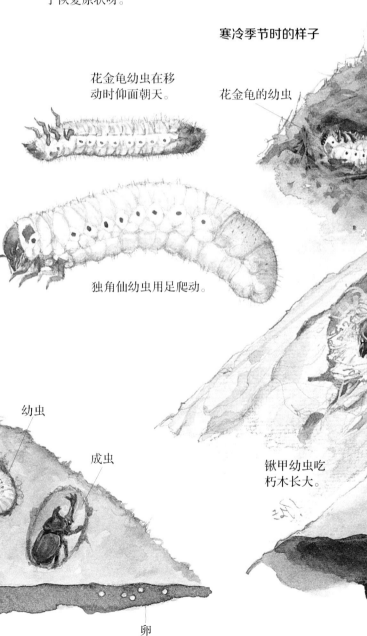

锹甲幼虫吃朽木长大。

背阴处的土壤里一般是幼虫。

向阳处的土壤里可能会出现幼虫、虫蛹甚至羽化后的成虫。

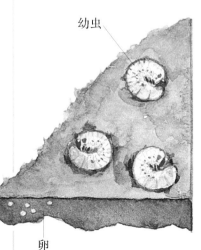

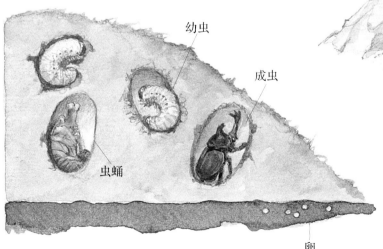

幼虫

幼虫

成虫

虫蛹

卵

卵

学会分辨相似的幼虫

我们也许会在朽木上看到锹甲的幼虫，或是在腐叶土中发现花金龟的幼虫。这些幼虫长得都与独角仙幼虫极为相似。在找到这样的幼虫之后，我们可以先把它们放在一个地势平坦的地方。如果发现幼虫仰面朝天，依靠背部力量四处活动的话，那么便可以肯定这是花金龟的幼虫了。

然后再让我们来看一下幼虫的尾部。锹甲幼虫的尾部有两个圆形的硬茧，上面还有一些较为复杂的花纹。另外，如果幼虫的体形较大，体长甚至有 10 厘米左右的话，那就可以确定这是独角仙的幼虫了。

独角仙

肛门细长，
横向延伸。

锹甲

独角仙的三龄幼虫，
长得肥肥的。

尾部有 2 个硬茧。

23

饲养方法

容器的大小及饲料的选择是喂养独角仙幼虫的关键。准备好一个较大的容器，再往里面放入富含营养且充分润湿的饲料，好好地照顾它们吧！

饲养容器的摆放位置

我们可以将容器放在户外背阴的地方，注意不要被雨水淋湿。另外，如果气温低到会导致土壤上冻的话，幼虫是很有可能被冻死的。

将容器置于室内时，请选择不开暖气的地方。

夏秋季节幼虫的喂养方式

如果虫卵是放在缺乏营养的土壤上等待孵化的话，在幼虫孵出以后，我们需要将幼虫转移至盛有腐叶土的容器中去。由于一龄幼虫及二龄幼虫食量较小，所以在9月中旬以前，土壤（食物）是不需要进行更换的。等到了秋天，发育成三龄幼虫的独角仙就要开始大吃大喝。不过，由于幼虫一直躲在土中，所以我们会很容易忘记它们的存在。每隔半个月左右，我们还是要看一看土壤的湿度，确认一下幼虫有没有钻出地面。

幼虫的天敌

躲在土里也并非绝对安全。腐叶土富含营养，所以土里的天敌也不在少数。具体来说，幼虫除了会被细菌、真菌感染致病以外，还有可能遭到鼹鼠及老鼠等动物的捕食。在饲养过程中，也许还会有螨虫附着在虫卵及幼虫的身上。如果发现螨虫，我们可以试着用小镊子将其摘掉。此外，要是看到容器发霉或者生出跳虫、蚯蚓等虫子时，就要赶紧去进行日晒消毒了哟。

盖子
为了防止水分的蒸发，盖子必不可少。此外，我们也可以摆放一些木片，通过控制凝聚在木片内侧的水珠的多少来调节土壤的湿度。

也可以在盖子之下塞入报纸。

容器
可以选择底部带有排水小孔的塑料桶作为饲养容器。

容器较小会使得土壤更易干燥，幼虫也更易生病。而使用高度在40厘米以上的大型容器饲养的话，作为幼虫食物的腐叶土也就可以不用被更换得太频繁了。

食物
请将食物铺入容器至8分满左右。在食欲最为旺盛的三龄幼虫阶段，每只幼虫每周进食量可达1升。故幼虫化为虫蛹之前，建议多次准备食物，每次准备15升左右为佳。

饲料的制作

作为幼虫食物的腐叶土是由落叶腐烂变质而形成的，其中含有丰富的营养。我们也可以使用市面上常见的"昆虫垫材"来饲养幼虫，或者自己动手来做。这里将给大家介绍 4 种经济实惠的制作方法。

土壤

木屑

幼虫钻出地面时

幼虫如果不愿意躲在土里应该是有原因的，例如土中已经满是粪便，又或者幼虫生病不适等等。我们可以先仔细检查一下土壤的情况，看看里面有没有很多 1 厘米左右的粪便。如果土壤的表层都出现了粪便，那么土壤内部应该已经没有幼虫的食物，所以幼虫才会钻出地面，试图"搬家"。这时，我们要立刻更换土壤。另外，如果同一容器中饲养的幼虫数量过多，幼虫也是会钻出地面的。创造一个舒适的环境供幼虫居住，它们便会慢慢地钻回土里了。

粪便

① 春天的时候去木材厂要来一些木屑，按照一层土、一层木屑的方式，将土壤与木屑一层层地堆在户外，然后再洒上些水，静待秋天的到来即可。

② 购买一些种植花草所用的腐叶土。如果土中尚有叶片的残余，则可将其继续放置，待叶片腐烂即可。

③ 收集枯叶，将这些枯叶与家中的厨余垃圾逐层堆叠在户外沤肥的地方即可。

④ 使用废弃 3 年以上的香菇养殖木料或内芯软如海绵的朽木来制作。注意，朽木中可能会有磕头虫的幼虫等肉食性昆虫出现，所以我们需要将木头细细敲碎，并将这些幼虫摘取出来。

磕头虫的幼虫

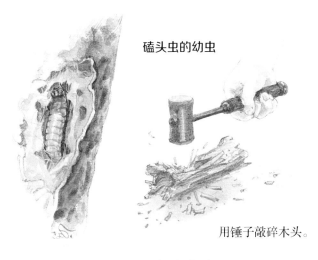

用锤子敲碎木头。

春冬季节喂养幼虫的方式

寒冷的时候，北半球的幼虫会在 12 月到 3 月之间进入冬眠。在冬眠状态下，它们只会偶尔地进食及排便。虽然我们不需要对食物（土壤）进行打理，但还是要注意保持土壤的湿润。等到了春天，幼虫就会从冬眠中苏醒过来，它们的食量也会随着气温的升高而不断变大。与秋天的时候类似，这时我们也需要换上营养丰富的腐叶土来饲养幼虫。不过，从 4 月下旬开始，我们就只需要对容器上半部分或容器从上至下 1/3 处的腐叶土进行更换了。幼虫差不多会在这个时间开始化蛹，而且蛹室一般比较靠近容器的底部，我们要小心不要碰坏蛹室。

成虫全年可见的秘诀

为了能够在一年之中都可以看到成虫，我们反复进行了各种实验。成虫究竟是如何度过寒冬的呢？猜一猜，我们到底是怎么做的？

幼虫的低温饲养

在东京多摩动物公园的昆虫园里，大家一年四季都能够欣赏到成虫的样子。不过，我们既没有延长这些成虫的寿命，也没有在冬天打开暖气供它们取暖。成功的秘诀，其实就在于一台巨大的冰箱——通过降温的方式，我们阻断了幼虫的生长。这样一来，我们就可以随时将幼虫取出升温，它们也就会继续开始长大了。尽管这样做会使得幼虫羽化的比例有所降低，但是可以将幼虫变为成虫的过程成功延长到 3 年左右。

25℃ 昆虫展览室的室温全年恒定在25℃。

独角仙就生活在这些筒状的展箱里。

每只桶里装有 35 只幼虫。

4 月下旬
将成功过冬的三龄幼虫放进冰箱，让幼虫误以为还在冬天。

巨型冰箱内的温度
保持在8℃。

幼虫生活在富
含空气的特殊
饲料之中。

食物的秘密

虽说是阻断幼虫的生长，不过要想让它们在冰箱里一直休眠下去的话，养分同样不可或缺。在经过长期的饲养之后，我发现园内自制的腐叶土中还隐藏着一个秘密——将剪下的树枝切成细细的木片后放置2年左右，这些木片便可以腐化成为幼虫的食物，而且在形状上也不会有太大的变化，从而保证了其中的空气含量。放有幼虫的冰箱搭配特殊的饲料，便成为成虫全年可见的成功秘诀。

在家试一试

要想让独角仙在冬季化为成虫，我们可以选择2种做法。一种做法是将当年出生的三龄幼虫置于20℃以上的环境中过冬，不过也许是没有冬眠的缘故，这类成虫的寿命是非常短的。另一种则是参考动物园的做法，在4月前后将结束休眠的三龄幼虫放入冰箱中冷藏，等到第二年冬天再取出，把环境升温至20℃以上。这样一来，幼虫很快就会对着腐叶土大快朵颐起来。大约一个月后幼虫化蛹，再过20天左右，它们便会羽化成为活力满满的成虫了。

40~50天后羽化。

在带盖容器内装
入1~2只幼虫。

铺入腐叶土以
保持湿润并提
供养分。

冬天
从冰箱取出后升
高温度，让幼虫
误以为到了夏天。

虫蛹

照料虫蛹

独角仙幼虫蛹化后无法进食，无法活动。在虫蛹阶段受到伤害的话，可能会导致虫体的死亡。所以我们要小心一些，不要把保护虫蛹的蛹室碰坏。

蛹化的准备

对于东京多摩动物公园来说，每年的五六月份是独角仙幼虫自然蛹化的时间。如果饲养环境较为温暖的话，蛹化时间可能还会提前，所以进入 4 月就要开始动手准备了。我们首先要在容器底部铺入 20 厘米左右的赤玉土或园土，并确保这部分土壤在短时间内不会变干。在换土时，为了保护幼虫费力做好的蛹室不被破坏，这一部分的土壤可是不用更换的哟。

上半部分
铺入腐叶土。在蛹化以前，独角仙幼虫基本停止进食。

下半部分
放入种植花草所用的赤玉土、园土或黑土等等。为防止螨虫等出现，请先将土壤进行日晒消毒后再洒水加湿。蛹室一般会靠近容器的底部。

蛹室

幼虫在钻入容器底部以后，就会开始修建蛹化所用的小屋——蛹室。蛹室剖面呈椭圆形，且纵向较长。雄虫蛹室的长度一般在 10 厘米左右，雌虫的则会略小一些。对于一动不动的虫蛹来说，蛹室既是一个抵御外敌的地方，也是它们在羽化时可以展翅的重要空间。

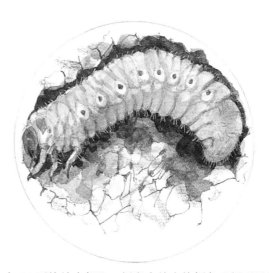

与 21 页的幼虫相比，蛹室中幼虫的颜色已经明显发黄。幼虫此时不爱进食，很是安静。

制作蛹室（1）

如果在打理土壤时碰坏了蛹室，又或是从别人那里拿到了虫蛹，我们就需要修建一间"小屋"代替蛹室。否则，要是将它们直接埋进土里的话，虫蛹可是会死掉的。具体来说，我们可以在小瓶中装入潮湿的赤玉土或园土，然后再挖出一个形同蛹室的小洞，并用以水打湿的手指将小洞的内壁按压紧实。小洞完成后，我们就可以微微倾斜瓶身，将虫蛹头部朝上放进瓶里，然后再轻轻地立好瓶子，盖好瓶盖，一个蛹室就大功告成了。

用手指压出内壁。

瓶子的大小
直径　约 10 厘米
高度　约 15 厘米

蛹化

待幼虫彻底停止活动（进入前蛹阶段）后5~7天，它们的头部就会出现裂缝，身上也开始慢慢地蜕皮，变成乳白色的虫蛹。我们可以根据蛹化后是否有角，来判断独角仙的性别。再过数日，这些虫蛹的颜色便会变成带有光泽的深褐色或黑色了。

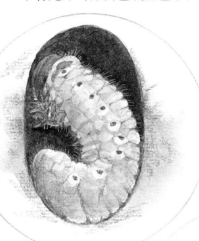

◀口中分泌黏液，对蛹室的内壁进行涂抹和加固。

▼蛹室完成后，幼虫化为前蛹。其身体缩短，呈淡棕色，已无法活动。

▼蜕皮蛹化

▼虫蛹（雌性）

▼由于角长，雄虫的蛹室比雌虫的大一些。

◀虫蛹（雄性）

制作蛹室（2）

让我们稍微花上些功夫，制作一个可以用来观察羽化过程的蛹室吧。这次我们选择厚纸制成的圆筒，来取代椭圆形的土质蛹室。在制作过程中，只要将圆筒纵向切成一半，并将切面贴放在容器一侧，我们就能够看到蛹室内的情况了。另外，纸筒的四周及底部要铺上纸巾，起到代替土壤的作用。请注意，这些纸巾可是要一直保持湿润状态的哟。

将卫生纸的纸筒纵向切成两半。纸筒的长度和半径正好能让我们将虫蛹竖直放入。

在纸筒四周裹上纸巾。

底部塞入纸团，防止纸筒移动。

羽化

蛹化后20~30天，成虫的足和胸等部位便已经隐约可见了。这是羽化的一种信号。至此，独角仙便会挥舞着六肢，挣扎着蜕去外壳。而这一从蛹蜕去蛹壳变为成虫的过程，即称为羽化。

▶成虫的外壳形成于蛹壳的内侧，并可与之相互剥离。

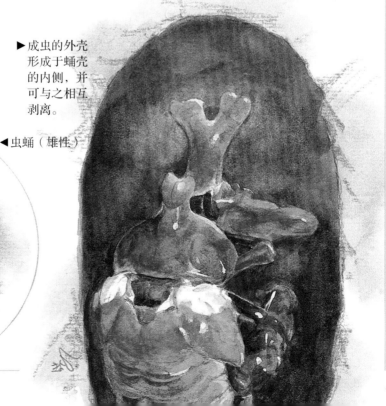

羽化与天敌

为什么独角仙成虫的颜色会有些发黑呢？我猜，这也许是为了在夜色中不被天敌发现。不过，即便蛹终于羽化钻出了地面，它们在自然界中也依然有很多天敌。

鹰鸮

鹰鸮长着一双大大的眼睛，即便在夜间也能够看清周围的环境。不仅如此，它的听力也同样出色，仅凭昆虫的微小振翅声便可在飞行状态下成功地捕获猎物。

蚯蚓

并不捕食活的独角仙。在蚯蚓翻动土壤的时候，如果碰坏了卵室或者蛹室，独角仙虫卵或虫蛹可是会一命呜呼的。而这便成了蚯蚓的食物。

虫草

（虫草菌）

虫草菌偶尔会黏附在独角仙的幼虫身上，并从幼虫的体内生出菌来。作为虫草的营养来源，幼虫最终会失去生命。

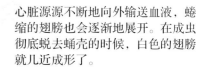

心脏源源不断地向外输送血液，蜷缩的翅膀也会逐渐地展开。在成虫彻底蜕去蛹壳的时候，白色的翅膀就几近成形了。

当成虫的角和足等部位已经透过蛹壳隐约可见的时候，就说明它们要开始羽化了。在它将蛹壳毫不留情地弄破之后，成虫便出现在了我们的眼前。

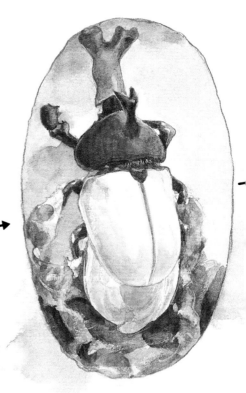

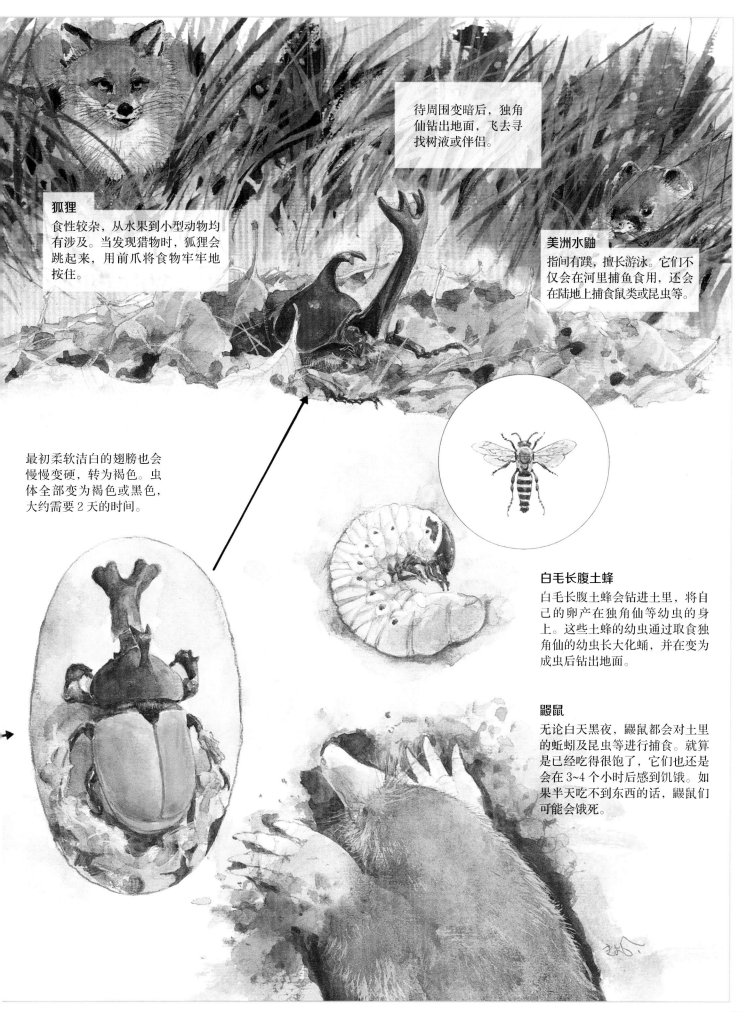

狐狸
食性较杂，从水果到小型动物均有涉及。当发现猎物时，狐狸会跳起来，用前爪将食物牢牢地按住。

待周围变暗后，独角仙钻出地面，飞去寻找树液或伴侣。

美洲水鼬
指间有蹼，擅长游泳。它们不仅会在河里捕鱼食用，还会在陆地上捕食鼠类或昆虫等。

最初柔软洁白的翅膀也会慢慢变硬，转为褐色。虫体全部变为褐色或黑色，大约需要 2 天的时间。

白毛长腹土蜂
白毛长腹土蜂会钻进土里，将自己的卵产在独角仙等幼虫的身上。这些土蜂的幼虫通过取食独角仙的幼虫长大化蛹，并在变为成虫后钻出地面。

鼹鼠
无论白天黑夜，鼹鼠都会对土里的蚯蚓及昆虫等进行捕食。就算是已经吃得很饱了，它们也还是会在 3~4 个小时后感到饥饿。如果半天吃不到东西的话，鼹鼠们可能会饿死。

图书在版编目（CIP）数据

把大自然带回家．我想养只独角仙/（日）三枝博幸
著；（日）高桥清绘；边大玉译．-- 北京：中信出版
社，2021.4
　　ISBN 978-7-5217-2646-6

　　Ⅰ．①把… Ⅱ．①三… ②高… ③边… Ⅲ．①自然科
学—儿童读物 Ⅳ．① N49

中国版本图书馆 CIP 数据核字 (2020) 第 260458 号

Original Japanese title: KABUTOMUSHI NO KAIKATA SODATEKATA
Text copyright © 1998 by Hiroyuki Saegusa
Illustration copyright © 1998 by Kiyoshi Takahashi
Original Japanese edition published by Iwasaki Publishing Co., Ltd.
Simplified Chinese translation rights arranged with Iwasaki Publishing Co.,
Ltd. through The English Agency (Japan) Ltd. and Eric Yang Agency, Inc
Simplified Chinese translation copyright © 2021 by CITIC Press Corporation
ALL RIGHTS RESERVED

本书仅限中国大陆地区发行销售

把大自然带回家·我想养只独角仙

著　　者：[日]三枝博幸
绘　　者：[日]高桥清
译　　者：边大玉
出版发行：中信出版集团股份有限公司
　　　　　（北京市朝阳区惠新东街甲4号富盛大厦2座　邮编　100029）
承 印 者：北京汇瑞嘉合文化发展有限公司

开　　本：889mm×1194mm　1/16　　印　张：2　　　字　数：75千字
版　　次：2021年4月第1版　　　　印　次：2021年4月第1次印刷
京权图字：01-2020-7610　　　　　　审 图 号：GS（2020）6609号（本书地图系原文插附地图）
书　　号：ISBN 978-7-5217-2646-6
定　　价：179.00元（全9册）

出　　品：中信儿童书店
图书策划：知学园
策划编辑：隋志萍　　　责任编辑：鲍芳　　　营销编辑：张超　李雅希　王姜玉珏
封面设计：谢佳静　　　内文排版：王哲　　　审　定：余文博

把大自然带回家

我想养条小青鳉

[日]小宫辉之 著 [日]浅井粂男 绘 曹元 译

中信出版集团 | 北京

目录

青鳉的叫法

在日本，人们对青鳉的叫法，很好地体现了青鳉的特征。辛川十步等人调查了日本各地对青鳉的叫法，居然有 4794 种之多。

很多种叫法都强调了青鳉的小，另外一些则突出了小鱼聚集的意思，有一些强调了青鳉眼睛大，有一些强调青鳉喜欢在缓流中游玩，还有一些则指出它们喜欢在水域上层游来游去。

前言

大家有没有在附近的水田或者河流中见到过青鳉呢？我的工作之一是人工繁育朱鹮①，要经常去新潟县的佐渡岛，然而就算在那么偏远的佐渡岛，也很少见到青鳉。不过，我们可以在山谷的水田和池塘中找到它们。朱鹮最喜欢的捕食地之一就是青鳉栖息的水田。除了泥鳅和汉氏泽蟹，朱鹮可能还会吃青鳉呢。

没有农药、没有拖拉机工作时，水田是各种生物的乐园。青鳉是栖息在水田中的代表性鱼类动物，是日本体形最小的淡水鱼。虽然它们身材娇小、样子普通，但群鱼来回在水域上层游动的情形着实显眼，人们也非常熟悉。在日本，直到江户时代，人们还常在水田中见到朱鹮。真诚地希望青鳉不会步朱鹮的后尘，那些让诸多生物共存的水田能够长久地保留下去。

① 日本本地朱鹮于 2003 年灭绝，目前在日本繁殖出生的朱鹮均系中国朱鹮的后代，有三百多只，主要栖息在佐渡岛。——编者注

青鳉的特征

青鳉是一种生活在淡水中的鱼。它们个头小，身体细长，适合生活在水流缓慢的河流、池塘表层等浅水中。

日本最小的淡水鱼

我们把河流、湖泊和沼泽等水域中的几乎不含盐分的水叫作淡水。青鳉是日本最小的淡水鱼，成年青鳉的体长只有4厘米。它们身体侧扁，背部平直，吻部是"地包天"，头上还长着一双大眼睛。青鳉的这些特征使它非常适合在水域表层生活。

青鳉长什么样

眼睛
相对于青鳉的身体而言，它们的眼睛很大。青鳉会用眼睛到处观察，分辨敌友。眼睛位置较高，因此叫作青鳉。

侧线缺失
侧线是可以探测声音和水流、水压等的感觉器官，大部分鱼类动物都有。然而青鳉却没有很多鱼类动物身上常见的这条从头到尾的侧线。取而代之的是长在头部上方和眼睛周围的一排小孔，它们起到了感觉器官的作用。

鼻孔
水从前鼻孔进入，从后鼻孔排出。它可以识别气味。

耳
青鳉的耳位于头骨中，从外面看不见。

这个看起来像线的地方并不是侧线。

感觉器官的小孔　　背鳍　　尾鳍

鼻孔

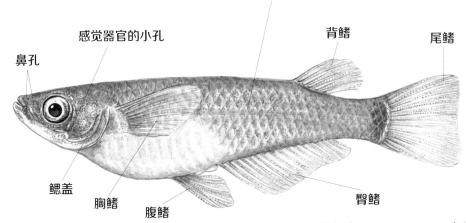

鳃盖　　胸鳍　　腹鳍　　臀鳍

青鳉的学名是 *Oryzias latipes*，意思是广泛分布在水稻周围、鳍很大的鱼。

青鳉的家族

青鳉属于颌针鱼目。飞鱼科、秋刀鱼科、颌针鱼科也都属于颌针鱼目。它们的共同特征是体形细长，喜欢在水面成群结伴地游来游去。青鳉的祖先最初来自大海，被认为是从河口、潟湖等海水和淡水交替的水域移动到了淡水区域，经过不断进化和演化，最终适应了从海水到淡水环境的转变。

食蚊鱼和孔雀鱼外形神似青鳉，但却属于鳉形目（鲤齿目）下的花鳉科。

颌针鱼目

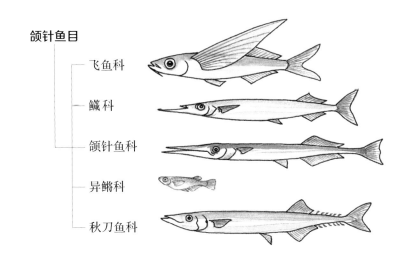

飞鱼科

鱵科

颌针鱼科

异鳉科

秋刀鱼科

雌雄青鳉

青鳉卵孵化出来经过 4~5 个月后，会长到 2 厘米以上，这时就可以准确地区分雌雄了。到了繁殖期，雌性青鳉的身体，尤其是腹部会变大，而雄性的腹鳍则会变黑。

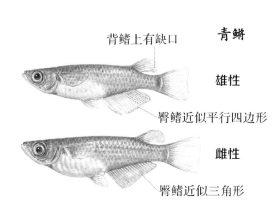

青鳉

雄性

背鳍上有缺口

臀鳍近似平行四边形

雌性

臀鳍近似三角形

青鳉还能在海水中生活

把青鳉逐步转移到浓度不断加大的盐水中，一个月后，它就可以在海水中生活了。这是为什么呢？秘密全藏在它的肾脏里。

我们先比较一下肾脏中产生尿液的肾小体：海水鱼的肾小体要比淡水鱼的小，而且数量也少。在逐渐适应从淡水环境到海水环境的过程中，青鳉的肾小体会变小变少，所以尿量也会不断减少。

如果是淡水鱼，从鳃部进去的水会在肾脏形成稀尿液后被排出体外。而部分海水鱼则会吸收过多盐水进入体内，因此，会产生浓尿液从而把盐分排出体外。

淡水鱼的构造

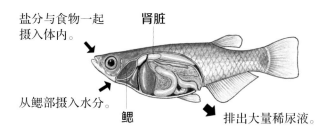

盐分与食物一起摄入体内。

肾脏

从鳃部摄入水分。

鳃

排出大量稀尿液。

区分青鳉和食蚊鱼

从上方观察是没法区分在水面游动的青鳉和食蚊鱼的。将它们放入水族箱中从侧面观察，就能看出两种鱼的鳍的大小、形状和位置等都不太一样。食蚊鱼身体有侧线，而青鳉没有侧线。

这就是现实中青鳉和食蚊鱼的大小。

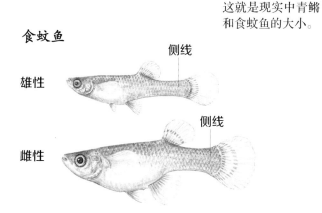

食蚊鱼

雄性

侧线

雌性

侧线

雌性食蚊鱼可以长到 5 厘米左右。

卵生和卵胎生

鱼的繁殖方式通常有两种。一种是从在雌鱼体外的鱼卵中出生，叫作卵生。包括青鳉在内，大部分鱼类动物都采用这种方法繁殖后代。另一种是在雌鱼体内孵化好后，变成幼鱼再生出来，叫作卵胎生。图中的食蚊鱼是卵胎生，一次可产出 100 尾左右体长约 9 毫米的幼鱼。

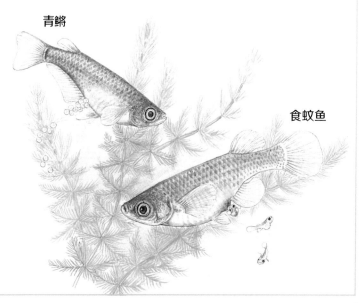

青鳉

食蚊鱼

青鳉及鳉鱼

青鳉大都生活在亚洲的稻作地带，大多是外表朴素的鱼儿。被人们当作热带鱼饲养的漂亮"青鳉"并不是青鳉，而是鳉形目的鱼类哟。

青鳉多生长于稻作地带

青鳉的英文是 rice fish，意思是大米鱼。青鳉属的拉丁学名是 *Oryzias*，在拉丁文中的意思是"水稻"。从这些名字也可以看出，青鳉栖息在稻作地带。

青鳉的种类中，除了栖息在日本和中国的普通青鳉，其他的大都生活在热带。和普通青鳉同属的青鳉有 30 种左右，但一般花色较少。

鳉形目鳉鱼
地图周围那些美丽的鱼都是鳉形目鳉鱼。

青鳉的栖息地
① 普通青鳉的栖息地
② 西里伯斯青鳉的栖息地
③ 小青鳉的栖息地

斑节鳉 西非

蓝眼鳉 西非加蓬等

蓝彩鳉 西非喀麦隆、尼日利亚

五线旗鳉 西非加蓬等

线纹虾鳉 南亚

拉氏假鳃鳉 东非莫桑比克等

贡氏红圆尾鳉 东非桑给巴尔岛等

三叉琴尾鳉
西非尼日尔河下游、喀麦隆

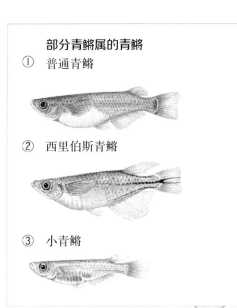

部分青鳉属的青鳉
① 普通青鳉
② 西里伯斯青鳉
③ 小青鳉

漂亮的"青鳉"——鳉形目鳉鱼

鳉形目鳉鱼的体形都很小，而且外形类似青鳉。因此它们也被称作鳉鱼或者鲤齿鳉。但是，它们都不是颌针鱼目的青鳉，而是鳉形目鱼类。

青鳉属是卵生的，而鳉形目鱼类有卵生也有卵胎生。

鳉形目鱼类主要分布在非洲和美洲，品种有 800 种以上。因为它们外形美丽，多作为热带鱼饲养。

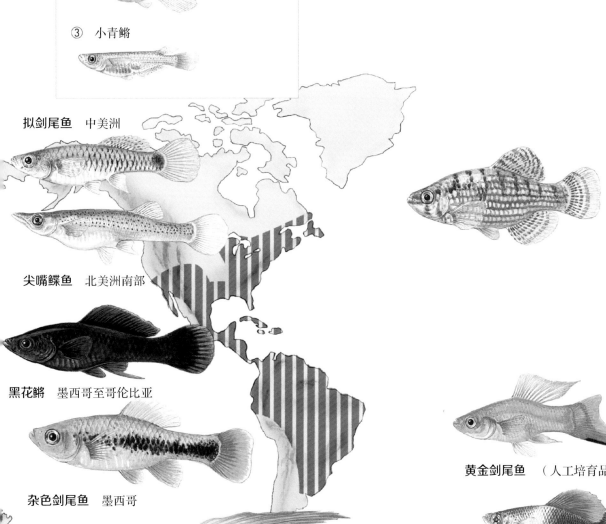

拟剑尾鱼　中美洲

尖嘴鳉鱼　北美洲南部

黑花鳉　墨西哥至哥伦比亚

杂色剑尾鱼　墨西哥

花斑剑尾鱼
墨西哥

黑鳍澳小鳉　南美洲阿根廷等

美国旗鱼
北美洲
佛罗里达半岛、
尤卡坦半岛

黄金剑尾鱼　（人工培育品种）

巴西红扇孔雀鱼（人工培育品种）

杨贵妃青鳉

我们经常能见到的青鳉都是橘红色的，被称为"杨贵妃青鳉"。这是日本本地的观赏鱼，自江户时代就已经开始饲养了。

撮千鱼
江户时代的书里记载道，青鳉的名字用汉字写作"撮千鱼"。所谓"撮"就是一小撮的意思，一小撮都可以捉到好几千尾鱼，足见青鳉有多小了。

我家的院子中有两个直径大约1米的养着睡莲的水缸。以前，我也在缸里养过各种各样的鱼，但青鳉无疑最能与这些睡莲相得益彰。青鳉游动在水面上，从水面观察的时候会发现它们很自在，而且青鳉的大小很适合在睡莲的花叶间游动。

江户时代平民的宠物

江户时代卖金鱼的小贩也会卖青鳉，这是当时买不起较贵的金鱼和锦鲤的人最爱的宠物。他们会在大缸中放入土，种上睡莲等花花草草后，再把青鳉放进去一起饲养。

如何获得

除了捕捉外，我们可以在宠物鱼店获得青鳉。在店里，青鳉通常 10 尾一组地卖。区分雌雄的办法请参照第 5 页。就算在店里买鱼时分不出雌雄，但只要买 10 尾，雄鱼雌鱼应该都会包含在其中了。

寿命

杨贵妃青鳉的寿命是 1~3 年，店里卖的往往是孵化后数月的杨贵妃青鳉。高龄的杨贵妃青鳉体形偏大，眼睛泛白混浊，但会因为营养状态而有所变化，辨别杨贵妃青鳉的年龄是相当困难的。

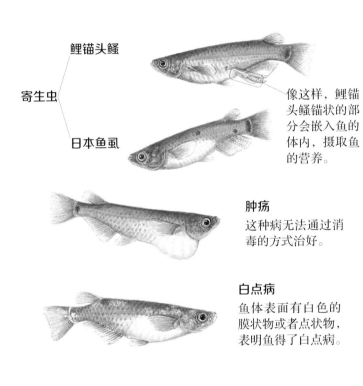

鲤锚头蚤

寄生虫

日本鱼虱

像这样，鲤锚头蚤锚状的部分会嵌入鱼的体内，摄取鱼的营养。

肿瘤
这种病无法通过消毒的方式治好。

白点病
鱼体表面有白色的膜状物或者点状物，表明鱼得了白点病。

加入新成员时需注意

向鱼缸中加入新成员（包括青鳉）时，需要注意观察鱼儿身上是否有伤、霉点和寄生虫。如果鱼缸中已经有青鳉，那需要先用盐水给新的青鳉消毒：按照 1 升水中放入 15 克食盐的比例配制盐水，在这样的水中喂养新青鳉两天即可。喂养金鱼时也可以用此法消毒。青鳉对盐分的耐受力很强，而寄生虫和线虫则会被杀死。

杨贵妃青鳉和深色的青鳉是同一种类的

杨贵妃青鳉是野生的深色青鳉中的橘红色个体一代代繁殖产生的品种。换言之，杨贵妃青鳉和野生的深色青鳉是同一种类。

斑青鳉

泛黑的杨贵妃青鳉

让杨贵妃青鳉和深色青鳉交配产卵，会获得斑青鳉或者泛黑的杨贵妃青鳉。

杨贵妃青鳉与其他颜色的青鳉

野生青鳉身体的表面主要有黑色素和黄色素。杨贵妃青鳉身上没有黑色素，仅有黄色素，而黄色素和血液的颜色则使鱼体呈橘红色。黄色素较少或只有白色素的，就是白青鳉。

野生青鳉（深色的青鳉）

杨贵妃青鳉

白青鳉

白化青鳉

杨贵妃青鳉只有眼睛里有黑色素。人们把身体和眼睛里都不含色素的青鳉叫作白化品种。我们可以透过白化青鳉的身体看到它们的血液颜色，它还有发红的眼睛。

栖息地

水田是青鳉最具代表性的栖息地。虽然水田是人造的环境，但这里除了青鳉，还会有多种多样的生物，共同维持着生态的平衡。

青鳉喜欢的地方

青鳉一般不会生活在山谷中有湍流的水域或者广而深的河流中。它们最喜欢水田或其周围的水渠、小河、池塘和沼泽等地带，还会生活在汇入大河的支流河口或者河床处的水洼处。

浅水区
青鳉可以在插秧后水量充足的水田中生活。水中的水稻秆丛是很好的产卵场所。水田的日照很充足，而且浅水区温度适宜，初夏时期的水田是青鳉良好的繁殖场所。

日照充足的河床
青鳉喜欢日照充足的水面。水温适宜时青鳉就会产下很多的卵，孵化时间也会减短，繁殖得特别快。

泥滩底部
生长着水草的泥滩底部，到处都有青鳉爱吃的小浮游生物。整个冬天，青鳉都会藏在泥滩底部落叶的下面，等待春天的到来。

鹭

麦穗鱼

鲤鱼

条纹长臂虾

水虿

泥鳅

小龙虾

大田鳖

蝲蛄

田螺

牛蛙

中华蝎蝽蝽

日本龙虱

鲇鱼

青鳉所处的食物链

青鳉喜欢吃水蚤等浮游动物。同时，它们还有很多天敌，比如日本龙虱和水蚤。而水蚤会被鲤鱼等大一些的鱼吃掉，鱼又会被鹭等鸟类动物捕捉。不管是鹭还是鲤鱼，它们死后尸体都会被微生物分解，成为水草和浮游植物的营养物质。浮游植物又是浮游动物或青鳉等的食物。这条食物链显示了各种各样不同生物在其中的物质与能量的循环。

小型群落生境

青鳉还可以在院子的池塘或睡莲缸中、阳台上放置的水族箱或者塑料泡沫箱中饲养。我们可以从水面上观察到青鳉成群嬉戏的样子。

各种不同生物的出现

在塑料泡沫箱或者睡莲缸底铺上土、加入水后，就可以种睡莲等水草了。过一段时间，就会出现水蚤等浮游动物和浮游植物。水面上会有蚊子和蜻蜓来产卵。如果你用的是附近河流中的淤泥，其中隐藏的植物种子和卵等也会成为群落生境的一部分。

孑孓等浮游生物是青鳉最爱吃的食物种类。水蚤会吃线蚓蚓和孑孓，等长大后会吃青鳉，最终成长为蜻蜓。水虿和小型龙虱也会飞过来住下，它们会吃掉青鳉的幼鱼和一些尸体，起着清道夫的作用。附着在水草上的椎实螺和田螺的幼体会吃水草等快速长大。而水草则会将水中的脏东西作为营养物质吸收，并释放出氧气。

群落生境

我们把各种生物靠自身力量努力生存的环境叫作群落生境。比如放在室外的装有青鳉的水族箱，里面会自然而然形成包含不同生物的小型群落生境。

水草

水草通过吸收青鳉吃剩的食物残渣或尸体分解释放的气态氮物质长大。水草有着清洁水体环境的重要功能。青鳉是一种日本本土鱼，因此条件允许的话可以引入日本的水草，为它设置接近自然的生态环境。然而，野生的国外水草不太容易获得。这时，我们可以从宠物鱼店购买水草，比如凤眼莲、金鱼藻和伊乐藻。

印度扁卷螺
它们经常会附着在买来的凤眼莲根部。这种螺也不是日本本土产的。

有些水草可以在土中扎根，那就可以带花盆一起放入水中。

宽缝斑龙虱

日本本土自古以来就有的野生水草

槐叶苹

丘角菱

日本荷根

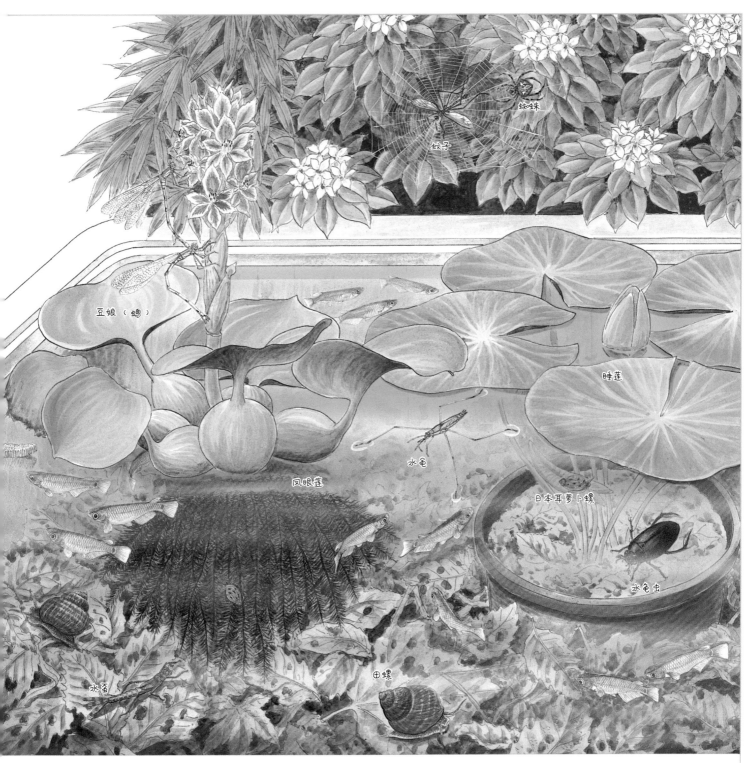

豆娘（蟌）

睡莲

凤眼莲

水黾

日本耳萝卜螺

水龟虫

水蚤

田螺

蚊子

蜘蛛

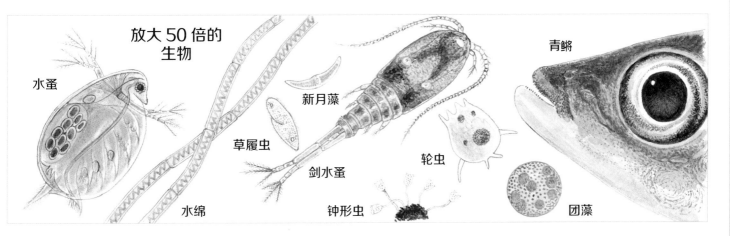

放大 50 倍的生物

水蚤

水绵

草履虫

新月藻

剑水蚤

钟形虫

轮虫

青鳉

团藻

如何捕捉

可以通过赶青鳉进入渔网或者渔捞子来捕捉它们。水田、水渠、小河、池塘或沼泽的岸边都是捕捉青鳉的好地方。

捕捉青鳉

相较于鲢鱼和鲫鱼等游速很快的鱼，青鳉很好捕捉。有两种方式可以捕捉到青鳉：一种是守株待兔式，一种是赶鱼进网式。

网

青鳉体形很小，如果用网眼大的渔网，它们就会钻出网眼。不论用什么网，都建议选用网眼小一些的。捞热带鱼的网也可以用，但这种网稍用力就容易坏掉或者出现破洞。

守株待兔式

贸然进入池塘或者沼泽等不知水位深浅的水域是很危险的。先在岸上静候片刻，肯定会看到青鳉浮出水面，或者有成群游动的青鳉。这时要抓住时机，用有长手柄的网迅速捕捞它们。

赶鱼进网式

如果是清澈见底的小河，我们就可以下水围捕青鳉。青鳉总是逆流游动，因此我们可以在上游设置渔网，从下游追捕并赶它们入网。和大伙合力围捕，不仅可以一次性捕捉到大量的青鳉，还可以捕捉到其他鱼类和水生昆虫呢。

如何带回家

捕捉完青鳉之后，我们挑选5~10条带回家喂养即可。如果是在家附近捕捉的，用水桶或大一些的塑料瓶装好带回家。如果要进行长途运输，可以用冷藏箱，并且在里面放入便携式空气泵（宠物鱼店有售），这样就不必担心气温高或者堵车了。

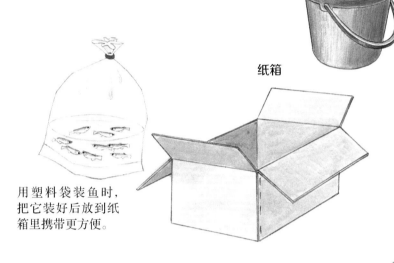

冷藏箱

塑料瓶

水桶

需要提前确认空气泵的管子前端能否插进塑料瓶口。

空气泵

纸箱

用塑料袋装鱼时，把它装好后放到纸箱里携带更方便。

如何区分相似的小鱼

水田和小河中有各种各样的鱼，我们经常会将其他鱼和青鳉混淆。一定要仔细观察捕捉进网的鱼，把青鳉从中挑选出来。

鲫鱼

青鳉

泥鳅

从上方观察，很难将泥鳅的幼鱼与青鳉区分开来。

斑北鳅

宽鳍鱲

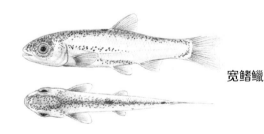

宽鳍鱲和麦穗鱼的幼鱼就算仔细看，也还是很难将它们与青鳉区分开来。

麦穗鱼

青鳉的数量在减少

从前，青鳉在农村水域很常见，数量众多。而现在，适宜青鳉生活的栖息地减少了，青鳉也很少了。

农药

水田是生产日本人主食大米的场所。人们曾经为了使大米增产而大量喷洒农药，结果不仅是青鳉，还有蛙、蝾螈、田龟等栖息于水田的小动物在全日本范围内的数量也都减少了。

直升机在喷洒农药。

拖拉机

混凝土铺的水渠

青鳉也成了濒危物种

日本的"红色名录"（Red Data Book），也就是濒危野生生物报告，公布了日本环境省调查的有灭绝危险的野生动物物种。1991年，在冲绳和东京等地，青鳉就已经被登记为"区域性濒危物种"。而1999年2月18日发布的报告称，青鳉已经上升为"灭绝危险加重的种类"。短短8年间，青鳉就成了全日本范围内濒临灭绝的鱼类了。

已经变成脏水沟的小河

河道硬化

以前冬天水田里没有水时，青鳉会待在水渠或者小河中过冬，等到天气回暖后再返回水田。后来拖拉机等机器在生产中广泛使用，为了方便机器工作，就给自然形成的水渠和小河铺上了混凝土，但青鳉不能在硬化的水渠中过冬。而且硬化水渠的深度比水田要深，这使青鳉无法往来于水渠和水田之间了。此外，水渠硬化后，水流也增大了，这使得青鳉的食物浮游生物的数量减少了，产卵场所也消失了。

栖息地的减少

城市周边已经没有了水田和小河。就算有小河，也已经被污染成了脏水沟。而青鳉根本无法在这种环境中生存，因此逐渐绝迹了。

威胁（一）——新的天敌

以前，日本本土没有的美国龙虾和雷鱼在水田和小河中的数量增加了，成了青鳉新的天敌。最近还出现了新的归化动物，如黑鲈鱼和蓝鳃太阳鱼等肉食性鱼类动物，它们都是新增的青鳉的天敌。

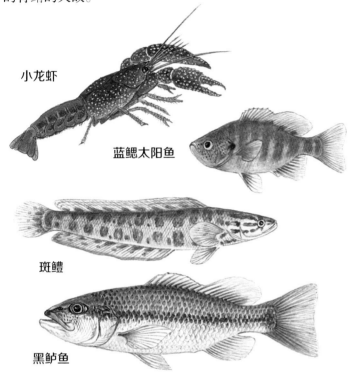

小龙虾

蓝鳃太阳鱼

斑鳢

黑鲈鱼

威胁（二）——新的竞争对手

过去，日本没有和青鳉一起生活在同样的水域、过着同样生活的鱼。在气候温暖的地区，孑孓容易滋生，人们为了消灭孑孓投放了食蚊鱼和孔雀鱼，它们进入了青鳉的生活领域，成为青鳉的竞争对手。特别是在冲绳，青鳉已经被这两种鱼逼到了灭绝的边缘。

食蚊鱼是来自北美洲南部的一种鱼。它们喜欢吃孑孓，由此而得名"食蚊鱼"。它们比青鳉更适应咸水，可以生活在入海口处的河流中。孔雀鱼的故乡是南美洲北部。它们曾经被当作热带鱼大量饲养，然后又被丢弃在田野中。雄性孔雀鱼异常美丽。

保护中心的朱鹮

以前在水田中，朱鹮和青鳉都是很常见的。由于人们过度捕猎和使用农药，如今它们已经濒临灭绝。而在朱鹮最后的栖息地——佐渡岛，为了防止野兔繁殖过度而投入的貂，是朱鹮的天敌，这导致野生朱鹮的繁殖越来越困难了。如今朱鹮已经在佐渡朱鹮保护中心，得到了人类的陪护和看守。而青鳉基本上只能在水族箱中见到了，真是悲哀啊。为了保护青鳉，请好好地保护环境吧！

日本本地最后一只雌性朱鹮，名叫阿金。

为青鳉布置小水族箱

在家里，我们可以模拟小河的环境来饲养它们。只要根据容器的大小调整青鳉数量，就不需要使用空气泵。

如何布置小水族箱

先在水族箱底部铺上沙子，种上伊乐藻和金鱼藻，再用石头做出小道。斑北鳅和真剑米虾会吃掉青鳉吃剩的食物，而田螺和日本耳萝卜螺等贝类会吃掉可能弄脏玻璃壁的生物。设置好这些小伙伴们的种类和数量，做一个不需要空气泵的小水族箱吧！

放置地点

水族箱里装水后会很重，所以要把它放在一个稳定的地方。如果没有光照射，鱼儿体内就会缺少维生素 A 和维生素 D，容易生病。所以要把水族箱放在有阳光的地方，或者用荧光灯照明。另外，如果没有光照，水草也会枯萎。但还要注意，不要让水温太高，要避免阳光直射。

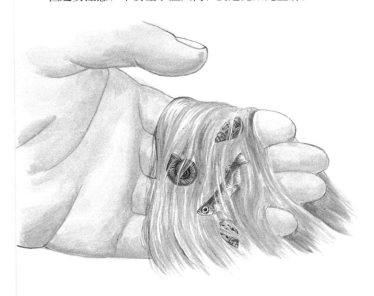

水族箱的大小

如果只饲养青鳉，只需要塑料瓶和小鱼缸就足够了。如果要同时饲养各种不同种类的生物，就需要宽 45~60 厘米的大水族箱。

水

自来水管的水中会含有起消毒作用的次氯酸。直接用自来水养青鳉会导致它们死亡，我们需要把水放置一天再使用。不妨将自来水静置在阳光下，次氯酸挥发得会快很多。如果想直接使用自来水，要添加硫代硫酸钠（俗称大苏打）和其他一些去除次氯酸的化学药品：在 10 升水中放入 1~2 粒大苏打即可中和次氯酸了。等大苏打溶解以后，就可以放入青鳉了。

水草

有些水草没有根。为了防止它们浮起来，可以将它们的下面绑上重物埋在沙子里。

水温

盛夏时需要经常监测水温，到了 34℃，鱼儿就会很虚弱了。而在冬天，水温太低，它们就会发蔫儿，但也不需要担心。在冬天，如果是在室内饲养，就不用为鱼儿过冬做准备了。

饲料

饲料可以放在水族箱的旁边。基本上一天喂一次即可。也可以看看第 21 页的具体用量。

当水绵等藻类增多时

如果阳光充足，有时水绵等藻类的数量就会增多。如果贝类吃它们的速度够快就无须处理，但如果藻类多到阳光无法照射进水里的话，就需要取出部分藻类了。这时还要检查是否有青鳉和贝类被缠在里面。

盖子
为防止鱼儿跳出水族箱，最好盖上盖子。这样做还可以防止水分蒸发。

注意水温
要向水族箱放入新的青鳉时，先连同塑料袋一起放进去，等水温持平了再把塑料袋取出。

真剑米虾

日本耳萝卜螺

田螺

斑北鳅

放入水族箱的东西
放入水族箱的沙子和石头需要好好清洗、在阳光下晒干后再使用。为了防止霉菌进入水族箱，水草也需要好好洗一洗。如果水草上附着了水蚤等，日后青鳉会被它吃掉呢。真剑米虾有时也会攻击青鳉，为了防止青鳉被吃掉，就把它们隔离开吧。

最好不要一起饲养的生物

还有食蚊鱼、真吻虾虎鱼、美国龙虾等。

日本蝾螈

大型金鱼

水蚤

如何打扫和喂养

野生青鳉的寿命通常是1年，细心饲养也可以达到2~3年。每天坚持观察它们是否健康、是否产卵吧。

简单的清扫

如果水族箱里有田螺和泥鳅，它们会吃掉青鳉的食物残渣，水就不容易变脏了。每月打扫1~2次，每次更换水族箱中1/3的水即可。首先，用专门去除苔藓的磁石清除苔藓后，再用水管取出水。

泵
用来吸走水族箱底部堆积的粪便。
小心不要把青鳉吸进去。

去除苔藓的磁石
两片磁石隔着水族箱壁的内外两侧互相吸住。在外侧移动磁石，内侧的磁石便会跟着移动，从而把玻璃上的苔藓蹭掉。

彻底的大扫除

日照越是充足，藻类就越容易增多。如果藻类数量过多，水变得非常脏，就需要做大扫除了，要把整箱水都换掉。夏天水族箱很容易变脏，因此要经常打扫。

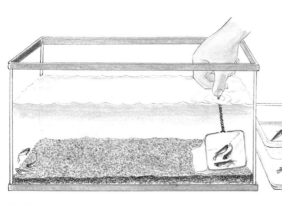

转移青鳉
青鳉可以用捞热带鱼用的小渔网捞出。如果是很小很小的幼鱼，可以用底部为白色的容器连水一起捞出。

清洗方法
首先，将水族箱中的生物和石头分别放入两个不同的容器，倒掉所有的水。沙子也要放到桶等容器中。然后，用刷子或者海绵刷掉水族箱中石头上的水垢。沙子需要多洗几遍，直到没有臭味为止。最后把沙子放在大的塑料器皿上摊开，充分日晒进行消毒。

中和自来水中次氯酸的化学药品可以选用液体的，这样很快就能溶解在水里了。

饲料

青鳉的嘴是向上的，这样更方便吞食漂浮在水面上的食物。可以选用干燥的浮游生物或者金鱼的鱼料，以及热带鱼用的饵料等能够漂浮在水面上的食物作为青鳉的饲料。青鳉还吃一种叫作红虫的摇蚊科的幼虫，正颤蚓也是它们的食物。青鳉一天喂一次，喂在你看着它们的时候能吃完的量就足够了。

大自然中的食物

在大自然中，青鳉喜欢吃水蚤、孑孓这类漂浮在水面的小生物。冬天，浮游动物数量减少后，它们还会吃浮游植物。我饲养的青鳉很喜欢吃正颤蚓，但却很少吃大自然中生活在水底的那些正颤蚓。

有时食物会掉落在水底，青鳉需要倒立才能吃到。

脸

从正前方看就能知道，青鳉的嘴长得非常靠上。

不在家时

出远门前如果一次性投喂了太多饲料，水就会变臭。如果只是出门几天，不必提前投喂，青鳉可以靠吃水中的浮游生物维持生命。

如何过冬

野生青鳉在冬天里会安静地待在水底的落叶和淤泥中。在家中饲养的话，可以在水族箱中放一些落叶和淤泥。如果室内足够温暖，就没有必要特意营造过冬环境了。

死亡以后

青鳉是小型生物，死后可以埋在院子角落或者花盆中。

青鳉的繁殖

青鳉的繁殖很简单。野生青鳉在春夏之间繁殖，但通过调节水温和光照，我们可以让它们在一年中的任何时候繁殖后代。

繁殖行为

通过观察青鳉雌鱼腹部是否鼓起来，可以判断它们是否即将产卵。当雄鱼在雌鱼下面盘旋，即表明雌鱼开始产卵。如果雄鱼的姿势仿佛是抱着雌鱼一样，这就是在催促雌鱼产卵，然后清晨时雌鱼就会产下卵。雌鱼产卵后会让卵附着在自己的肚子上，然后在水里游来游去，随即将卵蹭在水草上。青鳉受精卵上有许多细毛，它们可以附着在水草上。

产卵地点

在水中放入凤眼莲这类浮在水面上的水草，青鳉就会在凤眼莲的根部产卵。如果水草是金鱼藻和伊乐藻，青鳉就会在这些小草的叶子和茎上产卵。

①雄鱼会在即将产卵的腹部鼓起来的雌鱼面前游来游去。这是求偶的表现。

②雌鱼产下卵后，这些卵就附着在它们的肚了上，雄鱼就会紧贴雌鱼，用尾部包裹住雌鱼的身体，将精子释放到卵上。

产卵季节

青鳉通常在春季至秋季产卵。产卵需要具备一定的条件：水温适宜，从日出至日落的时间（即昼长）足够长。在东京，青鳉的产卵期为 4 月中旬至 9 月下旬。

水温和光照时长

青鳉在水温超过 15℃、昼长长于 13 小时的情况下开始产卵。例如，在东京，3 月下旬的日照长于 13 小时，但由于水温较低，这时的青鳉不会产卵。而 10 月的水温虽然超过 15℃，但日照时间却短于 13 小时，因此也不会产卵。

地域差异对产卵期时长的影响

在青森地区，日照时长和水温条件适宜青鳉繁殖的时间较短，因此产卵期也很短。而冲绳地区满足青鳉产卵条件的时间较长，因此产卵期就较长。

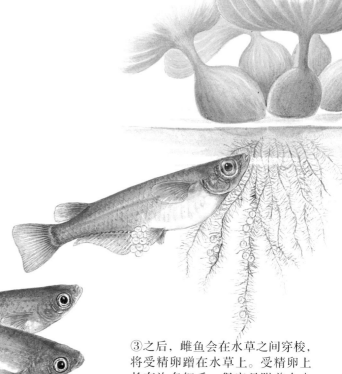

③之后，雌鱼会在水草之间穿梭，将受精卵蹭在水草上。受精卵上长有许多细毛，很容易附着在水草上。

体外受精

大多数的鱼都是等雌鱼在水中产下卵后，雄鱼再释放精子，从而完成体外受精。但是，也有一些鱼，比如有的鳉形目鱼类和海鲫，它们会在体内受精，然后等仔鱼孵化后再产下。

将卵转移

如果对雌鱼产下的受精卵放任不管，这些卵就会被自己的父母吃掉。我们需要把附着卵的水草一并移动到其他的容器中，等卵孵化后再放回去。凤眼莲是一种便于移动的水草，但在光照不足的情况下，凤眼莲很容易枯死，最好将它们放在日照充足的地方。

塑料瓶当孵化器

如果食物、光照充足且水温在 20~25℃，雌青鳉每天都会产卵。我们可以把大塑料瓶的上方剪下，只留下半截，做一个专门孵化卵的孵化器。依次使用 3 株凤眼莲可以高效率地繁殖青鳉。附着卵的凤眼莲要一周一次放入孵化器中。我们可以提前规定好每周放的次数，这样就不容易忘记啦！孵化过程需要 10~12 天，因此两周后，卵就几乎都孵化出来了。

▶ 8 月 6 日（星期日）移入 **4 号塑料瓶**。这是孵化后 15~19 天的稚鱼。

◀ 7 月 30 日（星期日）移入 **3 号塑料瓶**。这是孵化后 8~11 天的稚鱼。

稚鱼长到 1.5 厘米后，就可以放回水族箱里，和大鱼放一起饲养啦！

这是 7 月 16 日（星期日）开始，大约一个月内的过程。

◀ 等卵都孵化完后，将 **3 号凤眼莲**移回水族箱中。

▶ 第 8~12 天后附着卵的 **2 号凤眼莲**。

▼ 第 1~7 天后附着卵的 **1 号凤眼莲**。

雌雄亲鱼所在的水族箱

▲ 7 月 23 日（星期日）移入 **2 号塑料瓶**。这是孵化后 1~4 天的稚鱼。要把食物捣碎，撒进瓶里喂食。

不能孵化的卵
卵死之后颜色会变白、变浑浊。一旦长霉就会传染到其他卵上，所以变白的卵要尽快取出处理。

◀ 7 月 16 日（星期日）移入 **1 号塑料瓶**。

23

卵的生长

别看青鳉身体细小，它产下的卵可出奇地大。卵由一层透明的膜包裹，我们可以用简单的显微镜或高倍放大镜来观察卵里面的样子。

水温和孵化时长

在其他条件相同的情况下，水温越高，青鳉的卵通常孵化得越快。

水温约20℃，约12天即可孵化。

水温和孵化的时长如下所示：

约15℃——30天左右

约20℃——12天左右

约25℃——10天左右

水温保持在26℃时卵的生长过程

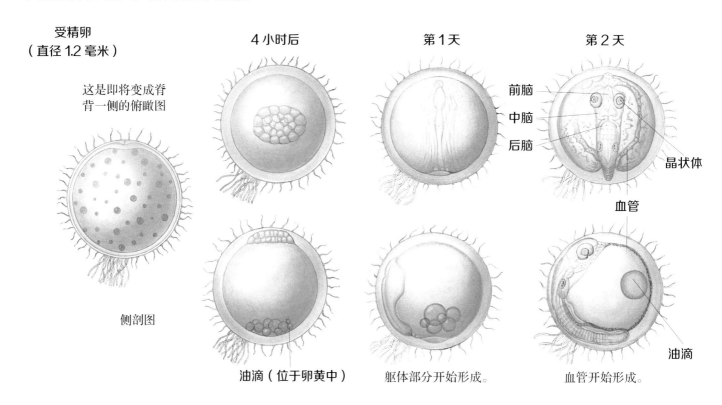

受精卵
（直径1.2毫米）

这是即将变成脊背一侧的俯瞰图

侧剖图

油滴（位于卵黄中）

4小时后

第1天

躯体部分开始形成。

第2天

前脑
中脑
后脑

晶状体

血管

油滴

血管开始形成。

肚子里的营养

刚孵化出来的稚鱼，肚子中还留着为其提供营养的卵黄。鲑鱼稚鱼在食物贫瘠的清澈的小河中孵化，它们拥有很大的装卵黄的囊，不吃东西，仅靠吸收囊中的营养就能够存活60天。青鳉在食物丰富的水田或者小河中孵化，它们的卵黄囊很小，一般囊中的营养三四天就消耗完了。

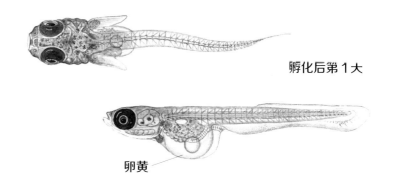

孵化后第1天

卵黄

这两页关于青鳉的构造和发育过程图是在岩松鹰司老师的指导下完成的。

观察受精卵的发育

如果你想每天观察鱼受精卵生长的过程，使用可封口的塑料袋会比较方便。把附着鱼受精卵的水草从孵化器中取来，连水一起放入塑料袋中。小心地将空气排出后密封袋口。我们可以使用放大镜或简单的显微镜，透过这个密封袋来观察受精卵。

青鳉可以产下直径1.2毫米的大卵。鱼卵其实还比较坚硬，用手捏着也不容易捏碎。我们还可以观察刚孵化出来的稚鱼的样子。孵化前不用换水，等到稚鱼开始健康地四处游动，我们就可以将稚鱼从塑料袋中移动到孵化的容器里了。

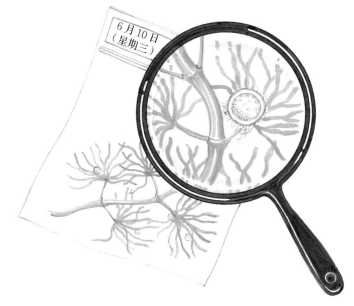

6月10日
（星期三）

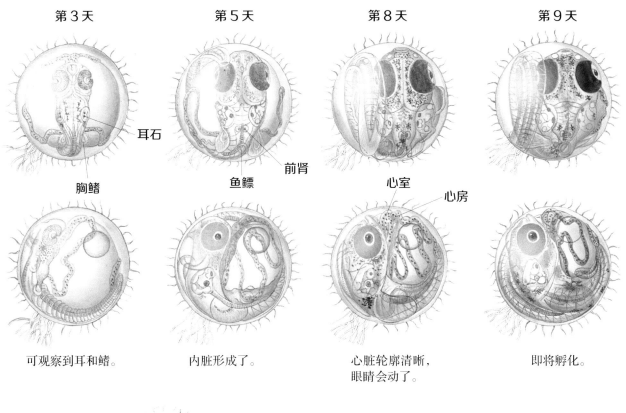

第3天

耳石

胸鳍

第5天

前肾

鱼鳔

第8天

心室

心房

第9天

可观察到耳和鳍。

内脏形成了。

心脏轮廓清晰，
眼睛会动了。

即将孵化。

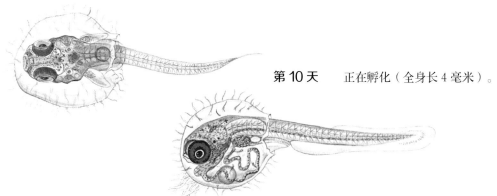

第10天　　正在孵化（全身长4毫米）。

鱼卵的整个表面上都长有细毛。图中为了能更好地阐明鱼卵的结构，细毛仅画在了鱼卵周围。

观察和实验

青鳉不仅是观赏鱼，它还是日本最引以为豪的、最有名的一种实验动物。它们以 "MEDAKA" 这个名字通行世界。

经典的实验动物

青鳉很容易在小型容器中喂养，繁殖迅速，因此它们被广泛用于各种研究。大学和研究所会根据青鳉的产地、体质和性情等进行分类繁殖。青鳉可用于研究水中的农药量和有毒物质，为人类的安全做出了巨大的贡献。

另外，小朋友也能喂养青鳉，所以它们也可用于教学。这里主要介绍几种简单的实验和观察内容。

其他的实验和观察
逐渐适应海水的实验（见第 5 页）
色素遗传的实验（见第 9 页）
鱼卵发育的观察（见第 24~25 页）

体色变化的实验

这类实验需要用到深色青鳉。首先，准备好两个杯子、一张黑纸和一张白纸，纸的长边比杯内周长稍长，短边比杯子略高，将纸卷成一个圈，分别置入杯中。再将青鳉分别放入两个杯子并开始计时。5 分钟后，同时撤去杯中的纸，观察比较青鳉身体的颜色吧。

可以比较鱼身从黑变白、从白变黑的速度，还可以通过调节房间亮度来观察。

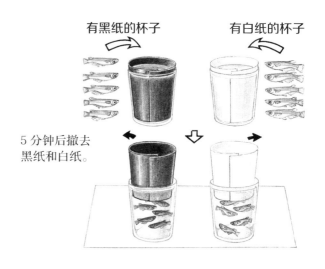

有黑纸的杯子　　　有白纸的杯子

5 分钟后撤去黑纸和白纸。

观察产卵行为

青鳉通常在清晨产卵，所以要想观察产卵，就需要早起或者早些去学校观察了。青鳉需要通过光亮分辨清晨是否到来，因此只要通过调节光亮来控制青鳉产卵，就不用那么早起了。

不必早起也能观察
比如，我们可以把水族箱放在阴暗的地方，想观察的时候开灯就可以了。或者用黑色的布把水族箱盖上，等你把布拿开，它们就会开始产卵了。

产卵数
雌青鳉每天会产下 10~20 枚卵，偶尔也会少至五六枚或多至四五十枚。一年算下来，就有 1000~2000枚了，据说有的一年还会产下不止 3000 枚卵呢。

逆流游泳

　　如果把青鳉从水族箱中移动到洗脸盆中，它们会向四周游动。这时你可以用手指连续在水里搅动，形成一定方向的水流后，就能看到青鳉鱼群会逆着水流的方向游泳。

　　逆流游泳的是不是只有青鳉呢？你也可以用泥鳅和金鱼等其他的鱼试试看。

旋转条纹纸实验

　　这个实验可用来考察青鳉的视力。我们可以把青鳉放入透明杯子中，外围覆套一圈条纹纸，然后开始转动条纹纸。随后就能看到青鳉会追随条纹开始游动。你也可以加速转动条纹纸，看看会发生什么。

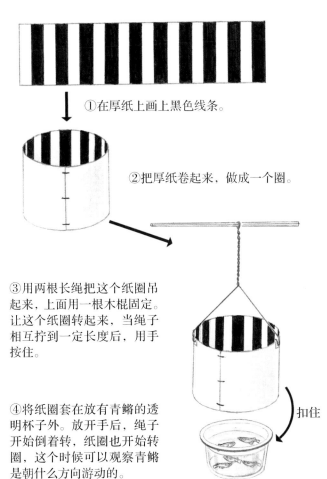

①在厚纸上画上黑色线条。

②把厚纸卷起来，做成一个圈。

③用两根长绳把这个纸圈吊起来，上面用一根木棍固定。让这个纸圈转起来，当绳子相互拧到一定长度后，用手按住。

④将纸圈套在放有青鳉的透明杯子外。放开手后，绳子开始倒着转，纸圈也开始转圈，这个时候可以观察青鳉是朝什么方向游动的。

扣住

镜子实验

　　在水族箱中放一面镜子。青鳉具有领地意识，看到镜中的自己，就会以为是同伴，进而游过去啄或者攻击。此实验也可以看出，青鳉虽然眼睛很大，但视力却差得很。

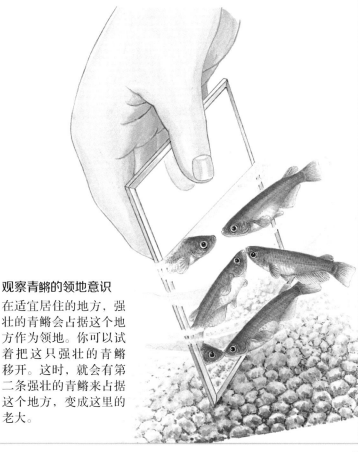

观察青鳉的领地意识
在适宜居住的地方，强壮的青鳉会占据这个地方作为领地。你可以试着把这只强壮的青鳉移开。这时，就会有第二条强壮的青鳉来占据这个地方，变成这里的老大。

太空青鳉

日本青鳉还曾经同日本首位女宇航员向井千秋一起飞到了太空中。它们产的卵在太空中孵化，是第一种在太空繁殖的脊椎动物。

第一种在太空繁殖的脊椎动物

迄今为止，已经有狗、老鼠、猴子等许多动物飞往太空。青鳉体轻个小，喂养条件简单，就算在狭小的水族箱中，只要条件允许也可以每天产卵，很快便可孵化出来了。因此，日本青鳉被选为用于研究繁殖的实验动物，于1994年7月乘坐"哥伦比亚号"航天飞机飞上太空，成为在太空中繁殖的第一种脊椎动物。

青鳉繁殖实验成功后，人们便开始逐渐了解到很多事。比如，青鳉孵化后3个月就成熟了，可以产卵。假设人在20岁就生孩子，那青鳉就在以人类80倍的速度传宗接代。也就是说，我们可以通过研究青鳉的10年生活来预测人类800年的太空生活。

为什么选青鳉

在日本青鳉飞向太空之前，1973年曾有底鳉飞往太空。然而，底鳉到了太空后不停地旋转，根本无法做繁殖实验。在失重的太空中，鱼儿们无法正常游动，只是不停地旋转。和向井宇航员一起飞往太空的日本青鳉是特别挑选出来的，在失重状态下也能游泳。

发现抗失重青鳉的是东京大学井尻宪一老师的研究团队。他们认为，宇航员对失重环境的适应程度不同，因此青鳉也应该有所区别。他们用不同基因的青鳉重复做无重力状态下游泳的实验，结果和预测的一致，果真存在一些青鳉拥有不管有无重力都可以游泳的基因。

飞往太空的4只青鳉

小太空（雄）　　　　未来（雌）

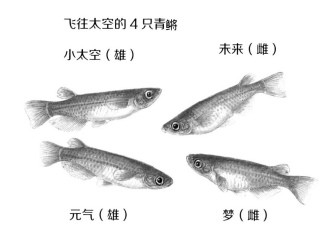

元气（雄）　　　　梦（雌）

在太空中孵化了8条稚鱼

在太空舱中，喂养青鳉的水族箱温度始终保持在24℃。这是为了让青鳉卵在短期的太空行程中能成长为稚鱼。航天飞机发射24小时后，青鳉就已经产了3枚卵，整个飞行过程共产下43枚卵。第12天的时候，向井宇航员发现了8条和青鳉妈妈一起游泳的小稚鱼。这就是第一次在太空中繁殖成功的脊椎动物！未孵化的卵中除5枚死亡外，剩余的都在返回地球后孵化成功。

太空青鳉的现状

　　飞往太空的 4 条青鳉、在太空中孵化出来的 8 条稚鱼，连同剩余的 30 枚鱼卵，都平安返回了日本。太空中无重力的生活和射线看起来没有对青鳉造成伤害，它们的子孙不断地繁殖着。现如今，这些太空青鳉的后代有的生活在日本的大学和研究所里，有的生活在各地的小学里，不断地延续着太空青鳉的生命。

面向未来

　　将来，人类也可能会在太空中生活。届时，作为食物来源，植物栽培和鱼类繁殖的相关研究进程也会被加快。也许，可以将日本青鳉的耐无重力基因转到金枪鱼和鳗鱼中去呢。青鳉在太空中的繁殖研究，是面向未来迈出的坚实的一步！

日本的青鳉

日本各地的青鳉，由于生长地域不同而拥有不同的基因。因为它们是被山和海隔离开来，在没接触过其他地域青鳉的情况下一代代进化而来的。

将青鳉分组

通过研究青鳉的基因，我们可以将之分为四大组，如下面地图所示。进一步调查发现，由于山和海等地理原因，南日本这一组又可分为9个组别。

有细微差别的青鳉们

如果不仔细辨别的话，日本各地的青鳉长得都差不多。其实，它们有细微的差别。例如，尾鳍上线条的数量，北方的少而南方的多。喜欢淡水还是咸水、水温多高、能否察觉到人，这些方面都有细微的差别。这些应该都是它们长期对环境适应的结果。最近，人们对基因的研究越来越深入，逐渐了解到这些差异是由基因决定的。

青鳉自己无法翻越高山。它们被大山隔离开来，在没有接触其他青鳉的情况下不断繁殖和进化，就形成了现在的地域差异。同时，除了新潟等一部分地区外，青鳉没有被当作食物大量捕捉，因此也没有被商人带到远处而发生杂交。

①东日本型 ②山阴型 ③东濑户内型 ④西濑户内型
⑤北部九州型 ⑥有明型 ⑦萨摩型 ⑧大隅型 ⑨琉球型

北日本组

东朝鲜半岛组

中国－西朝鲜半岛组

南日本组

日本青鳉的分布
青鳉属鱼类大都分布在印度、东南亚等热带地区（见第6~7页）。而青鳉大多生活在温带，在日本，最北可到青森县。现在还能在北海道函馆附近有温泉流入的小河里看到青鳉，但这是人为放生的。

关于青鳉分组的详细信息，引用了酒泉满老师的研究结果。

放生前请思考

"那条小河里已经没有青鳉了。"

"要是把从乡下抓来的青鳉在这里放生，没准儿它们就可以大量繁殖了。"

二三十年前，日本的自然环境维持得很好。也许内心深处渴望挽回当初美好的自然环境，人们特别容易产生放生动物、任其繁殖的想法。然而，这件事并没有你想的那么容易。

如果你将从远处捕来的青鳉放生，本土青鳉和新来的青鳉会产生后代，这些后代分别从双亲那里获得了一半基因。但这一过程不是长期自然选择的结果，而是通过人类的干预在短时间内完成的，也许会产生不符合地域环境的基因的后代。

我们无法预测放生产生的种种后果。这还有待科学家对自然环境和生物做更进一步的研究。但是我强烈呼吁，人类切不可轻易地去改变大自然经过亿万年演化至今的基因。

图书在版编目（CIP）数据

把大自然带回家 . 我想养条小青鳉 / (日) 小宫辉之
著 ; (日) 浅井粂男绘 ; 曹元译 . -- 北京 : 中信出版
社 , 2021.4
ISBN 978-7-5217-2646-6

Ⅰ . ①把… Ⅱ . ①小… ②浅… ③曹… Ⅲ . ①自然科
学—儿童读物 Ⅳ . ① N49

中国版本图书馆 CIP 数据核字 (2020) 第 260459 号

把大自然带回家 · 我想养条小青鳉

著　　者：[日] 小宫辉之
绘　　者：[日] 浅井粂男
译　　者：曹元
出版发行：中信出版集团股份有限公司
　　　　　（北京市朝阳区惠新东街甲4号富盛大厦2座　邮编　100029）
承 印 者：北京汇瑞嘉合文化发展有限公司

开　　本：889mm×1194mm　1/16　　印　　张：2　　字　　数：75千字
版　　次：2021年4月第1版　　印　　次：2021年4月第1次印刷
京权图字：01-2020-7610　　审 图 号：GS (2020) 6609号（本书地图系原文插附地图）
书　　号：ISBN 978-7-5217-2646-6
定　　价：179.00元（全9册）

出　　品：中信儿童书店
图书策划：知学园
策划编辑：隋志萍　　责任编辑：鲍芳　　营销编辑：张超　李雅希　王姜玉珏
封面设计：谢佳静　　内文排版：王哲　　审　　定：罗腾达

把大自然带回家

我想养些花花草草

［日］松原严树 著绘　边大玉 译

中信出版集团｜北京

目录

前言

　　上至榉树、樱花树等大型树木，下至堇菜等小型花草，植物的种类可谓是琳琅满目，丰富多彩。在这些花花草草之中，有些是多见于山野的野生物种，如堇菜、蒲公英等；而有些则是多用于点缀庭院或阳台的园艺品种，如郁金香、向日葵等。

　　在这本书中，我们按照春季播种的花草、秋季播种的花草、春季栽种球根的花草、秋季栽种球根的花草、冬季的盆栽花卉的顺序，对各个季节的园艺花草进行了重点的介绍。此外，我们还选取了大量精美的插图，对植物的播种方法、培育方式、花期养护、种子及球根的储存方法等进行了简单易懂的说明，并对养花时的观察要点、养花过程中的趣味游戏等也有所涉及。

　　尽管植物的培育过程需要我们投入一定的时间和精力，但只要精心地呵护这些花花草草，我们就能够由此发现许多植物身上的奇特属性和大自然的神奇奥秘哟！

一年生与多年生草本植物

适于春播及秋播的一年生草本植物

我们将春季播下种子，夏秋季节开花，秋末花落枯萎的植物，称为适于春播的一年生草本植物，如向日葵、牵牛花、大波斯菊等等。而在夏秋时节播种，第二年早春夏初开花，盛夏季节枯萎的植物，则被称为适于秋播的一年生草本植物，如金盏花、矢车菊、羽衣甘蓝等等。

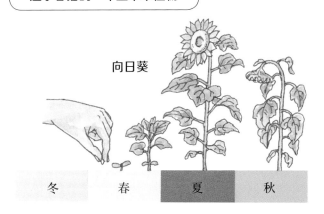

适于春播的一年生草本植物

向日葵

冬　春　夏　秋

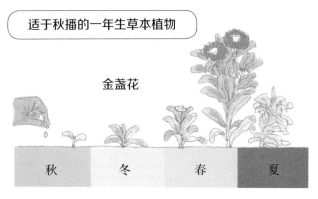

适于秋播的一年生草本植物

金盏花

秋　冬　春　夏

多年生草本植物

植物在开花结果之后，如果地上部分出现整体或部分死亡，而根或地下茎等地下部分却仍旧得以存活，并在来年继续发出新芽、重新开花的话，那么这种植物就被称为多年生草本植物，其中包括宿根植物和球根植物。

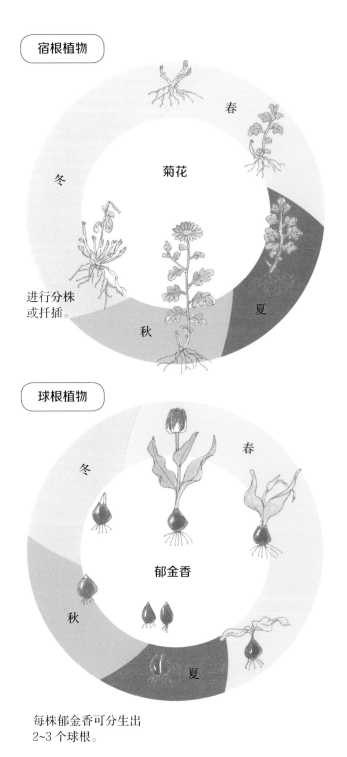

宿根植物

菊花

春　夏　秋　冬

进行分株或扦插。

球根植物

郁金香

春　夏　秋　冬

每株郁金香可分生出2~3个球根。

种子发芽的条件

水分：只有吸收到了充足的水分，种子才能成功发芽。以香豌豆或牵牛花为例，由于其种皮较为坚硬，因此需要提前将种皮划开，才能便于种子吸饱水分，否则它们可是无法发芽成功的。

温度：大部分种子适宜的发芽温度在 15~25℃。具体来说，三色堇发芽温度为 15~18℃，羽衣甘蓝的发芽温度为 20~25℃，而鸡冠花和牵牛花的发芽温度则需要保持在 25℃左右。

阳光：虽然大多数种子的发芽情况与光照条件并无关系，不过自然界中也总是会有一些特殊的存在，比如碧冬茄的种子在发芽时必须满足一定的光照条件，而香豌豆的种子却只能在无光照的条件下成功发芽。

球根植物

所谓球根，是指植物因储存养分而出现变态肥大的地下部分（如根、茎、叶等）。其中根部肥大者被称为块根，如大丽花等；茎部肥大者又可分为球茎、根茎和块茎三种，如剑兰、番红花属于球茎，美人蕉属于根茎，仙客来属于块茎；至于叶片肥大者则被称为鳞茎，如百合花、郁金香、水仙、朱顶红、风信子等。

栽种番红花时，泥土只需要盖过球根，将之浅埋即可，而百合类的花卉由于生有纤维状的上盘根，因此在栽种过程中需要比其他球根埋得更深一些。

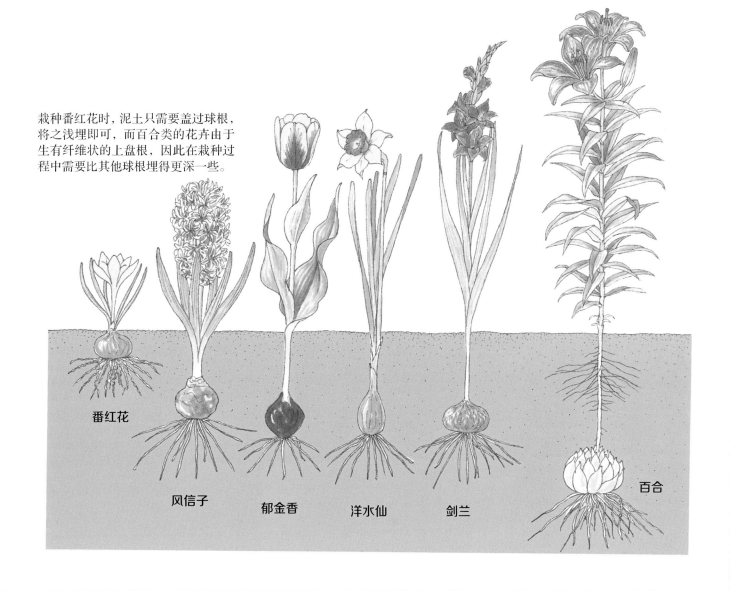

番红花

风信子　郁金香　洋水仙　剑兰　百合

播种的基本常识及常用工具

播种的位置及方法

播种的时候，我们既可以选择直接在花圃或者田地里播撒种子，也可以先将种子种在深度较浅的花盆或箱子内，待其成功育苗后再移栽至花圃或田地中。在实际操作中，我们需要根据种子的大小及植物的特性，挑选出不同植物适合的播种方式，然后再通过撒播或者条播的方法来进行播种。

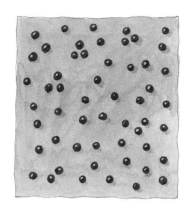

撒播

指尖轻捏种子并均匀地分撒播种。在花盆或箱子内播种时常用此法。

条播

沿着浅沟分撒播种并盖好泥土，泥土深度以埋住种子为宜。在直接播种或在箱子内播种时常用此法。

适于直接播种的植物及其播种顺序

人们将主根粗壮明显且笔直生长的植物称为直根系植物，如香豌豆、羽扇豆等。由于直根系植物不耐移栽，因此需要进行直接播种。

翻土施肥。

再次加土。

播种。

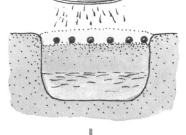

土壤过筛将种子覆盖，厚度保证在2~3毫米为宜。

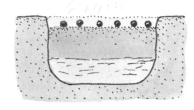

用喷水壶浇透土壤。

育苗播种的优点及其方法

育苗播种具有很多优点，如能够帮助我们在狭窄的空间内成功育苗，而且还能通过移栽等手段使得植物的根系生长更　为繁茂，等等。

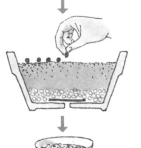

准备播种所需的土壤。

铺入盆底垫石（如中等颗粒大小的赤玉土等）。

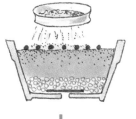

采用撒播的方式进行播种。

土壤过筛入盆，厚度以能够盖住种子（2~3毫米）为宜。

在脸盆中倒入清水，确保花盆底部能够吸收到水分。另取报纸盖于花盆表面，并将花盆移放至光线充足且不被雨淋的地方。

待种子发芽后，取下报纸并将花盆从脸盆中移出，使其接受阳光的照射。

当幼苗长出2~3片真叶时，将其移栽至塑料育苗杯中。

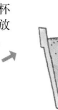

在育苗杯的底部放入网垫。

在插牌上标注植物的名称。

待真叶长到5~6片时，将幼苗换至大盆，完成定植。

种植花草所需的用具

以下均为播撒种子、搭建花圃或打理花草时所要用到的工具。

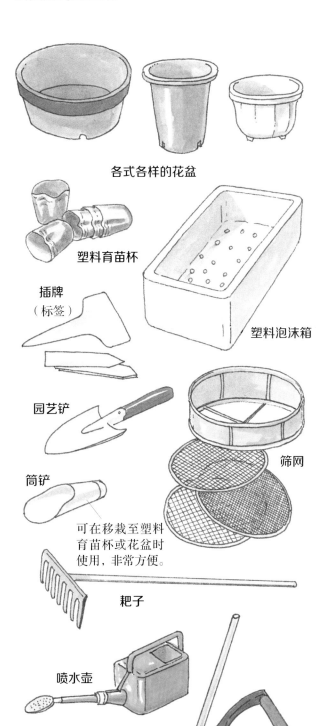

各式各样的花盆

塑料育苗杯

插牌（标签）

塑料泡沫箱

园艺铲

筛网

筒铲

可在移栽至塑料育苗杯或花盆时使用，非常方便。

耙子

喷水壶

铁锹

锄头

春季播种的花草

向日葵

向日葵是原产于北美地区的一年生草本植物。由于其巨大的黄色花盘看起来很像一轮明亮的太阳，所以非常适合作为夏季的代表性植物。不仅如此，向日葵的种子还可以作为食物或用于榨油。

	1月	2月	3月	4月	5月	6月	7月	8月	9月	10月	11月	12月
播种				▓	▓							
开花							▓	▓	▓			

仅外侧边缘长有大大的花瓣。

虽然向日葵从外表来看很像是一朵大大的花，但其实这朵"大花"却是由 1000 多朵小花聚集开放所形成的花盘。

向日葵的播种与培育

每年的 4~6 月，我们就可以以直接播种的方式播种向日葵了。播种时需挑选饱满坚硬、种形较大的葵花籽进行种植，如希望花盘较大，则播种时间可选在 4 月。虽然向日葵在日照充足的环境下就可以健康成长，不过由于其长大后体形较大，所以在挑选种植地点时需提前考虑是否会妨碍其他花草的生长。另外值得注意的是，在给向日葵施加底肥时，堆肥或化肥的投放深度应控制在 20~30 厘米。

葵花籽需横向播种。

50 厘米~1 米

用手指挖出一个深度在 2 厘米左右的小洞。

在每个小洞中播下 2~3 粒种子，大约 1 周后就会发芽。一段时间后拔除部分幼苗，仅留下壮苗。

待种皮脱落后，子叶展开。

长出真叶，且第一对真叶的生长方向与子叶相互垂直。

在追肥时，可将 2 茶匙左右的化肥施于植株的根部。

盆栽向日葵

对于某些品种的向日葵来说，盆栽环境下其花盘大小可长至15~17厘米，而植株高度却仅有40厘米左右。

一旦开花，向日葵就不会再继续长高了。

花蕾

葵花籽的采摘和保存

当发现向日葵花瓣枯萎、花盘隆起且种皮颜色变深时，我们就可以将花盘切下来了（注意，切取花盘时需保留一小段茎部）。将切下来的花盘吊挂在不会被雨淋到的地方，待其晒干后取下种子。

较大的向日葵花盘一次可取下 1000余粒种子。我们将取下来的种子装入罐子或布袋并标好名字之后，就可以将这些种子放在阴凉处进行保存啦。

株形较大的向日葵高度可达 2~3 米，可开出花盘 3~5 个。其中长在植株顶端的花盘个头最大，直径甚至会在 30 厘米左右。

大波斯菊

大波斯菊是原产于墨西哥的一年生草本植物，也称"秋英"或"秋樱"。其花形较大，花朵直径可达10厘米以上，花色可分为红、粉、白等多种颜色。

	1月	2月	3月	4月	5月	6月	7月	8月	9月	10月	11月	12月
播种												
开花												

大波斯菊的播种与培育

由于大波斯菊的植株较为强健而且易于培植，因此无论是直接播种还是先将种子撒入花盆，待幼苗长大后再行移栽，大波斯菊都能够生长得非常苗壮。

在选择直接播种时，播种的位置需光照充足且排水良好，土壤也需要提前翻耕。

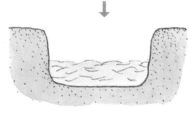

在土壤下20~30厘米处施入腐叶土、堆肥或化肥等肥料。

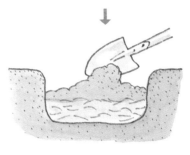

在肥料上铺上土壤。

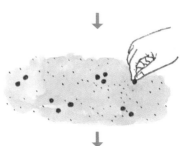

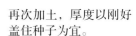

每次播种3~5粒，且播种间隔需保持在20~30厘米。

再次加土，厚度以刚好盖住种子为宜。

大约5天后种子发芽，长出子叶。

待真叶展开以后，进行间苗（疏苗），拔掉多余的植株，每处仅保留一株壮苗即可。

延长花期的方法

错开播种时间，能够帮助我们改变大波斯菊的植株高度及开花周期。

播种时间越晚，植株开花时高度越矮。

播种时间	开花时间	植株高度
4~5 月	7~8 月	90~150 厘米
6~7 月	9~10 月	50~70 厘米
8~9 月	10~11 月	20~40 厘米

大波斯菊的近亲

黄花波斯菊

大波斯菊的近亲之一，花期为 7~8 月的酷暑时节，花瓣呈黄、橙等色。与大波斯菊相比，黄花波斯菊的叶片会更宽一些。

巧克力波斯菊

巧克力波斯菊属于宿根植物（多年生草本植物），一旦种植成功，每年都会开出漂亮的花朵。而更为神奇的是，这种植物不仅花瓣呈巧克力色，而且花香也是巧克力味道的呢！

栽种方式与大波斯菊相同的植物

法国万寿菊（又名孔雀草）

万寿菊（又名臭芙蓉）

百日菊（又名百日草）

鸡冠花

鸡冠花是原产于亚洲热带地区的一年生草本植物，茎部顶端开有数朵小花。由于各品种的花色、花形及花期多种多样，观赏期可从夏季一直持续到霜降时节。

	1月	2月	3月	4月	5月	6月	7月	8月	9月	10月	11月	12月
播　种												
开　花												

普通鸡冠花　　　　　凤尾鸡冠
　　　　　　　　　（又名火炬鸡冠）

鸡冠花的播种与培育

由于鸡冠花的种子很小，直接播撒较为困难，所以我们需要先将种子放在纸上，然后再小心地撒进土里。在浇水时，我们同样不能使用喷水壶直接喷洒，而是应该将花盆放在装有水的脸盆或其他容器中，确保水分能够从花盆底部被吸收。

小颗粒赤玉土或市面有售的播种专用土

中等颗粒的赤玉土

将种子放在明信片等较硬的纸上并用手指轻弹纸面，均匀地播撒种子。

由于光照条件下，鸡冠花种子无法发芽，因此需要给种子盖上一层土壤。

> 碧冬茄（参见第19页）和一串红的种子只有在光照条件下才能发芽，因此不需要额外盖土。

将花盆放在盛有水的容器之中，确保水分能够从花盆底部得到吸收。

在花盆表面盖上报纸，以防止水分蒸发过快。此外，花盆还应选择不受雨淋、气温舒适的环境进行摆放。

大约 8 天后种子发芽。

发芽后应取下报纸，保证充足的光照。

在幼苗长出 1~2 片真叶时，我们就可以用镊子或竹片将幼苗小心地分株移栽至塑料育苗杯里了。注意，育苗杯中的土壤直接选择园艺土较为方便。

用手指按压
育苗杯底部

待幼苗长出 4~5 片真叶后，我们就可以将其从育苗杯中取出（尽量不要将育苗杯底部中的土块弄散），并移栽至花盆中了。另外，在取出幼苗时，建议大家可以试着用食指和中指将幼苗轻轻夹住，这样一来就能很轻松地将幼苗连同土块一起拔出育苗杯杯啦。

盆栽

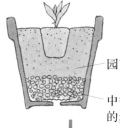

园艺土

中等颗粒
的赤玉土

使用园艺土栽种时无须额外添加肥料。

花圃

将幼苗移栽（定植）到花圃时需事先施底肥，即在土深约 20 厘米处混入堆肥或化肥。

栽种方式与鸡冠花相同的植物

环翅马齿苋、大花马齿苋、雁来红、一串红等植物都可以采用上述方式进行育苗。当然，从花店购买现成的幼苗带回家种植也是没有问题的。

环翅马齿苋（又名阔叶半枝莲）

大花马齿苋

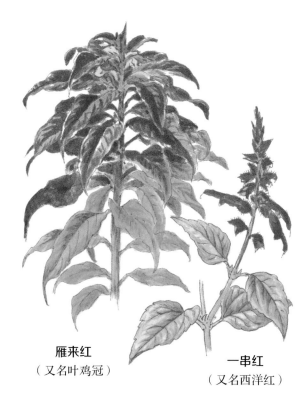

雁来红
（又名叶鸡冠）

一串红
（又名西洋红）

凤仙花

凤仙花是原产于中国、印度、马来西亚的一年生草本植物。在日本，凤仙花的种植始于17世纪，其花汁可用于给指甲染色。常见红、白、粉、紫或混色等多种颜色，花色丰富。

	1月	2月	3月	4月	5月	6月	7月	8月	9月	10月	11月	12月
播种				▨								
开花						▨	▨	▨	▨			

凤仙花的播种与培育

到了不会下霜的4月下旬，我们就可以对凤仙花进行播种了。无论是直接播种，还是先将种子撒入花盆，待幼苗长大后再行移栽，凤仙花都能生长得非常茁壮。

在花盆底部放上一些中等颗粒的赤玉土，然后再在其上面铺上播种专用土或小颗粒的赤玉土即可。

播下种子并盖上一层泥土，泥土厚度应在2~3毫米。

真叶

双子叶

大约5天后种子发芽。

当幼苗长出2~3片真叶时，我们就可以将其分株移栽至塑料育苗杯里了。

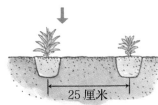

25厘米

待幼苗长出5~6片真叶后，我们就可以将幼苗移栽至花圃中了。

注意，移栽后的植株间隔在25厘米左右为宜。

直接播种时

选择直接播种时，我们可以在同一位置播撒数粒种子。

观察幼苗的生长情况，在每处位置仅保留一株壮苗，并在壮苗长出5~6片真叶后进行分株移栽。

一起来观察

叶片的排列方式

植物叶片中的叶绿素能够在阳光下自行合成植物生长所需的养分。因此，为了能够让植物最大限度地接收到阳光的照射，叶片也就产生了自己独特的排列方式。

右图为凤仙花叶片的俯视图。由此可见，凤仙花叶片的这种排列方式能够使每一片叶子都最大限度地接收到阳光的照射。

运输水分及养分的通道

根系从土壤中吸收的水分及养分是借助什么通道来进行运输的呢？让我们做个实验看看吧。

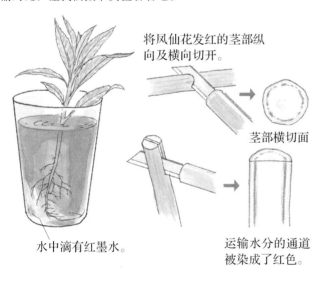

将凤仙花发红的茎部纵向及横向切开。

茎部横切面

水中滴有红墨水。

运输水分的通道被染成了红色。

弹射出去的种子

凤仙花的果实在成熟后会自动裂开，将种子远远地弹射出去。

如果发现了这种果实的话，我们不妨试着用手轻轻地捏捏看。

能够弹射种子的植物

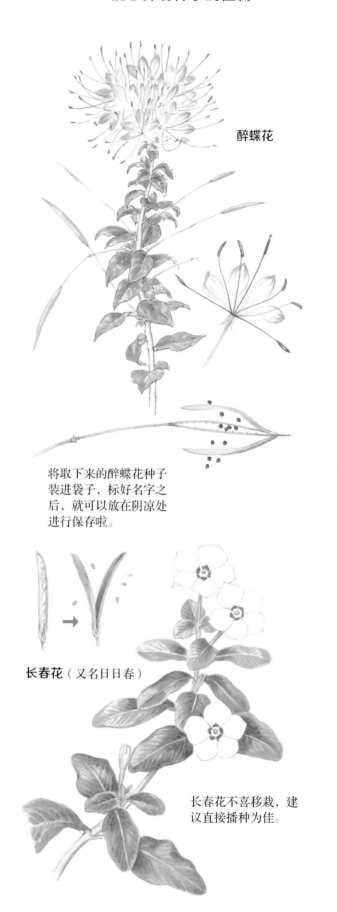

醉蝶花

将取下来的醉蝶花种子装进袋子，标好名字之后，就可以放在阴凉处进行保存啦。

长春花（又名日日春）

长春花不喜移栽，建议直接播种为佳。

牵牛花

牵牛花是原产于亚洲及美洲大陆炎热地带的一年生草本植物,其花朵一般会在清晨开放,中午闭合枯萎。事实上,远在 8 世纪,牵牛花就已经作为草药被引入日本。

	1月	2月	3月	4月	5月	6月	7月	8月	9月	10月	11月	12月
播 种					▨	▨						
开 花							▨	▨	▨			

牵牛花的播种与培育

牵牛花一般适于在每年 5 月进行播种。由于其种子较为坚硬,因此播种前需要先在水中浸泡一晚。此外,我们也可以事先在种皮上割开小口,或者将割有小口的种子放在水中浸泡一夜后再行播种,以确保同批种子的发芽时间能够大致相同。

割开小口。
种脐

在深度 1.5 厘米左右的小坑中放入种子(种脐朝下),盖好土壤。

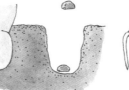

摆放在光照充足且不被雨淋的地方。

待种子发芽长出子叶后,移栽至塑料育苗杯中。注意,移栽时一定多加小心,尽量不要碰伤幼苗的根系。

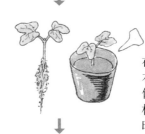

在松软的土壤中混入 4 成左右的园艺土或腐叶土后,我们就可以将幼苗移栽至育苗杯了。注意,在给幼苗施肥时可选用稀释 1000 倍后的液体化肥,且施肥频率应保持在每月 3 次左右。

待幼苗长出 4~5 片真叶后,我们就可以将其连同育苗杯中的土壤一起移栽入盆了。

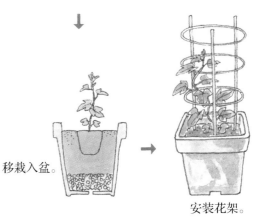
移栽入盆。
安装花架。

牵牛花茎的缠绕方向及花蕾的旋转方向

俯看牵牛花时，其茎部的缠绕方向为逆时针的左旋式缠绕。

牵牛花的茎部长有许多方向朝下的细小茸毛。

俯看牵牛花时，其花蕾呈顺时针的右旋式旋转。

牵牛花的开花与结果

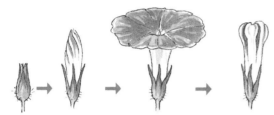

花蕾　一般凌晨3点左右，花朵开始绽放。　一般正午时分，花朵枯萎闭合。

成熟后的果实呈黄色。　果实膨大。　花朵脱落。

种子

长在下端的花朵最先绽放。

真叶

子叶

用牵牛花来做个游戏吧

吹气球

枯萎闭合后的牵牛花是可以像气球一样被吹起来的。

制作染色花汁

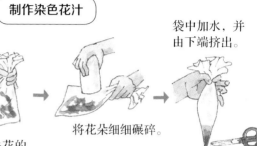

袋中加水，并由下端挤出。

将花朵细细碾碎。

将牵牛花的花朵放在塑料袋中。

将白色的手帕浸泡在刚刚挤出的牵牛花汁里，手帕就会被染成牵牛花的颜色。

制作漂亮的植物拓印

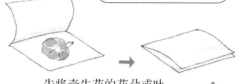

先将牵牛花的花朵或叶子夹在图画用纸中。

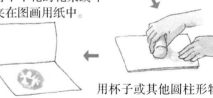

用杯子或其他圆柱形物体用力地压过整个纸面，牵牛花的色彩和形状就会完整地保留在纸上了。

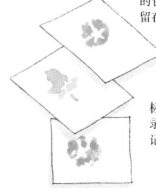

标好日期后，就可以记录一篇篇生动的观察日记啦。

紫茉莉

紫茉莉是原产于美洲大陆的一年生草本植物，耐旱能力较强，在荒野中也能茁壮成长。一般多在傍晚时分开花，第二天清晨凋谢。在日本，由于人们经常将紫茉莉果实中的白色粉末涂在脸上用于化妆，因此这种植物也被人称为"白粉花"。

	1月	2月	3月	4月	5月	6月	7月	8月	9月	10月	11月	12月
播　种				▨	▨							
开　花							▨	▨	▨	▨		

由于紫茉莉多在下午 4 点左右盛开，因此英语中也将其称为"four o'clock"（四点钟）。

紫茉莉的种子在成熟后会逐个掉落下来，故需要尽早摘取。

紫茉莉的播种与培育

紫茉莉一般适于在每年 4~5 月进行播种。紫茉莉生命力顽强，即便种子掉在地上也能够顺利发芽，因此多采用直接播种的方式进行培育。此外，由于紫茉莉在生长时枝条会横向伸展，故每 2~3 粒种子之间的间隔应在 50 厘米左右为宜。

盖上细土，厚度以刚好遮住种子为宜。

↓

每月施肥 1 次，每次施肥时取 1~2 勺化肥施于植株根部即可。

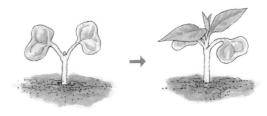

大约 10 天后种子发芽。

待幼苗长出 4~5 片真叶后拔除部分幼苗，每处仅保留一株壮苗即可。

观察紫茉莉花的内部结构

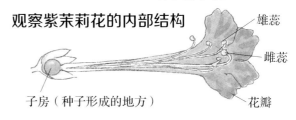

子房（种子形成的地方）

雄蕊

雌蕊

花瓣

紫茉莉的种子里真的会有香粉吗？

种子

种子的纵剖面

取出种子中的白色物质并用手揉搓之后，我们就得到了一种很像香粉的白色粉末。

在古代的日本，小孩子们经常会收集紫茉莉种子中的白色粉末并涂在脸上，假装自己像大人一样化妆呢。

碧冬茄

碧冬茄（也叫矮牵牛）是原产于南美洲炎热地带的一年生草本植物。由于其花期较长，而且花形、大小及颜色多种多样，因此很适合在夏季用于装饰花坛或点缀窗边。

	1月	2月	3月	4月	5月	6月	7月	8月	9月	10月	11月	12月
播种				■	■	■						
开花							■	■	■	■		

碧冬茄的播种与培育

碧冬茄的种子极小，因此建议在泥炭土中进行播种。

我们需要在吸饱水分的泥炭土中进行播种（充分吸水后的泥炭土厚度会膨胀至原本的 3 倍左右），而且播种后无须在种子上覆盖土壤。如果没有泥炭土，我们也可以将 3 成左右的过筛腐叶土混入小颗粒赤玉土中用于播种。此外，育苗盆需放置在不被雨淋的明亮环境下，大约 10 天后即可发芽。

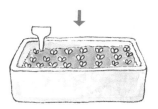

待子叶充分展开之后，我们就可以用镊子或竹片将幼苗移栽至平底箱中了。注意，移栽后各株幼苗之间应保持 5 厘米左右的间隔。

移栽至平底箱或方形花盆时使用园艺土即可。如果手头没有园艺土的话，我们也可以在小颗粒赤玉土中混入 4 成左右的过筛腐叶土，然后再在其中加入 10 克化肥以供移栽使用。此外，我们在给幼苗施肥时可选用稀释 1000 倍的液体化肥，且施肥频率应保持在每 10 天 1 次。

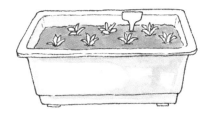

待幼苗长出 6~7 片真叶后，我们就可以将其移栽至方形花盆中了。注意，移栽后各株幼苗之间应保持 20~25 厘米左右的间隔。

延长花期的方法

由于碧冬茄不耐雨水，所以只要尽量保证其不受雨淋，我们就能够较长时间地欣赏到漂亮的花朵。另外，如果在夏天的时候发现碧冬茄的花朵有些打蔫，我们也可以将其剪下，这样一来，碧冬茄反而会重新长出花芽，并在秋天再次绽放。

花形较大的碧冬茄适于在方形花盆中进行种植，花形较小、花团锦簇的品种则适于栽种在吊盆或花坛里。

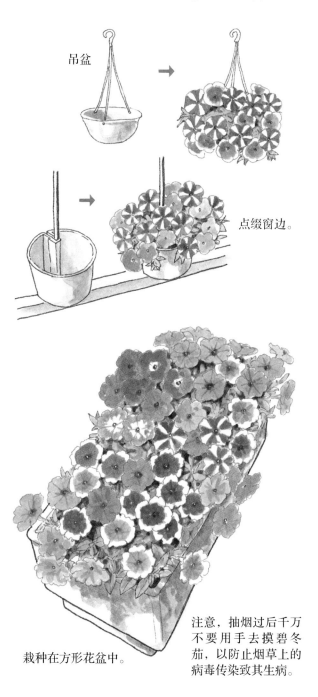

吊盆

点缀窗边。

栽种在方形花盆中。

注意，抽烟过后千万不要用手去摸碧冬茄，以防止烟草上的病毒传染致其生病。

灯笼果

灯笼果（学名酸浆，在中国又称作"红姑娘"）是原产于日本、朝鲜半岛及中国北部地区的多年生草本植物，其萼片很像是一个个小小的袋子，而且每个袋子里都长着一颗结满了种子的果实。在日本，"鬼灯节"（盂兰盆节）上出售的灯笼果可是夏天一道靓丽的风景。

	1月	2月	3月	4月	5月	6月	7月	8月	9月	10月	11月	12月
播种				■								
开花							■	■	■			

灯笼果的播种与培育

一般多采用根状茎营养繁殖的方式进行培育。

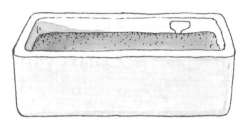

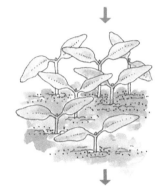

每年4月气温转暖，我们便可以采用撒播或条播等方式将灯笼果的种子播种在育苗箱等容器中了。注意，育苗箱需要放在不被雨淋的温暖环境中。

灯笼果的种子大约会在2周后破土发芽。一旦种子发芽，我们就可以选用稀释1000~2000倍的液体化肥来进行施肥了。

待幼苗长出4~5片真叶后即可进行移栽定植，而且移栽后，各株幼苗的间隔应保持在15~20厘米。值得注意的是，移栽前我们还需要在土壤中事先施底肥，即在土深约20厘米处混入堆肥或化肥。移栽成功后建议使用液体肥料进行追肥，频率以每周1次为宜。

根状茎营养繁殖

灯笼果会通过根状茎的不断生长来进行繁殖。每年5月前后，我们可以请种有灯笼果的朋友切下一部分根状茎送给自己，然后就可以拿回家种植起来啦。

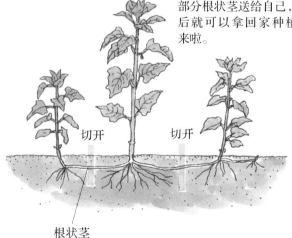

切开　　切开

根状茎

灯笼果的开花和结果

叶片根部开出白色的小花，而且花头是朝下的。

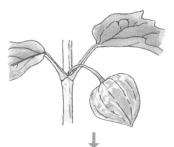

花朵凋谢后，萼片逐渐膨大，变成一个小小的袋子。

萼片（袋子）不断变大。

8、9月，萼片由绿转红，里面的果实也会变成红色。

灯笼果上的虫子

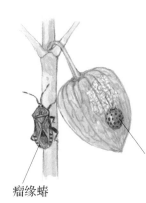

酸浆瓢虫和瘤缘蝽经常会趴在灯笼果上啃食叶片或果实，所以一旦发现这些虫子的身影，就要赶快消灭干净！

瘤缘蝽

酸浆瓢虫（因其身上有28个黑点，也叫作二十八星瓢虫）

用灯笼果来做个游戏吧

灯笼果吹哨子

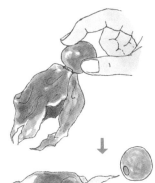

① 取一粒成熟的灯笼果小心揉搓，注意不要把果子搓破。

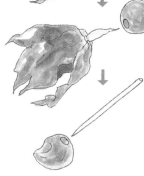

② 待果子变软后，轻轻拔去萼片，并用牙签将果瓤清理干净。

③ 将灯笼果小孔朝外放在舌头上，向内吸气使其充气，牙齿轻咬便会发出声响。

制作和服娃娃

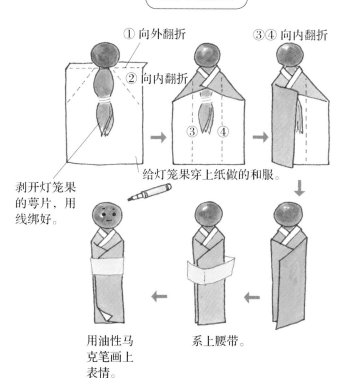

剥开灯笼果的萼片，用线绑好。

① 向外翻折
② 向内翻折
③④ 向内翻折

给灯笼果穿上纸做的和服。

用油性马克笔画上表情。

系上腰带。

秋季播种的花草

三色堇

三色堇是原产于北欧地区的一年生草本植物，适合于秋季播种，大约在 19 世纪中期传入日本。其花形较小、花团繁密的品种又称为小花三色堇。

	1月	2月	3月	4月	5月	6月	7月	8月	9月	10月	11月	12月
播　种								█	█			
开　花	█	█	█	█	█					█	█	█

三色堇的播种与培育

如果想在秋天就欣赏到三色堇开出花朵的话，我们就要在 8 月来进行播种。由于此时气候较为炎热，因此播种时需要保证环境的凉爽，否则很可能会发芽失败。此外，我们也可以选择在花店直接购买花苗进行种植。

由于三色堇的植株在秋季也不会生长得过于巨大，所以此时栽种得紧密一些反而会更加好看。不过如果选择在春季进行种植的话，建议大家还是要在植株之间空出一定距离。

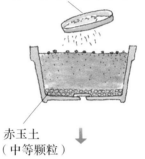

将土壤过筛后撒在种子上。

赤玉土（中等颗粒）

可选择小颗粒赤玉土或园艺蛭石（花店有售）进行播种。在播种时，只需将种子均匀撒在盆土中后，再用过筛土盖住即可。

种子是蚂蚁最喜爱的食物之一，因此在播种时一定要小心不要让蚂蚁爬入。在播种完毕以后，我们可以将花盆放入盛水的脸盆中，使花盆能够从底部吸取水分。注意，在种子发芽之前千万不能缺水。

在花盆上盖好报纸之后，我们就可以将花盆摆放在不受雨淋的阴凉位置了。经过 7~10 天左右种子发芽，待全部幼苗都已破土，我们就可以将花盆从脸盆里端出来，放在阳光下晒晒太阳啦。

在幼苗长出 2 片真叶以后，我们就可以将其分株移栽至平底箱（幼苗间隔 5 厘米左右）或塑料育苗杯（直径 7.5~9 厘米）中了。此外，建议大家选用稀释 1000 倍的液体化肥进行施肥，且施肥频率在每周 1 次为宜。

待幼苗长出 4~5 片真叶后，我们就可以将其移栽至花坛或花盆中了。需要注意的是，如果选择花坛进行移栽的话，土壤中可是要提前混入堆肥或者化肥的。不仅如此，在比较寒冷的地区，我们还需要做好防霜等保护措施。此外，由于三色堇的花期较长，开放期间花朵争相斗艳，因此建议大家每个月都要施肥 2 次。

弹射出去的种子

花朵凋谢后需要尽快摘掉，否则一旦结出果实，植株营养跟不上，恐怕就再也开不出漂亮的花了。

如果一直留着花不摘的话，三色堇就会结出豆荚状的果实，而且果实成熟后还会裂为三瓣，种子也会随之弹射出去。

花形较小的三色堇——小花三色堇

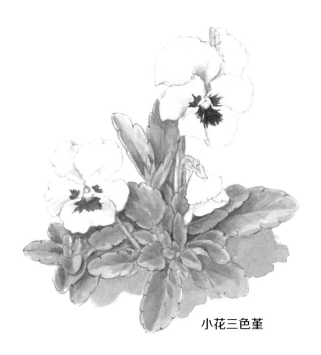

小花三色堇

羽衣甘蓝

羽衣甘蓝的播种与培育

每年 8~9 月进行播种。

将种子均匀地撒在播种专用土上，然后再筛入一层厚度 5 毫米左右的土即可。

盖上报纸，并确保花盆能从底部吸收到水分，然后将花盆摆放在向阳的位置。

大约 5 天后种子就会发芽。种子发芽后，即可将花盆从水中取出并掀去报纸。此外，育苗时土壤应保持微微干燥为宜。

当幼苗长出 1 片真叶时，我们就可以将其移栽至育苗箱中了。注意，育苗箱中各株幼苗之间的距离应保持在 3 厘米左右。等到幼苗长出 4~5 片真叶以后，我们就可以将其分株移栽至直径为 9~10.5 厘米的塑料育苗杯中了。

在培育过程中，我们除了要小心幼苗不被雨淋之外，考虑到羽衣甘蓝的根系经常会从育苗杯的底部钻出，因此也需要不时地更换一下摆放的位置。

将幼苗移栽至方形花盆或花坛中即可。

当缺乏肥料时，羽衣甘蓝下部的叶片会逐渐发黄，因此需要经常使用稀释1000 倍的液体肥料来进行追肥。

金盏花

金盏花是原产于南欧的一年生草本植物，适合于秋季播种。花黄色或橙黄色，重瓣，耐寒能力较强。在气候温暖的地区，可以称得上是早春季节花田里的当家花旦。

	1月	2月	3月	4月	5月	6月	7月	8月	9月	10月	11月	12月
播种												
开花												

金盏花的播种与培育

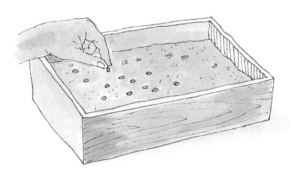

每年9月中下旬到10月进行播种，具体方式不限，采用直接播种或育苗播种均可。播种后10天左右种子就会发芽。另外，做好除霜工作，来年3~4月即会顺利开花。

如果采用育苗播种的话，可在幼苗长出2~3片真叶后将其移栽至塑料育苗杯或平底箱中。另外需要注意的是，幼苗非常不耐寒冷。

将幼苗连同育苗杯中的土壤一起移栽入盆。

夜晚时可将幼苗搬至屋内御寒。

园艺土

赤玉土

在气候温暖的地区，到了11月前后，我们就可以将幼苗移栽至花坛中了。注意，移栽后的幼苗间距应保持在20厘米。由于金盏花不喜欢酸性的土壤，所以我们需要在移栽前10天左右在花坛内撒入石灰。另外，冬季气温较低时还可进行防霜工作（参见第26、27页），以保证金盏花长势良好。

冬季时建议将化肥施于植株根部1~2次即可。自来年3月起，金盏花就会陆续开放出美丽的花朵了。

矢车菊

矢车菊是原产于欧洲东南部至亚洲西部的一年生草本植物，其茎部及叶片都有茸毛覆盖。在温暖地区可于秋季播种，而寒冷地带的播种则需在春季进行。

	1月	2月	3月	4月	5月	6月	7月	8月	9月	10月	11月	12月
播 种									▨			
开 花				▨	▨							

也被称为"矢车草""蓝芙蓉"。

矢车菊的播种与培育

通常为秋季播种，气候寒冷地区也可在春季进行。播种后 10 天左右种子即可发芽。

由于矢车菊的根系纵深较长（属直根系植物），而且不喜移栽，因此采取直接播种的方式最为合适。此外，播种的位置还需满足日照充分、排水良好等条件。

如果选择在塑料育苗杯中进行播种的话，每个育苗杯内撒入 3 粒种子即可，而且别忘了再盖上一些细土，厚度以刚好遮住种子为宜。

待幼苗长出 3 片真叶后拔除部分幼苗，每处仅保留一株壮苗即可。

将保留下来的壮苗种植在直径为 9~10.5 厘米的育苗杯中。

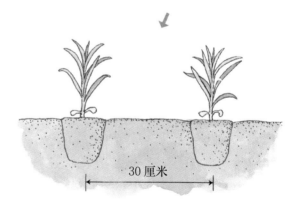

30 厘米

当幼苗长出 10 片左右的真叶时，我们就可以对其进行移栽定植了。注意，移栽后的幼苗间距应保持在 30 厘米。此外，移栽前我们还需要在土壤中事先施堆肥或化肥等作为底肥，待到 12 月和 3 月前后，再用化肥各追肥 1 次即可。

香豌豆

香豌豆是原产于意大利的一年生草本植物，其藤蔓可缠绕花架不断生长，长度达 2~3 米，且表面被有茸毛。每年春季至夏初开花。

	1月	2月	3月	4月	5月	6月	7月	8月	9月	10月	11月	12月
播 种												
开 花												

香豌豆的播种与培育

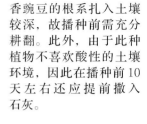

香豌豆的根系扎入土壤较深，故播种前需充分耕翻。此外，由于此种植物不喜欢酸性的土壤环境，因此在播种前10天左右还应提前撒入石灰。

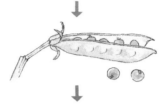

每年10月，选择日照充分、排水良好的位置直接播种即可。由于香豌豆的种子较为坚硬，因此在播种前建议提前浸泡一晚。

在每个小坑中撒入 2~3 粒种子并加盖细土，厚度以刚好遮住种子为宜。

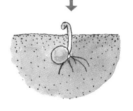

种子发芽 1 周左右就会长出真叶。

真叶长出后即可拔除部分幼苗，每处仅保留一株壮苗即可。注意，此时幼苗之间的距离保持在 20~30 厘米为宜。

冬季时可在幼苗旁边插入矮竹，以起到防霜的作用。

待藤蔓长出之后，即可安置花架以供藤蔓攀爬使用。

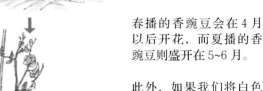

春播的香豌豆会在 4 月以后开花，而夏播的香豌豆则盛开在 5~6 月。

花架 ——

此外，如果我们将白色的香豌豆花浸泡在滴有红墨水的水中，这些白色的花朵就会变为红色。

羽扇豆

羽扇豆的播种与培育

种子长在豆荚里。

种子

由于羽扇豆的种子极为坚硬，因此在播种前建议提前浸泡一晚。

羽扇豆不喜移栽，因此采取直接播种的方式最为合适。播下种子后需盖上细土，厚度以刚好遮住种子为宜。此外，播种前别忘了在土壤里提前撒入石灰并混入化肥。

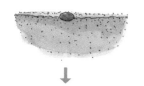

冬季时可加盖一层塑料布御寒防霜。

每月在植株根部施用化肥1次，并追加使用稀释1000倍的液体化肥2~3次即可。

虞美人

虞美人的播种与培育

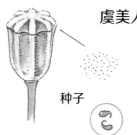

种子

虽然种子很小，不过却很容易发芽。

每年9月播种。播种时既可以选择直接将种子撒在地里，也可以在塑料育苗杯中进行育苗，待成功后再行移栽。

种子上不需要盖土。

春季前应进行2~3次疏苗，保证壮苗间的距离在20~30厘米。

春季栽种球根的花草

大丽花

大丽花是原产于墨西哥及危地马拉高原地区的球根植物，1789 年传到欧洲，1842 年由荷兰引入日本，20 世纪 30 年代又由日本传入中国，又名"天竺牡丹"。每年初夏至 11 月前后开花。

	1月	2月	3月	4月	5月	6月	7月	8月	9月	10月	11月	12月
播 种												
开 花												

球根的挑选方法

应挑选根颈部带芽的球根。毕竟，没有芽的球根可是无法长大的。

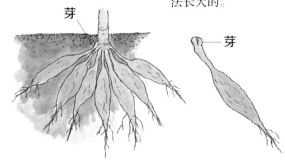

芽

芽

大丽花的根部会在浅层土壤中横向生长，因此在栽种之前，建议先将土壤彻底翻耕，堆肥或化肥也需施用到位。

球根的种植与培育

每年 4、5 月时，选择日照充分、排水良好的地方将球根种下即可。等到了初夏时节至 11 月份的这段时间，我们就可以欣赏到大丽花绽放的身姿啦。

种植时需间隔 50 厘米以上。

插入高约 1.5 米的花架。

5 厘米

芽

根颈部

种植深度约在 5 厘米。

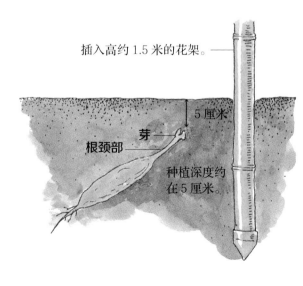

小花品种

中花品种

中花品种

大花品种

花朵繁茂的相关技巧

摘除多余幼苗。

待球根上生出 2~3 株幼苗时，保留最为强健的一株并摘除其余幼苗。

随着茎部的不断生长，植株上端也会生出许多侧芽。将这些侧芽全部摘除，保证使其仅开出一朵较大的花（顶花）。

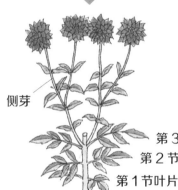

侧芽

第 3 节叶片
第 2 节叶片
第 1 节叶片

待顶花凋谢以后，在第 3~4 节叶片处将茎部剪断，以促进侧芽的生长及开花（如图所示）。

落霜以后叶片开始枯萎，此时我们应将大丽花的地上部分全部剪除（仅保留极短茎秆），并用铁锹等将其根部挖出。沿根颈部将带芽的球根与整墩大丽花球根剪开后，挖洞掩埋起来。

如果所在地区的寒冷程度并不至于使得土壤上冻的话，我们也可以不用将球根挖出，仅在其上方覆盖一层厚厚的土壤即可顺利越冬。

美人蕉

球根的种植方法

夏季开花的代表性植物之一，小花盆中亦可种植。在种植以前，我们需要将美人蕉的块状根茎切分成块，并保证每块根茎上生有 3~4 个小芽。

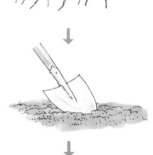

与大丽花相同，在种植美人蕉的块根之前，我们也需要在土壤里提前撒石灰并混入堆肥或化肥等肥料。

间隔 30~40 厘米进行种植。

待到无霜降出现时，就可以选择日照充分、排水良好的地方进行种植了。

美人蕉可自夏至秋持续开花，因此需要每月使用化肥追肥 1 次。

在开始下霜以前，将美人蕉的地上部分全部剪除（仅保留极短茎秆），并小心地挖出其块状根茎。

越冬

温暖地区也可不用将根茎挖出，仅盖好土壤即可顺利越冬。

寒冷地区则需要将美人蕉的块状根茎挖洞掩埋起来。

剑兰

剑兰是原产于非洲至南欧、西亚等地的球根植物，自 19 世纪中期传入日本，20 世纪 20、30 年代传入中国。中文学名"唐菖蒲"。花期可持续至 9 月前后。

	1月	2月	3月	4月	5月	6月	7月	8月	9月	10月	11月	12月
播 种												
开 花												

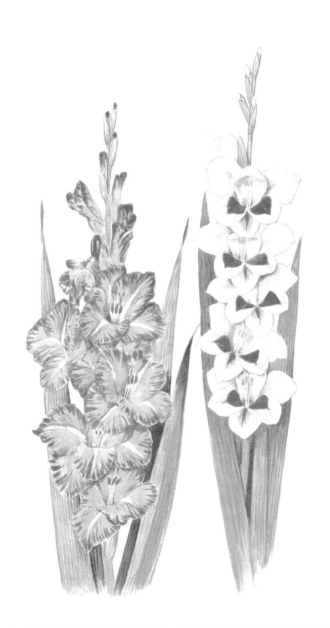

球根的种植与培育

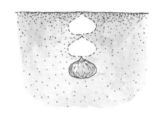

选择日照充分、排水良好的地方进行种植，种植深度应为球根高度的 3 倍，且种植间距需保持在 10~15 厘米。此外，种植前还应在土壤中事先施堆肥或草木灰等作为底肥。注意，不建议大家每年都将剑兰种植在同一个地方。

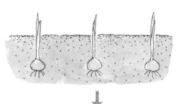

待球根发芽后，保留 1~2 株壮苗并摘除其余幼苗。

另外，此时还应在植株根部施用化肥。

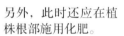

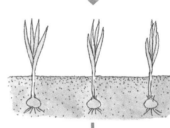

待植株高度达到 30 厘米左右时，再次使用化肥进行追肥。

花期自 7 月开始。

如果植株高度较高，可在旁边插入花架用于固定。

花朵凋谢以后，可在植株根部施入大量草木灰作为肥料，以促进球根继续生长。

球根的保存方法

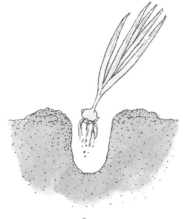

10 月前后叶片开始泛黄，此时即可将剑兰整株挖出。

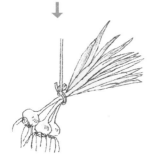

将挖出的剑兰放于室内阴干 1 周左右，然后再去掉茎叶，待其充分干燥。

新的球根

小球（又称木子）

根

原有的球根（母球）

此时的剑兰球根上除了长有花谢以后逐渐膨大起来的球根（新球）之外，还会长着大约 40 个小球（又称为木子）。

将原有的球根及根系去除干净。

将充分干燥后的新球放在网兜中收好，并置于干爽温暖的环境下进行保存。

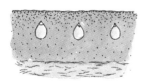

可在春季时将小球种在施有肥料的土壤中使其继续生长，待 2~3 年后即可成为能够开花的球根。

朱顶红

球根的种植与培育

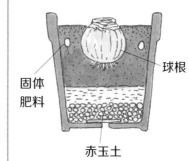

固体肥料

球根

赤玉土

挑选个头饱满的粗壮球根进行种植，种植时间为每年的 4~5 月。具体来说，朱顶红适于种在直径 20 厘米左右的花盆内。种植时浅埋即可，以确保球根的头部露出土壤。另外，别忘了要在花盆里放入 2~3 颗固体肥料。

朱顶红的花茎自叶丛外侧抽出。

花期为每年的 5~6 月。

花谢后应充分施肥，以促进球根的生长。

朱顶红在花盆内可自然越冬（注意不能浇水），待春季时彻底更换盆土即可。

朱顶红小杂谈

在日本可以买到一种带有礼盒包装的盆栽朱顶红。这种无土盆栽只需要放在温暖的地方浇一浇水，朱顶红就能开出非常漂亮的花朵。待花朵凋谢以后，我们可以将其种在土中并充分施肥，使球根继续生长。这样一来，从次年开始，我们每年就都能欣赏到朱顶红绚烂绽放的美丽身姿啦。

百合

百合是主要分布于亚洲、北美、欧洲等北半球温带地区的球根植物，日本也有十余种野生品种。其花形较大，有些还具有怡人的香气。

天香百合

	1月	2月	3月	4月	5月	6月	7月	8月	9月	10月	11月	12月
播 种												
开 花												

在日本有原生分布的百合

卷丹（又名虎皮百合，7~8 月开花）

美丽百合（7~8 月开花）

天香百合（6~7 月开花）

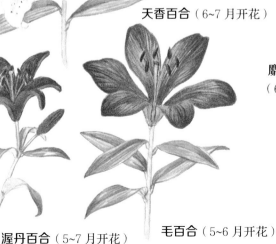

渥丹百合（5~7 月开花）

毛百合（5~6 月开花）

麝香百合球根的种植与培育

每年 10~11 月进行种植。需要注意的是，百合的球根上端也会生出根须（上盘根），用以吸收土壤中的养分。

此外，百合在花坛中的种植深度应在 15~20 厘米，而且种植前还应在土壤中预先施堆肥、油渣、化肥及腐叶土等作为底肥，施入量以 2~3 把为宜。

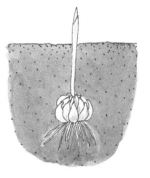

麝香百合会在冬季发芽。

蚜虫的侵蚀会使百合感染病毒，因此一旦发现就需要立刻进行驱虫处理。具体来说，如果想要在驱虫的同时不伤到百合的话，我们既可以使用镊子将蚜虫直接夹死，也可以先用毛笔将蚜虫扫到纸上后再行解决。

蚜虫

开花前需要施入 1 茶匙左右的化肥。

麝香百合种下球根后大约 8 个月即会开花。

麝香百合（6 月开花）

将多个品种的百合种在一起时，由于各个品种的花期有所不同，所以我们在 5~8 月的四个月间都能欣赏到百合盛开的美景。

百合的繁殖方式

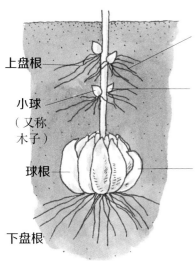

上盘根

小球
（又称
木子）

球根

下盘根

根系不断生长，用以吸收土壤中的养分。注意此时土壤需保持湿润。

摘下小球并种于土中，培育3~4年后即可开花。

球根由鳞叶（叶片变异呈鳞片状）聚合而成。

鳞叶繁殖

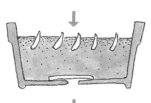

最外层的鳞叶难免磕碰有伤，因此种植时不宜使用。

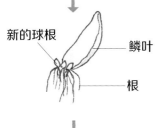

新的球根

鳞叶

根

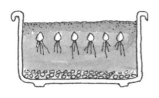

将鳞叶沿球根根部整片取下后即可进行种植，种植时间选在10~11月。

将鳞叶插入赤玉土、河沙或园艺蛭石等洁净的土壤中即可。

此外，种植容器应放置在气温适宜（20℃左右）且不被雨淋的背阴环境下。注意，容器中的土壤不要太干燥。

大约20天后，鳞叶根部就会长出新的幼小球根，不久后还会长出根须和叶片。

一旦叶片枯萎，我们就可以将百合整株挖出，并小心地逐片剥去球根上的鳞叶，然后将球根移栽至盛有园艺土的花盆之中。

待球根发芽，即可使用液体肥料等进行追肥。3~4年以后，这些小小的球根就会变得肥厚起来，而且还能开出美丽的花朵呢。

珠芽繁殖

卷丹的珠芽

卷丹也可使用叶片根部生出的珠芽（由侧芽变形而成）来进行繁殖。

每年10月前后，即可将珠芽逐个取下并种植在盛有园艺土的花盆之中，然后再盖上一层细土就算大功告成啦。

待来年春天发芽之后，可以适当使用液体肥料进行追肥。

经过2~3年以后，珠芽就会长成健壮的球根，而且还能开出美丽的花朵。

百合属与朱顶红属植物的不同栽种方式

由于百合的球根上端也会生出根须来吸收土壤中的养分，因此需要深埋种植。而朱顶红只有向下生长的一种根系，所以为了能够让这一根系得到充分的伸展，我们在种植时只需将其浅埋即可。

百合　　　　　　　朱顶红

郁金香

郁金香是原产于亚洲中部至地中海沿岸的球根植物，主要在荷兰种植，其栽种历史已长达 400 余年。现有品种 700 余种，堪称春季花坛中的一大主角。

	1月	2月	3月	4月	5月	6月	7月	8月	9月	10月	11月	12月
播 种												
开 花												

球根的种植与培育

种植前需要先在土壤中撒入少量石灰，然后混入化肥并充分翻耕。

每年 10~11 月进行种植。注意，种植深度应为球根高度的 2 倍，且种植间距应保证在球根宽度的 2 倍左右。

球根在冬季发芽。由于其耐寒能力较强，因此并不需要额外进行防霜的工作。

此外，在郁金香发芽的这段时间里，我们也可以按照每个球根撒入一把化肥的比例进行追肥，或者使用稀释后的液体肥料亦可。

铺入稻草以防止土壤干燥。

待来年 3、4 月郁金香开花之后，仍需继续使用化肥进行追肥。

随气温变化自动开合

郁金香的花朵会在白天随着气温的不断升高而自动打开，等到了傍晚时分，环境温度下降，花朵又会自动闭合起来。就这样开合反复，可绽放5~6天。

气温在10℃左右时，郁金香微微盛开。

气温达到20℃左右时，郁金香几乎彻底绽放。因此，每年4~5月的白昼气温最适于郁金香的开放。

气温达到30℃左右时，郁金香过度绽放，已无法自动闭合。

球根的保存方法

在郁金香绽放期间，如果发现花朵至傍晚时无法自动闭合，则可将其自花茎处直接切下。

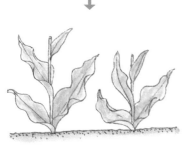

待6月中旬前后，郁金香的叶片会呈现出半黄的状态。此时即可将球根挖出进行阴干，然后保存在凉爽干燥处即可。

郁金香的盆栽方法

每年10~11月进行种植。种植前，还需在园艺土或球根专用土中撒入1小把石灰并充分混合均匀。

此外，在选择花盆时，5号花盆（直径15厘米）可种植球根3个，4号花盆（直径12厘米）则种植球根1个即可。

冬季时仍可置于室外。为了防止土壤上冻或过于干燥，也可将花盆整个埋入土中。

球根发芽后不必浇水，只需施液体肥料即可。

为了提前欣赏到郁金香盛开的美景，我们可以在2月前后将其搬入气候温暖的室内窗边或花架上进行培育。

郁金香的花朵结构

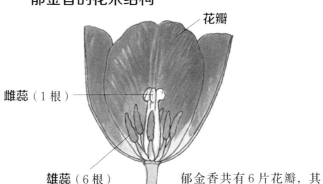

花瓣

雌蕊（1根）

雄蕊（6根）

郁金香共有6片花瓣，其中外侧的3片花瓣其实是由花萼异化形成的。这一现象在百合身上也同样存在哟。

风信子

风信子是原产于希腊及地中海沿岸等地区的球根植物，19 世纪中期传入日本。盛开时香味浓烈，亦适于水培种植。

	1月	2月	3月	4月	5月	6月	7月	8月	9月	10月	11月	12月
播　种												
开　花												

室外种植与培育

每年 10 月进行种植。

在土壤方面，直接使用球根专用土较为方便。如果没有的话，也可以选择在赤玉土中混入 3 成左右的腐叶土来代替使用。

选择花盆时，可在 4 号花盆（直径 12 厘米）内种植球根 1 个，6 号花盆（直径 18 厘米）内种植球根 3 个，种植时浅埋即可。

将球根种好之后，需连同花盆一起埋入土中。

此外，我们也可以在花盆上盖些稻草，以防止土壤中水分的蒸发。

球根发芽后不必浇水，只需施液体肥料即可。

待花蕾发育成熟之后，即可将花盆从土中挖出。事实上，自每年 3 月下旬开始，我们就可以欣赏到风信子开花的美景了。不过，如果想让花期提前的话，也可以试着将其放在温暖的室内进行培育。

花期过后

花朵枯萎以后，直接用手将枯花摘下即可。

将风信子从花盆中取出（注意不要伤到根系），并移栽至施有肥料的花坛或庭院中，以促进球根的继续发育。

只要在 10 月将其移回花盆，来年我们就能继续欣赏到美丽的花朵啦。

风信子的水培方法

每年 11 月前后，我们就可以将球根安放在水培容器中了。注意，水培容器最好选择较大的器型，材质以玻璃或塑料为佳。

水培时，风信子仅能依靠球根中的养分来维持花期，因此需选择饱满紧实的肥大球根进行培育。此外，容器内的水不能放得太多，水位要以刚刚能接触到球根底部为宜。

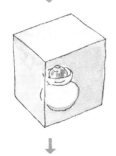

在根系充分发育之前，可以给风信子罩上一个箱子，以保持环境的昏暗。

待风信子生根以后，可将其转移至明亮处继续培育，注意此时应略微减少容器内的水量。此外，夜晚时我们也可将其移动至温度较低处，以增大昼夜之间的温差。

随着根系的不断生长，容器内的水量也应逐步减少。此外，在条件允许的情况下，建议每 2 周彻底换水 1 次。

大约经过 3 个月以后，风信子即可生出花蕾，不久就会开花。

与盆栽的处理方式相同，花期过后的水培风信子也可直接移栽至施有肥料的土壤之中，以促进球根的继续发育。

栽种方式与风信子相同的球根植物

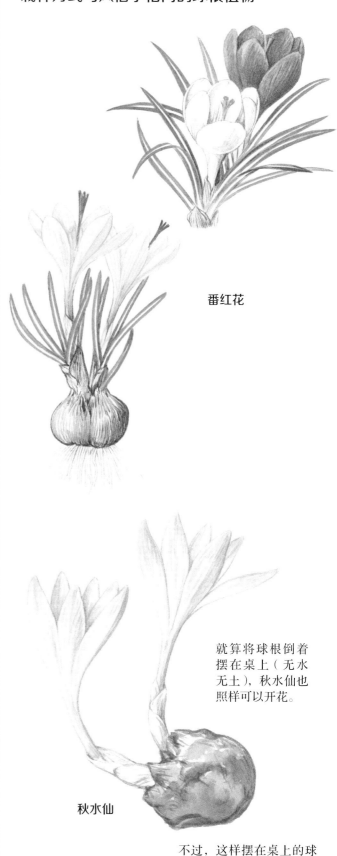

番红花

就算将球根倒着摆在桌上（无水无土），秋水仙也照样可以开花。

秋水仙

不过，这样摆在桌上的球根是无法长出根系的。

水仙

水仙是原产于地中海沿岸地区的球根植物。水仙品种繁多，是早春季节用于点缀庭院或花坛的代表性花卉之一。不过，气温过高是会抑制水仙开花的。

水仙的花朵结构

花瓣

副冠（副花冠，呈喇叭状或杯盏状）

雌蕊

雄蕊

雄蕊

	1月	2月	3月	4月	5月	6月	7月	8月	9月	10月	11月	12月
播　种												
开　花												

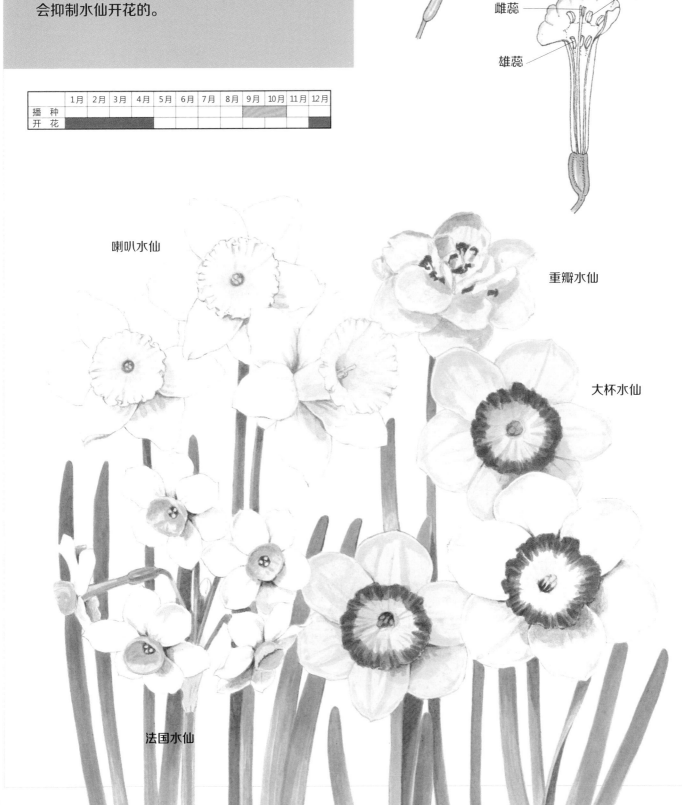

喇叭水仙

重瓣水仙

大杯水仙

法国水仙

水仙的地栽方法

每年 9~10 月，可选择日照充分、排水良好的地点进行种植。

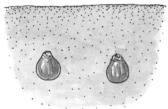

充分翻耕后，在土深 30 厘米处施入堆肥或化肥等作为底肥，再将土壤回填即可。

球根的种植深度应在 10 厘米左右，种植间隔以 15 厘米为宜。

在球根刚刚开始发芽、水仙即将开花及花朵枯萎以后，我们都需要使用稀释 500~1000 倍的液体肥料来进行追肥，以促进球根的发育。

有一些品种的水仙会在冬季绽放，不过春季开花的品种相对更为常见。

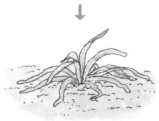

花期过后，水仙的叶子会继续生长，此时我们不必将其剪掉。待叶片开始发黄以后，将水仙连同叶片一起整株挖出并放于阴凉处晒干，之后即可置于通风良好、凉爽昏暗的环境下进行储存。

每 3~4 年挖出一次即可。

球根一般可分生出 2~3 个新的球根。不过，这些新生的幼小球根在第二年春天基本上是不会开花的。

水仙的盆栽方法

对于喇叭水仙等株形较大的品种来说，建议可在 6 号花盆（直径 18 厘米）或 7 号花盆（直径 21 厘米）中栽种球根 1~3 个。至于法国水仙等株形较小的品种，则可选择 5 号花盆（直径 15 厘米）栽种球根 3~4 个。

株形较大的品种种植深度应在 5 厘米左右，株形较小的品种则只需 2~3 厘米即可。

盆底垫石（中等颗粒大小的赤玉土等）

水仙的水培方法

与风信子一样，不仅培育方法相同，而且水培容器也可选择同款使用。

在根系生出之前，可以给水仙罩上一个箱子，以保持环境的昏暗。

待水仙生根以后，可将其转移至日照良好的窗边等处继续培育。

花期过后可剪掉花茎，将水仙取出并移栽至施有充足肥料的花坛之中，以促进球根的继续发育。

冬季的盆栽花卉

仙客来

仙客来是原产于希腊至叙利亚等地中海沿岸的球根植物。作为冬季代表性的盆栽花卉，花期可自每年 12 月一直持续到来年 3 月。

	1月	2月	3月	4月	5月	6月	7月	8月	9月	10月	11月	12月
播　种									■			
开　花	■	■	■									■

盆栽花卉的挑选方法

① 至少已开花 5~6 朵；

② 花蕾众多，且大小不一；

③ 花茎粗壮有力；

④ 叶片繁多且大小相仿（叶片多时开花较多）；

⑤ 球根露出土表约 1/2 为宜，且未生霉菌。

盆栽花卉的健康管理

浇水时可用手扶住叶片，沿花盆边缘浅浇即可，以防止花朵或叶片被水淋到。

此外，浇水时还应遵循"不干不浇"原则，而且也不要一次浇得过多。

对于花盆底部带有吸水绳的盆栽来说，为了保证土壤内的水分充足，我们还是应该每个月正常浇水一次，且浇水时需要浇透。

为了延长仙客来的花期，我们可以在白天时将盆栽放在窗边等光线充足的位置，等到了夜晚则将其搬至环境温度在5℃左右的地方。

提前加好水。

仙客来的花期在 2 个月以上。因此，每间隔 1 周或 10 天左右，我们就需要使用稀释 1000 倍的液体肥料来进行施肥。

如果是底部吸水的盆栽，施加液体肥料时也应从底部滴入。

花朵凋谢或茎部受伤后的处理方式

将枯花或黄叶直接用手拧下即可，切记不要使用剪刀进行修剪。另外需要注意的是，如果对此置之不理的话，仙客来是会长霉生病的。

来年继续开花所需的条件

仙客来不喜欢闷热潮湿的夏季环境。因此，只要能帮助它们顺利度夏，来年我们就可以继续欣赏到仙客来美丽的花朵了。

仙客来的度夏方式

无休眠法

5月份时，将盆栽搬至室外不被雨淋的凉爽位置，并注意浇水断肥即可。

9月中旬左右，可将仙客来从花盆中取出（注意不要伤到根系）并清理掉根系上附着的旧土，然后移栽至已装有球根用土的较大花盆之中。切记，移栽后的仙客来需要摆放在向阳的位置。

11月时将花盆移至室内。施入富含磷酸的液体肥料后，静待仙客来开花即可。

休眠法

每年4月前后，仙客来花朵凋谢、黄叶增多，此时我们需要减少浇水量，并在6月份时彻底断水。在此期间，千万别忘了要将仙客来整盆搬至不被雨淋且通风良好的背阴位置哦。

等到9月中旬，我们就可以去掉仙客来的老根和上面附着的旧土，然后将其移栽至较大的花盆中了。移栽后的土壤可选择球根用土，也可在小颗粒赤玉土中混入3~4成腐叶土并加入2茶匙缓释肥。

移栽后的球根需露出土表1/2左右。此阶段应充分浇水，并在球根发芽之前将花盆放在背阴的位置。

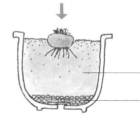

—— 球根用土

—— 赤玉土

球根发芽后将花盆搬至向阳的位置，并使用稀释1000倍的液体肥料每周施肥一次，待11月时将其重新搬至室内即可。

蟹爪兰

蟹爪兰是原产于巴西的森林地带。作为仙人掌的近亲，蟹爪兰的耐旱能力极强，也被人称作"圣诞仙人掌"。花期一般在每年12月至来年2月中旬。

	1月	2月	3月	4月	5月	6月	7月	8月	9月	10月	11月	12月
播 种												
开 花												

盆栽花卉的健康管理

白天时可放在光照良好的地方。

另外，气温过高或湿度过低都会使蟹爪兰的花蕾掉落，因此栽种时需多加留意。

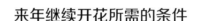

已经枯萎的花朵需要逐枝摘下。

捏住枯花后用力一拧即可。

来年继续开花所需的条件

花期过后可适当控水，待4月前后再用蟹爪兰专用土进行移栽。

对于移栽后的蟹爪兰来说，我们可以用手将顶端的叶片（保留底端3~4节叶片）轻轻掰下，并在5~6月期间各施一次肥。

在11月到来以前，每隔10天还需使用稀释1000倍的液体肥料追肥一次。

另外，别忘了将移栽后的蟹爪兰放在室外光线良好的阴凉环境下。

顶部的新芽要从其根部轻轻拧下。

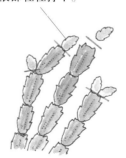

摘顶芽

从9月开始的一个月时间里，蟹爪兰应尽量断水。

此外，由于9月以后长出来的新芽其实并不会开花，因此需要在10月中旬之前将其全部摘除。

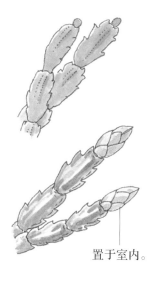

控水摘芽能够促进蟹爪兰花芽的生长。不过，这些长在枝叶顶端的小小花芽，可是会在温度急剧变化时枯萎掉落的。

11 月中旬前后，花蕾已较为饱满。此时可以将蟹爪兰暂时放在玄关等处，待其适应之后再行移入室内。注意，一定要记得避免室内空调的暖风直吹。至于接下来的养护工作，只需按照刚刚买回来时的培育方法进行操作即可。

置于室内。

扦插繁殖

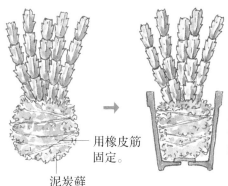

用橡皮筋固定。

泥炭藓

用泥炭藓包住根部以促进生长。

在选择扦插繁殖时，我们既可以将移栽过程中摘下来的叶片整理成捆并用泥炭藓包住以促进根系的生长，也可以将这些叶片直接插在赤玉土或蟹爪兰专用土中。

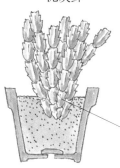

将数条叶片一同插入土中，以促进根的生长。

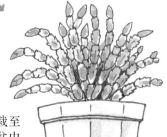

待其生根之后就可以移栽至装有蟹爪兰专用土的花盆中了。至于接下来的养护工作，只需按照刚刚买回来时的培育方法进行操作即可。

一品红

冬季管理（延长植物寿命的技巧）

白天应放在日照良好的窗边等处，夜晚则需搬回室内。此外，晚间的最低温度应至少保持在 10℃ 以上，并以 15~25℃ 为佳。

来年继续开花所需的条件

3 月中旬前后进行修枝，仅保留原有植株高度的 1/3 即可。修枝后可多施用一些缓释肥料，以促进新芽的生长。

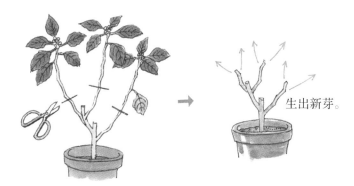

生出新芽。

扦插繁殖

剪断。

待长出新芽之后，我们就可以在 5~6 月时将枝条剪下（其上需生有 3~4 片叶子）并用于扦插。在土壤方面，亦可将赤玉土、泥炭藓、园艺蛭石等混合后使用。

将扦插的枝条摆放在不被雨淋的阴凉环境下，待 2~3 周后就可以长出根系了。此时再将生根后的一品红移栽至盛有园艺土的花盆之中，一直培育到秋季即可。

图书在版编目（CIP）数据

把大自然带回家 . 我想养些花花草草 / （日）松原严
树著、绘；边大玉译 . -- 北京：中信出版社，2021.4
ISBN 978-7-5217-2646-6

Ⅰ . ①把… Ⅱ . ①松… ②边… Ⅲ . ①自然科学—儿
童读物 Ⅳ . ① N49

中国版本图书馆 CIP 数据核字 (2020) 第 261596 号

Original Japanese title: KUSABANA NO UEKATA SODATEKATA
Copyright © 1995 by Iwaki Matsubara
Original Japanese edition published by Iwasaki Publishing Co., Ltd.
Simplified Chinese translation rights arranged with Iwasaki Publishing Co., Ltd. through
The English Agency (Japan) Ltd. and Eric Yang Agency, Inc
Simplified Chinese translation copyright © 2021 by CITIC Press Corporation
ALL RIGHTS RESERVED

把大自然带回家 · 我想养些花花草草

著 绘 者：[日] 松原严树
译 者：边大玉
出版发行：中信出版集团股份有限公司
（北京市朝阳区惠新东街甲4号富盛大厦2座 邮编 100029 ）
承 印 者：北京汇瑞嘉合文化发展有限公司

开 本：889mm×1194mm 1/16 印 张：2.75 字 数：103千字
版 次：2021年4月第1版 印 次：2021年4月第1次印刷
京权图字：01-2020-7610
书 号：ISBN 978-7-5217-2646-6
定 价：179.00元（全9册）

出 品：中信儿童书店
图书策划：知学园
策划编辑：隋志萍 责任编辑：谢媛媛 营销编辑：张超 李雅希 王姜玉珏
封面设计：谢佳静 内文排版：王哲 审 定：史军

把大自然带回家

我想养只小仓鼠

[日]成岛悦雄 著 [日]泷波明生 绘 边大玉 译

中信出版集团|北京

目录

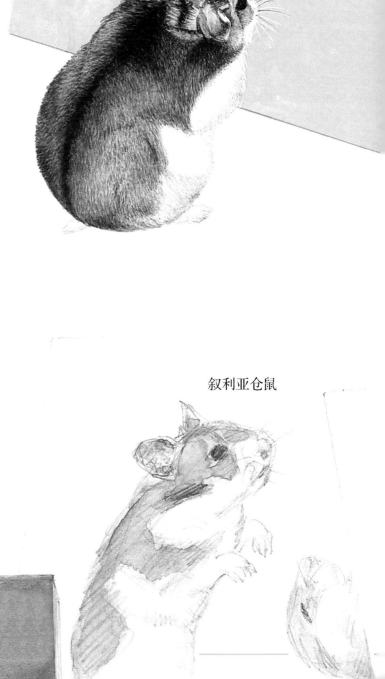

如果将我养的仓鼠带到泷波先生（本书绘者）的家里，会出现什么情况呢？

虽然仓鼠给人的印象很是可爱，不过它们却不会"友好地一起玩耍"。对于仓鼠来说，所有闯进自己地盘的都是"敌人"。

啊，就位看招！
它们似乎都很紧张呢！

叙利亚仓鼠

速 写 本

前言

　　饲养动物，也就意味着你要对它的一生负责。我们不能仅凭着可爱或是好玩的想法就开始饲养，毕竟一旦主人中途不养了，这些动物很难继续活下去。

　　你读过《小王子》*这本书吗？在这本书中，狐狸曾经对小王子说：

　　"如果你驯养了我，我们就彼此需要了。对我，你就是世界上独一无二的；对你，我也是世界上独一无二的……"

　　虽然每天坚持不懈地照料动物很辛苦，但是我们也会有很多新的发现和新的喜悦，而这些也都是在养了动物之后才能够领悟到的。

　　在饲养仓鼠的时候，要记得把它（们）当成你心中独一无二的存在。

*《小王子》：安东尼·德·圣－埃克苏佩里著。

加卡利亚仓鼠

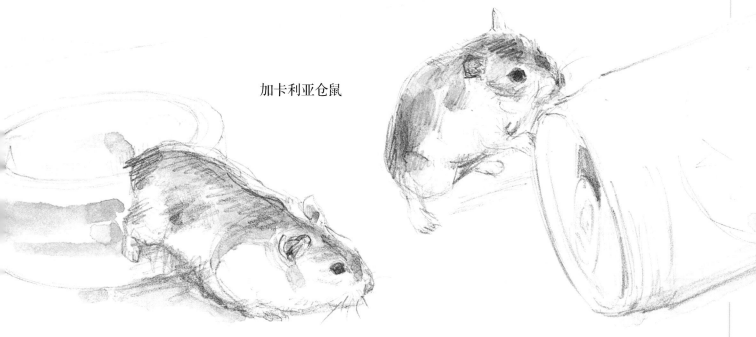

老鼠的同类

仓鼠属于老鼠的同类。虽然野生的仓鼠有 19 种左右，不过在日本作为宠物来进行饲养的，主要还是叙利亚仓鼠、加卡利亚仓鼠等 5 种。

▲
加卡利亚仓鼠（俗称三线仓鼠）
体长 7 ~ 10cm，体重 30 ~ 45g
性格温和，饲养较多。
有的品种背部生有一条棕黑色纵纹。

黑腹仓鼠（俗称欧洲仓鼠） ▶
体长 20 ~ 30cm，体重可达 900g
个头最大的仓鼠。它们生活在欧洲大陆上，常见于岩石较多的草原地区。黑腹仓鼠喜欢独来独往，主要在夜间活动，有时也会下水游泳。到了冬天，它们还会在巢穴中冬眠。黑腹仓鼠野性较强，不适于饲养。

仓鼠是哺乳动物

哺乳动物会用乳汁来哺乳幼崽，而且它们全身长有被毛，体温也基本保持恒定。哺乳动物现存 6400 种左右。其中，包括仓鼠在内的啮齿目动物家族可谓是人丁兴旺，几乎占据了全部种类的三分之一。

在啮齿目动物家族中，仓鼠约有 19 种。它们大多分布在欧亚大陆的沙漠、草原上，过着挖地打洞的生活。

在日本，人们主要饲养叙利亚仓鼠、加卡利亚仓鼠、坎贝尔侏儒仓鼠、罗伯罗夫斯基仓鼠、黑线仓鼠等作为宠物。

叙利亚仓鼠（俗称金仓鼠、金丝熊）
体长 12 ~ 18cm，体重 80 ~ 150g
知名度很高。1930 年，人们在叙利亚捕捉到了一窝叙利亚仓鼠，并将其中的 3 只用于该种的繁殖。叙利亚仓鼠分为短毛及长毛等品种。
▼

图中的仓鼠与它们的真实大小大致相同。

人们一般将个头比叙利亚仓鼠小的仓鼠称为侏儒仓鼠。

罗伯罗夫斯基仓鼠（俗称老公公仓鼠）

体长 5 ~ 7cm，体重 15 ~ 40g
即便是在体形较小的仓鼠当中，老公公仓鼠也属于个头很小的种。它们虽然喜欢四处乱跑，却有些胆小。

坎贝尔侏儒仓鼠（俗称一线仓鼠）

体长 8 ~ 11cm，体重 40 ~ 50g
个头要比加卡利亚仓鼠略大一些，也很活跃。有学者认为，它们其实和加卡利亚仓鼠属于同一个种。

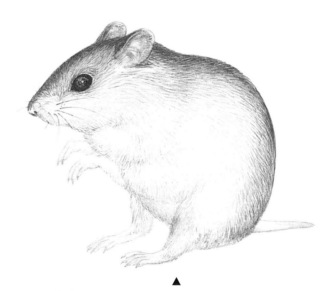

黑线仓鼠（俗称中国仓鼠）

体长 6 ~ 12cm，体重 10 ~ 45g
性情比叙利亚仓鼠更为温和，个头要稍小一些。由于它们的尾巴又细又长，所以与其他的仓鼠相比，黑线仓鼠的外形会更接近于老鼠。

野外的生活

仓鼠多生活在土壤贫瘠的地方。由于食物的缺乏，它们会分别占据各自的地盘，以防止彼此之间发生争抢。

住在隧道里

仓鼠有着短短的小腿和滚圆的身子。它们平时多独居生活，会在夜间从洞里钻出来活动，是一种夜行性动物。

在缺乏食物的干燥地区，仓鼠会挖出长长的隧道来居住。等到了寒冷的冬季，它们便会穴居在隧道里。

隧道的样子

隧道长约 1 ~ 1.5 米。仓鼠白天在隧道中较宽敞的洞内休息，晚上外出觅食，而且一般会在距离隧道口 10 ~ 15 米以内的区域进行活动。

狭窄的隧道

虽然隧道的直径仅供仓鼠勉强通过，不过由于其灵巧的身体，仓鼠们依然可以在隧道中自由通行。而仓鼠之所以很擅长从笼中"越狱"逃走，其中的秘密就在于此。

占据地盘

仓鼠居住的沙漠及草原等地区食物匮乏，生存环境较为恶劣。如果某一区域内的食物仅够一只仓鼠存活，而实际却出现了多只仓鼠，那么仓鼠们就会因为食物不足而死亡。因此，它们会通过气味来标识地盘，对自己的领地进行宣示，告诉同类："这里已经有仓鼠住下了。"

尽管仓鼠喜欢独居的生活，但为了能够顺利繁殖后代，雄鼠与雌鼠还是需要见面的。在这种情况下，气味就会成为它们发现对方的信号。

厕所

狐狸
狐狸是夜行性食肉动物，非常喜欢捕食小动物。它们主要依靠气味来找寻猎物。

猫头鹰
夜晚的捕猎者猫头鹰，几乎不会放过任何细微的声响，并会用它极佳的视力来搜寻仓鼠的踪迹。

白天
仓鼠体形较小，白天会躲进挖好的隧道中，否则很容易被天敌发现，陷入危险。

陷阱
直上直下的隧道也具有陷阱的功能。一旦有小虫掉下来，仓鼠可就要大饱口福了。

储藏仓库
仓鼠所在的环境食物较为缺乏，每次外出并不一定总能有所收获。也正因如此，仓鼠才会形成在收获颇丰时将食物储藏起来的习性。

干草小床
仓鼠会将干草搬进洞中，撕扯蓬松后用于做窝。即便是家养的仓鼠，依然还是会自行将做窝的材料搬进窝里，给自己做上一张舒服的小床。

厕所
仓鼠一般会将上厕所用的小屋修建在隧道的中段。由于它们喜欢在固定的地方小便，所以训练起来也是很方便的。

7

身体结构

仓鼠的身体结构能够帮助它们在居住环境中更好地生存下去。而它们的繁殖能力之所以十分强，也是为了避免因为天敌的袭击而出现族群的灭绝。

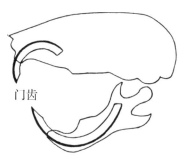

仓鼠的头骨

我们可以看到，仓鼠的门齿长得很深。

门齿

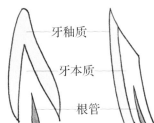

人类的牙齿　　仓鼠的牙齿

牙釉质

牙本质

根管

对于仓鼠的门齿来说，其外侧由坚硬的牙釉质构成，内侧则由柔软的牙本质组成。由于内外侧磨损程度不同，所以仓鼠的门齿前端会变得像凿子一样，十分尖锐。

灵巧的前爪

与我们的手一样，仓鼠的前爪也能够灵巧地抓取食物。除此以外，它们还会灵活地运用前爪来梳理毛发、挖掘隧道等等。

不断生长的门齿（切齿）

仓鼠上下共 16 颗牙齿。其中门齿尖锐，适于啃咬坚硬的物体。另外，鼠类的门齿还有一个特点，就是在磨损之后依旧能够不断地生长。也正是因为如此，它们才能够将其他动物无法食用的坚硬物体当作自己的盘中大餐。

梳毛。仓鼠会用前爪和后爪来梳理自己全身的毛发。只要有空，它们就会梳梳毛。

仓鼠极爱在梯子上玩耍。"喂喂，快把你的脚拿开。""哎呀，对不起啦。"

用前爪抱住食物进食。它们有时会将种子在嘴里转上一圈，从而找到较易剥开的地方。

仓鼠的左右脸颊内侧各有一个可以伸缩的囊袋。这个囊袋就是它们的颊囊。当仓鼠张大嘴巴的时候，我们就能看到颊囊的开口了。

到了窝里，仓鼠便会将事先藏在颊囊中的食物从嘴里吐出。除了食物之外，它们还会将筑窝用的材料塞进颊囊，以便搬运。

颊囊

在给仓鼠喂食瓜子的时候，仓鼠虽然会将瓜子吃进嘴里，却并不会立刻将其吞咽下去。瓜子一颗颗越喂越多，仓鼠的腮帮子也就跟着越发地鼓胀起来。究其原因，就在于仓鼠的脸颊内侧各长着一个囊袋，我们将其称为颊囊，而这里也就是仓鼠储藏瓜子的地方。颊囊有着极佳的弹性。由于仓鼠生活在食物短缺的环境中，所以为了将宝贵的食物尽可能多地塞进嘴里并带回窝中进行储存，仓鼠的颊囊变得非常发达。回窝之后，仓鼠会将颊囊中的食物吐出来。在这一过程中，颊囊的作用可是与装行李的登山包很相似。

食粪

与兔子相似，仓鼠会排出两种不同的粪便。一种是将营养物质消化吸收后排出的残渣，也就是普通的粪便，另一种则是富含蛋白质及维生素等物质的"营养型"特殊粪便。这些营养型粪便的形成离不开消化过程中消化道内微生物的帮助。而仓鼠会吃掉这些营养丰富的粪便，这些粪便也会在再一次通过消化道时被吸收，从而转化成仓鼠所需的营养。

富含营养的软便会被仓鼠立刻吃掉，不太容易被人察觉。

香腺

仓鼠会散发气味来吸引异性或标识地盘。

能够散发气味的腺体（香腺）在雄鼠身上较为发达。由于腺体中会流出分泌物来散发气味，所以有时候你可能会觉得仓鼠的毛湿漉漉的，但其实这并不是生病，大可不必担心。

叙利亚仓鼠的香腺在大腿外侧。

侏儒仓鼠的香腺位于它的腹部。

挑选仓鼠

建议大家在干净整洁、会告知饲养方法的宠物店来购买仓鼠。我们需要好好地观察仓鼠的健康情况，再决定具体要带哪一只仓鼠回家。

什么时候去宠物店呢？

仓鼠是一种夜行性动物，白天是它们休息的时间，而这个时候的仓鼠要么行动较为迟缓，要么就是在呼呼大睡。所以即便到了店里，我们也无法分辨仓鼠是因为身体羸弱不愿意运动，还是因为白天休息而进入了梦乡。等到了傍晚至夜里的这段时间，仓鼠就会变得活跃起来，我们就在这个时候去挑选自己喜爱的仓鼠吧。

如果是朋友送给自己的仓鼠，也建议大家在傍晚或夜间的时候去看一看仓鼠的情况。另外，要是朋友能详细告知仓鼠的脾气性格、健康情况、喜欢什么食物玩具等，那可就再好不过了。

挑选健康的仓鼠

为了便于比较，建议大家在多只仓鼠中进行挑选。刚刚出生不久的仓鼠很容易生病，请慎重挑选。另外，由于幼鼠会比成年仓鼠具有更强的适应性，所以建议大家选择出生 4 周左右的仓鼠。

检查的要点

耳朵
耳朵保持直立，耳内清爽整洁。当仓鼠健康情况不好时，耳朵可是会耷拉下来的。

表现
在笼子里活跃地爬来爬去。

屁股
屁股干净清爽。如果拉肚子的话，仓鼠的屁股就会变得脏兮兮的。

毛发
不要选择毛发凌乱或毛色干枯的仓鼠。

眼睛
不要挑选有泪痕或眼垢的仓鼠。

鼻子
注意仓鼠是否有鼻涕流出，呼吸声是否异常。

饲养雄鼠还是雌鼠呢？

由于叙利亚仓鼠喜欢打架，所以一个笼子里只能饲养一只。而对于体形较小的侏儒仓鼠来说，大多数情况下都是可以多只一同饲养的。不过，要是发现有仓鼠争斗得非常厉害的话，我们就必须将它们分开饲养了。一般来说，雌鼠会比雄鼠更为好斗。如果想要繁殖仓鼠宝宝的话，开始时可将雄鼠和雌鼠放在一起饲养，之后就要把它们分开。请千万不要忘记，我们需要按照仓鼠的只数来准备相应数量的笼子，而且仓鼠每次繁殖一般都能生出5~10只甚至更多的仓鼠宝宝。

到了繁殖的季节，成年雄鼠的阴囊会膨大，走动时就像拖在地上一样。

将仓鼠放进笼子

把仓鼠带回家后，建议大家将仓鼠连同盒子一起放进笼中，并且确保仓鼠能够随时进出盒子。另外，在仓鼠适应新家之前，请记得将光线调暗，保持安静。

虽然大家都迫不及待地想要好好地照顾仓鼠，不过在刚刚带回家的2~3天里，除了更换水和食物之外，我们是不可以去打扰它们的。如果想要训练仓鼠站在手上玩耍进食，等到学会了饲养仓鼠之后再开始也不迟。

在将仓鼠带回家的时候，请记得把装有仓鼠的盒子连同仓鼠一起放进笼子。只要保持盒盖打开的状态，等仓鼠适应了新的笼子之后，它就会自己主动出来了。

雄鼠与雌鼠的分辨方式

对于刚刚出生不久的仓鼠来说，想要分辨公母恐怕会有些困难。等到出生一个月以后，雄鼠与雌鼠就会变得较易区分了。由于雄鼠的睾丸会发育长大，所以如果发现阴囊（内有睾丸）鼓起的话，就可以确定是雄性仓鼠了。

雌鼠　　　　　　　　　雄鼠

乳头
（乳房）

尿殖孔

肛门

雌鼠的乳房一般有6个以上。就算一下子生出很多只仓鼠宝宝，也不用担心它们吃奶的问题。

雄鼠左右两个鼓起的即是阴囊。阴囊会在繁殖的季节膨胀变大。

饲养前的准备

仓鼠非常喜欢梯子和跑轮。由于市面上的玩具尺寸大小不等，所以要按照仓鼠的体形来进行选择，以防止出现踩空受伤等情况。

笼子的大小及高度

　　叙利亚仓鼠的笼底面积一般需要在 50 厘米 ×50 厘米左右，高度以 15～20 厘米为佳。尽管市面上有一些双层的笼子出售，不过如果笼子太高的话，仓鼠万一爬上去落了下来，可是会有骨折风险的。

笼子的顶盖
顶盖开口较大的笼子便于清扫，较为方便。

金属笼子
仓鼠的牙齿很硬，故建议选用不怕啃咬的金属笼子进行饲养。

饮水器
请准备一个瓶状饮水器，并且饮水口的高度要以仓鼠抬头时能够轻松够到为宜。如果用小碗盛水的话，一方面掉进去可能会打湿仓鼠身上的毛发，另一方面水也可能会洒得到处都是，不太卫生。

啃咬坚硬的物体
只吃软软的饲料会使仓鼠的门齿过长。准备一些树枝、坚硬的果子或磨牙棒供仓鼠啃咬，能够有效地防止牙齿过度生长。

笼子的摆放位置

　　仓鼠的笼子需要摆放在安静平稳、少有人经过的地方。如果有人经常来回走动，地板会跟着受到震动，仓鼠也就无法平静下来。由于仓鼠属于夜行性动物，所以要将其放在阴暗的地方。另外，仓鼠适宜的温度全年恒定，大致为 20～28℃。所以，我们建议大家选择温度变化较小、通风良好的地方来摆放笼子，而且一定要记得避开湿度较高的潮湿区域。

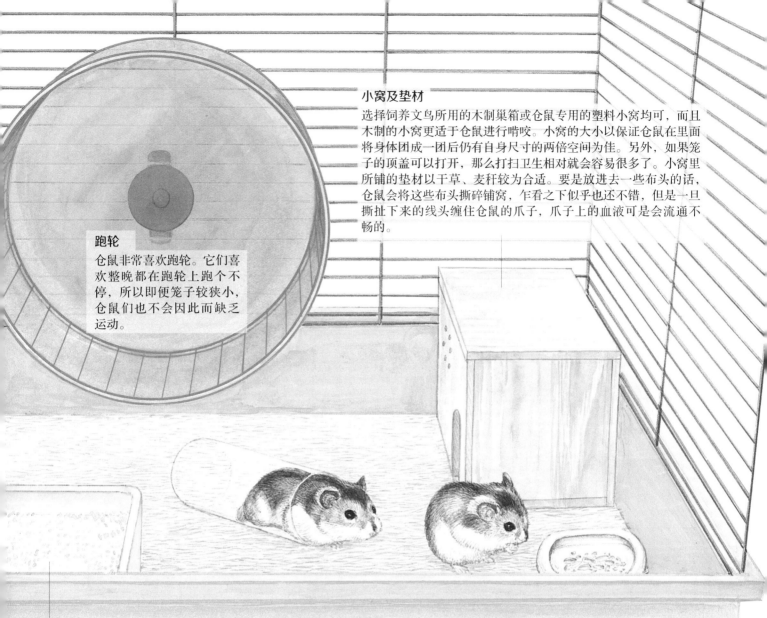

小窝及垫材

选择饲养文鸟所用的木制巢箱或仓鼠专用的塑料小窝均可，而且木制的小窝更适于仓鼠进行啃咬。小窝的大小以保证仓鼠在里面将身体团成一团后仍有自身尺寸的两倍空间为佳。另外，如果笼子的顶盖可以打开，那么打扫卫生相对就会容易很多了。小窝里所铺的垫材以干草、麦秆较为合适。要是放进去一些布头的话，仓鼠会将这些布头撕碎铺窝，乍看之下似乎也还不错，但是一旦撕扯下来的线头缠住仓鼠的爪子，爪子上的血液可是会流通不畅的。

跑轮

仓鼠非常喜欢跑轮。它们喜欢整晚都在跑轮上跑个不停，所以即便笼子较狭小，仓鼠们也不会因此而缺乏运动。

厕所

由于仓鼠会在固定的位置进行排尿，所以我们需要为仓鼠准备一个厕所。相对来说，陶瓷或塑料厕所更易于清洁和打扫。厕所里需要放入木屑或厕砂，请注意，有一些厕砂会吸收尿液结成硬块，这种厕砂一旦被仓鼠误食，很有可能会在仓鼠的颊囊中结块硬化，因此应谨慎选择厕砂。

铁丝网要取下来

如果笼子底部配有铁丝网，仓鼠很可能会卡住爪子而受伤，因此我们需要将底部铁丝网提前摘取下来。我们还要在笼子底部铺上一些木屑、锯末、细纸条等等，厚度在2～3厘米为宜。

如果家里有小猫小狗，切记要把笼子放在猫狗接触不到的地方。另外，笼门可不要忘记上锁。

饲料盒

有时仓鼠会爬到饲料盒的边上，将饲料盒整个打翻。因此，我们要选择自身具有一定重量、不容易被仓鼠打翻的容器。陶瓷制成的饲料盒不仅能够满足这一条件，而且非常便于清扫。相对地，塑料盒则有些过轻，而且很有可能还会被仓鼠咬坏，因此并不十分适合。

喂食饲料

如果你吃了西瓜或者南瓜，不妨试着把里面的种子晾干后喂给仓鼠。这样一来，你就能看到它们异常灵巧地剥去种皮，吃掉种子了。

成年雄性叙利亚仓鼠的体重约为 80 ~ 150 克。每次喂食的饲料要控制在其体重的十分之一，即 10 克左右。

草莓

豌豆

花生

红薯

从不挑食的仓鼠

仓鼠生活的环境土壤贫瘠，食物也并不丰富。因此，仓鼠从不挑食，它们主要摄取草梗、果实等植物类食物，此外也会捕食虫子等动物类食物。

在饲养仓鼠的时候，我们要将仓鼠专用的固体饲料作为仓鼠的主食，并偶尔增加一些蔬菜、水果、种子等零食，保证营养的均衡。

苹果　　　　胡萝卜　　　　黄瓜　　　　西蓝花　　　　圆白菜

南瓜子

车前草　　　　三叶草　　　　蒲公英　　　　小鱼干

喂食的次数及多少

每天 1 ~ 2 次，一般早晚各 1 次。作为主食的固体饲料，其投喂量应控制在仓鼠体重的十分之一左右。除此之外，我们也可以喂食一些水果、蔬菜。一般情况下，动物性蛋白每周投喂 1 ~ 2 次即可。但如果仓鼠已经怀孕或在哺育幼鼠，又或者到了秋冬季节需要储存体力的时候，动物性蛋白则可以隔天进行投喂。

仓鼠原本生活在气候干燥的地区，所以只需要很少的水分便能够生存下去。尽管食物本身含有一定的水分，进食的草叶上也可能沾有一些露水，在饲养时我们依然需要准备好新鲜的饮用水，以供仓鼠随时享用。

有的成年叙利亚仓鼠的颊囊可以轻松装下 20 粒瓜子。

刚开始的时候，可以用手扶着饮水口让仓鼠喝水。

鼠宝宝出生以后，就要把饮水口调整到幼鼠适合的高度了。

禁止投喂的食物

不要给仓鼠投喂洋葱、大葱、韭菜、大蒜或咖啡等刺激性较强的食物，否则可能会引起仓鼠的中毒反应。

此外，口香糖、奶糖等黏性较强的食物很难从颊囊中取出，因此也不能喂给仓鼠食用。要是仓鼠不小心吃了进去，可一定要记得帮仓鼠取出来。

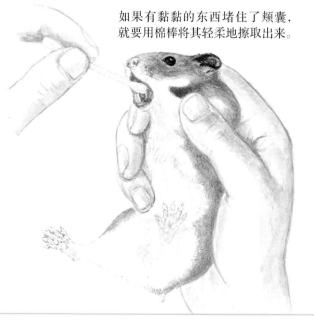

如果有黏黏的东西堵住了颊囊，就要用棉棒将其轻柔地擦取出来。

祛味饲料
虽然市面上可以看到一些能够消除仓鼠粪便、尿液气味的祛味饲料，不过其实只要正常清洁，仓鼠是没有什么臭味的。

固体饲料

仓鼠的气味不仅是它们跟同伴交流的一种"语言"，而且周围有一些自己身上的气味，也能够让仓鼠感到安心和踏实。因此，建议大家不要选择祛味饲料，只用普通的饲料来喂食就可以了。

清洁与饲养

在仓鼠的清洁与饲养方面，有些工作是需要我们每天完成一次的，还有些工作则需要每周完成一次。不过在照顾完仓鼠之后，我们一定要用肥皂好好洗手。

每日清洁

仓鼠体形较小，一般不太会把笼子弄得很脏。每天早上，我们要将仓鼠打翻的饲料及饲料盒取出，并更换饮水器中的水。此外，我们还需要将仓鼠弄脏的垫材从笼子里取出，然后加上一些新的垫材。

铲子

牙刷

簸箕

小刷子

水桶

虽然漂白剂可以用于消毒，但使用后必须用水好好冲洗干净。

家用含氯漂白剂

日光浴

天气晴朗的时候，建议大家打开窗户，让仓鼠晒一晒太阳。

如果在炎热的夏季，我们也可以选择较为凉爽的时段，给仓鼠进行一小时左右的日光浴。

大扫除

建议每周将笼子、饲料盒、饮水器及厕所用水清洗一遍。在此期间，我们可以暂时将仓鼠转移到水桶等较深、不易逃跑的容器中去。如果觉得跑轮和小窝还不算太脏，用拧干的抹布擦拭一下即可。在天气晴朗的时候，建议等到大扫除结束以后，将笼子放在太阳下暴晒消毒。待水洗后的物品全部晾干之后，我们便可以铺上新的垫材，将小窝放回笼子并更换厕砂，然后就可以将仓鼠放回笼子啦。

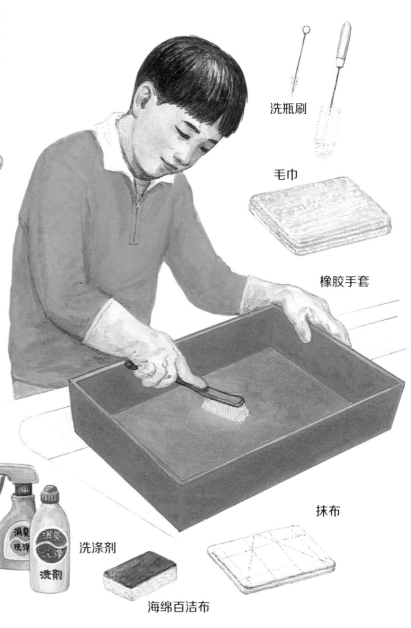

洗瓶刷

毛巾

橡胶手套

洗涤剂

海绵百洁布

抹布

爱干净的仓鼠

仓鼠会主动将身上变脏的地方清理干净。只要没有特殊情况出现，我们一般是不需要给仓鼠洗澡的。

玩沙子

放好浴沙以后，仓鼠就会滚进沙堆，洗上一个美美的沙浴。沙浴能够帮助仓鼠保持毛发和皮肤的健康。

如厕训练

仓鼠喜欢在固定的地方排尿。利用这一特性，我们就可以训练仓鼠记住厕所的位置。不过需要注意的是，仓鼠并没有在固定地方排便的习惯。

为了对仓鼠进行如厕训练，我们可以将沾有尿液的垫材提前放进厕所。这样一来，仓鼠就会受到气味的指引，记住厕所的位置了。我们也可以在仓鼠喜欢排尿的位置放上厕所。这时候就不能根据主人的喜好来决定厕所的位置了，而是要在仓鼠认为合适的位置摆放厕所，再开始如厕的训练。

仓鼠喜欢在远离小窝的位置上厕所。虽然我们将其称为厕所，但其实也只是小便专用的地点而已，毕竟大便的位置可是不固定的。不过，因为仓鼠的粪便较为干燥，所以并不会弄脏垫材。

刷毛

刷毛是与仓鼠交流的绝佳机会。首先，我们要训练仓鼠习惯待在人的手上。等到仓鼠逐渐适应以后，我们就可以拿起小动物专用的刷子，顺着毛发的生长方向轻柔地刷仓鼠的身体，梳理它们的毛发。

刷毛不仅能够保持仓鼠干净整洁，还能促进皮肤的血液循环，起到预防皮肤病的作用。特别是在春秋两季换毛的时候，一定要记得给仓鼠多多刷毛。

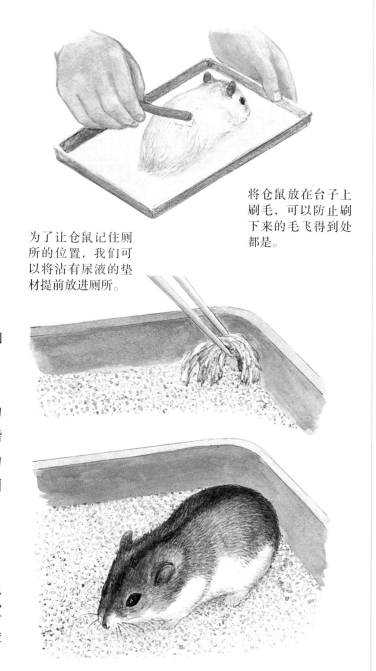

将仓鼠放在台子上刷毛，可以防止刷下来的毛飞得到处都是。

为了让仓鼠记住厕所的位置，我们可以将沾有尿液的垫材提前放进厕所。

检查小窝里的情况

　　仓鼠喜欢将食物带回窝里（请参见第9页中有关颊囊的介绍），所以我们需要经常对小窝里的情况进行检查，以防止其中储存的食物发生腐烂。要是在夏天给仓鼠喂食新鲜蔬菜的话，一天左右蔬菜就会腐烂变质。另外，如果我们是用吃完剩下的点心盒来做仓鼠小窝，当发现窝里很脏的时候，可以将整个盒子换掉。

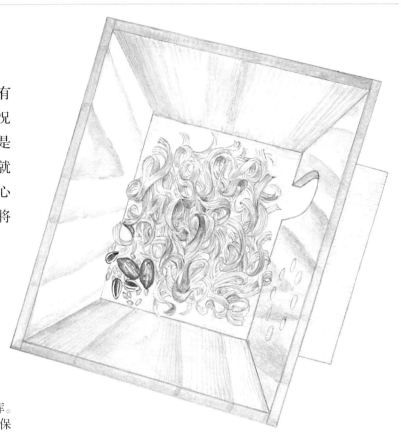

野生仓鼠的隧道中特设有储藏食物的仓库。即便是在人工饲养的情况下，仓鼠也依然保留着将食物塞进颊囊搬回窝中的习性。

学会抓住"越狱"的仓鼠

　　仓鼠可是出了名的"越狱"达人。如果仓鼠在主人打扫卫生等时候不小心偷跑出去，我们可以试着在水桶里放上食物，然后在桶边搭上梯子，引诱仓鼠上钩。另外，水桶陷阱建议摆放在仓鼠喜欢的房间角落或者柜子背面的缝隙旁边。

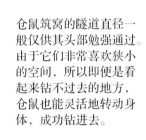

仓鼠筑窝的隧道直径一般仅供其头部勉强通过。由于它们非常喜欢狭小的空间，所以即便是看起来钻不过去的地方，仓鼠也能灵活地转动身体，成功钻进去。

在梯子周围或水桶中放入瓜子来引诱仓鼠。接下来就要看看仓鼠的定力如何喽！

主人不在家时

　　如果主人只是几天不在家的话，仓鼠是不需要什么特殊照顾的——食物还是以固体饲料为主，避免投喂易腐烂的食物即可。如果出门的时间较长，那可就要找人来帮忙照顾仓鼠了。要是有其他饲养仓鼠的朋友，这种时候就可以找他们过来帮忙啦。

　　如果选择将仓鼠寄养，记得将饲养手册（参见第30页）一同交给对方。

全年饲养

仓鼠不太喜欢潮湿、炎热或者寒冷的气候。我们要注意按照不同的季节选择不同的饲养方式，如在天气较冷时给仓鼠保温，在天气较热时给仓鼠降温，等等。

春天

仓鼠会在每年的春秋两季进行换毛。到了春天的时候，仓鼠的冬装逐渐向夏装过渡，身材看起来也会苗条不少。另外，换毛时建议大家经常给仓鼠刷毛，以防止掉落的毛发被仓鼠误食。

梅雨季节

对于体形较小的仓鼠来说，由于梅雨季节气温波动较大，仓鼠很难维持自身的体温，这可谓是一个较难捱的季节。再加上梅雨季节雨水频繁，对于喜欢干燥环境的仓鼠而言更是难熬。所以在湿度较高的时候，建议大家打开除湿机或空调的除湿模式。

大量排汗或繁殖期较为兴奋时，仓鼠的香腺会分泌大量带有气味的液体，这些液体甚至会打湿仓鼠的毛发。

叙利亚仓鼠的香腺平时并不明显。

夏天

仓鼠同样也不喜欢炎热的夏天，野生的仓鼠甚至会一直躲在窝里避暑。建议大家将笼子放在凉爽的地方，但要小心，不能被空调直吹，否则仓鼠可能会生病。

秋天

在冬天到来之前，气温会逐渐下降，这时我们就要考虑仓鼠的过冬问题了。除了要给仓鼠准备大量的保温垫材之外，可以多喂一些瓜子、核桃等富含脂肪的食物。这些食物不仅能够在仓鼠体内转化为皮下脂肪，也能为过冬积蓄一定的能量。另外，动物性蛋白也要记得多喂一些。

仓鼠大量进食积蓄能量，对抗寒冷的冬天。

冬天

仓鼠非常怕冷。当气温持续低至10～15℃时，仓鼠就可能进入冬眠状态，有些仓鼠甚至在冬眠之后就再也无法苏醒过来了。为了不让仓鼠冬眠，我们需要保证房间里足够暖和。万一仓鼠已经冬眠，我们可以将其转移到温暖的房间里，让仓鼠从冬眠状态中苏醒过来。要是天气太过寒冷的话，大家也可以使用小型宠物专用的加热器或加热垫等等。另外，我们要在仓鼠的小窝里放入足够的保温垫材，还要记得给它们多喂一些瓜子或富含动物性蛋白的食物。

成为朋友

在饲养宠物之后，我们除了可以欣赏它们美妙的叫声，看到它们可爱的样子，还可以享受与它们成为亲密伙伴的那种快乐与喜悦。通过与宠物的互动，我们还能够及早发现它们的健康情况是否出现了问题。

培养感情的技巧

仓鼠是一种非常小心谨慎的动物。要想和仓鼠培养感情，秘诀就在于"不要做仓鼠不喜欢的事情"。建议大家不要着急，学会耐心地与仓鼠友好相处。傍晚时分的仓鼠刚刚起床不久，情绪还不算太高。如果想要训练仓鼠或和仓鼠培养感情，最好还是选在仓鼠吃过晚饭、心情大好的夜晚进行。每次训练控制在 15～30 分钟内即可，切记不要给仓鼠造成太大的压力。

一边喊着仓鼠的名字，一边隔着笼子给它们喂食。重复多次之后，仓鼠就知道叫到名字的时候会有东西吃啦。

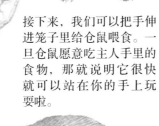

接下来，我们可以把手伸进笼子里给仓鼠喂食。一旦仓鼠愿意吃主人手里的食物，那就说明它很快就可以站在你的手上玩耍啦。

安全提示：仓鼠的牙特别厉害，会咬手。抓握仓鼠时要小心。

抓握仓鼠的技巧

一定不要从背后突然抓住仓鼠，否则可能会导致仓鼠惊吓过度，甚至进入假死状态。毕竟，野外环境下的仓鼠就是这样被雕、老鹰或猫头鹰捕食的。在抓握仓鼠的时候，我们要从正面靠近仓鼠，并试着用双手轻轻地将仓鼠托抱起来。如果仓鼠还不适应被人抓握的话，就会试图从我们的手上挣开逃走。所以在最开始的时候，我们也可以用双手将仓鼠捧握在手里。要是觉得用手去抱仓鼠有些害怕，别忘了先戴上手套。

等到仓鼠已经适应了人手之后，我们就可以从正面伸出手指，试着一摸仓鼠的小脑袋了。如果仓鼠已经习惯了被人摸头，我们也可以摸一摸它的后背。要是这时仓鼠表示了抗议，我们就要立刻停手的动作，改天再试。切记多一点儿耐心，不要太过于心急。

如果觉得用手直接去抱仓鼠有些害怕，可以戴上手套。在抓握仓鼠的时候，我们要从仓鼠的正面伸出双手，用两只手将仓鼠捧握在手里。要是突然从背后抓住仓鼠的话，它们可能会受到惊吓。

制作玩具
选用纸盒的话，即便弄破或者弄脏，也可以轻松替换，非常方便。

注意事项
留意四周是否有小猫小狗。
留意四周是否有不能啃咬的物品。
啃咬电线会使仓鼠触电，非常危险！

在室内玩耍

　　等仓鼠与主人熟悉之后，我们就可以将仓鼠从笼子里放出来，让它在屋里玩耍一会儿了。最初的时候，仓鼠可能会怯生生地环顾四周，不过在逐渐适应之后，它们就会高高兴兴地爬来爬去啦。虽然我们不能牵着仓鼠出去遛弯，不过放它在屋里玩上一会儿的话，也就等同于带它出去散步了。

注意将屋里缝隙都填补上，否则仓鼠一旦钻入，再想抓出来可是很费劲的。

21

观察仓鼠

让我们来试着观察一下仓鼠的动作吧。要知道，仓鼠是通过动作和气味等与同伴们进行交流的。如果我们能看懂具体动作的不同意思，观察起来也会特别有趣呢。

观察仓鼠的动作

让我们来试着观察一下仓鼠的动作吧。我们通过语言与人沟通，有时还会伴随一些肢体上的动作，而仓鼠则是通过气味、声音和动作来和同伴们进行交流的。

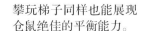

平衡感
仓鼠可以用前爪勾住顶盖，吊着身子灵巧地活动。

梳毛
仓鼠梳毛时一般处于比较放松的状态。

"下面就轮到我爬梯子啦！"

攀玩梯子同样也能展现仓鼠绝佳的平衡能力。

举起前爪，缩成一团
在听到陌生的声音或闻到奇怪的味道时，仓鼠就可能依靠后爪站立起来，观察周围情况。

睡相
仓鼠会缩成一团，抱着肚子睡觉。眼睛紧闭，耳朵贴头。

视力
仓鼠的视力很差，走一会儿就会站立起来，闻闻气味，看看四周。

让仓鼠挖隧道

　　仓鼠可是打洞的好手。以野生仓鼠为例，它们可以在地下 30 ~ 40 厘米的地方挖出自己的卧室、储藏食物的仓库、厕所等各个房间，而且还会用隧道将这些房间连接起来（请参见第 6 页）。

　　同样地，我们也可以试着让家养的仓鼠挖一下隧道。具体来说，只要在鱼缸中放入土壤和小木块，准备工作就大功告成了。放入仓鼠之后，大家可一定要记得盖好盖子。虽然仓鼠很喜欢这种加土的鱼缸，不过鱼缸可是不易清理的。所以，平时我们还是要将仓鼠养在笼子里，只有在偶尔娱乐一下的时候再把它们放进有土的鱼缸中尽情玩耍。

在鱼缸顶部盖好铁丝网盖。

加土至鱼缸的三分之二处左右。土壤打湿后仓鼠更容易挖洞。

准备完毕之后，就可以将仓鼠放进鱼缸，开始观察啦！

挖隧道
即便是养在笼中的仓鼠，只要一放到土上，就会立刻开始本能地挖起隧道来。与观察蚁穴类似，我们也可以在鱼缸的外面贴上一层黑纸，这样仓鼠的隧道可能就会一直挖到鱼缸的边缘了。注意，我们只有在观察的时候才能将黑纸拆下，然后就可以隔着鱼缸观察到隧道中的仓鼠啦。

准备繁殖

仓鼠的繁殖能力是非常强的。至于生下来的仓鼠宝宝，究竟是留下来继续饲养，还是寻找新的主人，可是要在仓鼠繁殖前就要提前想好的。

繁殖前的准备

正如俗语"老鼠老鼠，一公一母，一年二百五"所描述的那样，仓鼠的繁殖速度也十分惊人。一般情况下，母鼠每次可生下5～10只小鼠，而且雌性小鼠在出生后6～7周、雄性小鼠在出生后7～8周即性成熟，很快便可以继续繁衍后代了。在让仓鼠进行繁殖之前，我们需要清楚地认识到仓鼠的繁殖能力，而且还要明白出生后的仓鼠必须分笼饲养，以防止打架等情况的出现。

相亲

准备繁殖仓鼠的话，第一步当然是要安排年轻的雄鼠与雌鼠相亲见面啦。我们可以将仓鼠相亲的时间选在气候舒适的春秋两季。刚开始的时候，我们要先将它们的笼子摆在一起，让雄鼠与雌鼠能够隔着笼子闻到彼此的气味、看到对方的样子。相亲的时间一般控制为2～3天。另外，15个月以上的老龄仓鼠或者体重过大的肥胖仓鼠可是不适合繁殖的。

发情时雄鼠的香腺会分泌液体，并且它会四处涂蹭。这是雄鼠在吸引雌鼠。虽然雌鼠也会出现类似的举动，不过显然还是雄鼠更积极一些。

相亲中的雄鼠与雌鼠。仓鼠之间也讲究缘分，有些仓鼠就是会互相看不顺眼。

雌鼠每隔4～5天发情一次。发情的时候，雌鼠会变得精神紧张，很难安静下来，而且还会散发出一种特殊的气味。

雄鼠会追赶雌鼠，所以雌鼠看起来似乎并不怎么情愿。

不一会儿，雄鼠和雌鼠就会变得甜蜜起来。如果发现两只仓鼠总是打斗得非常厉害的话，建议还是不要让它们繁殖下一代。

将雌鼠放入雄鼠的笼中

如果察觉雌鼠有发情的迹象，而且仓鼠之间也没有出现打架等情况，我们就可以将雌鼠放进雄鼠的笼子中。由于仓鼠喜欢独自生活在自己的地盘之中，所以即便放入笼子的雌鼠体形较大，雄鼠也会认为这里是自己的领地，气势上也就略胜了一筹。与此相对，由于雌鼠是进入到了雄鼠的地盘，因此即便力量上具有优势，也依然还是会谨慎行动。换言之，将雌鼠放进雄鼠的笼子，正好可以巧妙地平衡二者之间的力量关系。等到雄鼠与雌鼠同居一周之后，交配也应该已经完成，这时我们就可以将雌鼠放回到原本的笼子中去了。

准备生产

仓鼠的怀孕时间一般为 15 ~ 20 天。在孕期第 10 天前后，雌鼠的肚子就会明显地鼓起。如果10 天之后发现雌鼠的肚子没有变大，我们就可以重新将雌鼠放回到雄鼠的笼子中去。不过要是和同一只雄鼠甜蜜许久都没有怀孕的话，不妨选择给雌鼠再找一只雄鼠做伴吧。一旦雌鼠怀孕，我们除了喂食常吃的饲料之外，还要给雌鼠大量地补充动物性蛋白及筑窝用的垫材。到了临近生产的时候，我们要用布将笼子盖住，给雌鼠创造一个安静、昏暗的环境。为避免打扰，在打扫卫生方面，只需要将脏得非常严重的地方清洁干净。除了更换食物和饮用水之外，我们尽量都不要靠近笼子。

假孕

在交配过后，即便没有怀孕，有些雌鼠的腹部也会隆起。这一状态被人们称为假孕。假孕大多会持续 8 ~ 12 天，届时腹部的隆起会自然消失，而雌鼠也就可以重新交配受孕了。

腹部隆起的雌鼠。等到隆起消失之后，就可以重新安排相亲啦。

幼鼠的成长

在幼鼠生产前及出生后一周之内，大家尽量不要去打扰它们。有母鼠的照顾，我们大可不必担心。等到出生10天以后，这些幼鼠就会从小窝里钻出来了。

仓鼠临盆

临近生产的仓鼠坐立难安，不仅会开始频繁地梳毛，还会出现筑窝等行为。当母鼠的阴部开始少量出血时，分娩就正式开始了。一般情况下，母鼠一窝可以生出5～10只小鼠。另外，因为仓鼠的乳头较多，所以就算生出的幼鼠挺多，也不用因为喝奶的问题费心。一般情况下，仓鼠都能够自行分娩，所以我们只要将一切交给母鼠即可，不要因为担心而在一旁偷看。在幼鼠出生一周左右的时间内，母鼠主要待在窝里，精心地照顾自己的孩子。

仓鼠宝宝们的小床会由母鼠亲自制作完成，所以我们只需要在笼子里放入宠物店出售的垫材、报纸等碎屑。有时候，母鼠也会用小窝里的木屑来搭床。

如果在这个时候偷看窝内情形的话，不仅会让母鼠感到焦躁难安，还可能会导致母鼠停止哺乳，甚至吃掉幼鼠。而幼鼠一旦遭到了母鼠的遗弃，作为主人是很难通过喂奶的方式将其抚养长大的。尽管大家可能都很好奇仓鼠宝宝的成长过程，不过在这一阶段，我们还是一定要忍住不能偷看。

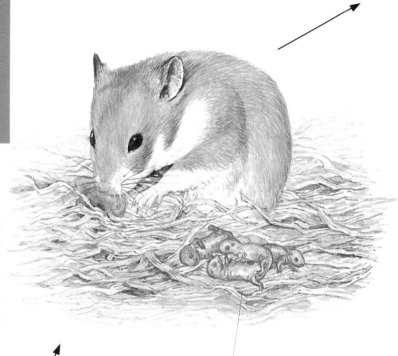

刚出生的仓鼠宝宝
也许是还没有长毛的缘故，仓鼠宝宝的全身都是粉红色的。虽然它们可以对气味进行感知，不过眼睛却无法看到事物，耳朵也无法听到声音。

学会照顾哺乳期的仓鼠

为了让母鼠在一个稳定的环境中分泌出大量的乳汁，我们可以较平时多喂一些动物性蛋白。生产后两三周内，打扫次数要减少，将脏得非常严重的地方清洁干净就可以了。

幼鼠出生10天左右就会独立进食饲料。待到3周之后，它们就可以不再吸吮妈妈的乳汁，而是吃普通的饲料。我们将仓鼠的这一过程称为断奶。

这时，我们就需要将饮水器的高度调低，以方便幼鼠饮水。在幼鼠断奶之后，我们就可以开始照常打扫卫生了。等到幼鼠出生4周左右时，我们需要将幼鼠与母鼠分开。母鼠哺育孩子很耗体力，短时间内都需要补充营养，恢复元气。

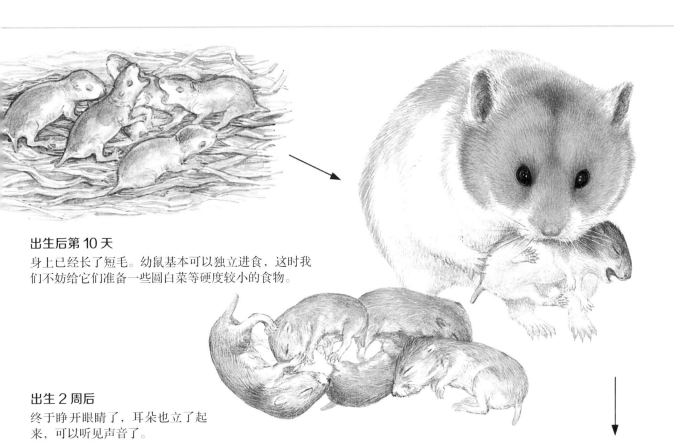

出生后第 10 天
身上已经长了短毛。幼鼠基本可以独立进食，这时我们不妨给它们准备一些圆白菜等硬度较小的食物。

出生 2 周后
终于睁开眼睛了，耳朵也立了起来，可以听见声音了。

仓鼠宝宝的成长

如果幼鼠较多的话，那么不同的食量就会造成其成长速度快慢不一的情况出现。当幼鼠的个头差异较为明显时，我们就需要将其中体形较小的幼鼠单独进行饲养。另外，雄性幼鼠在出生后 7 ~ 8 周、雌性幼鼠在出生后 6 ~ 7 周就可以成年。而叙利亚仓鼠在成年以后，即便是兄弟姐妹之间也依然会打斗不止，因此在成年之前就需要将它们全部分开饲养。

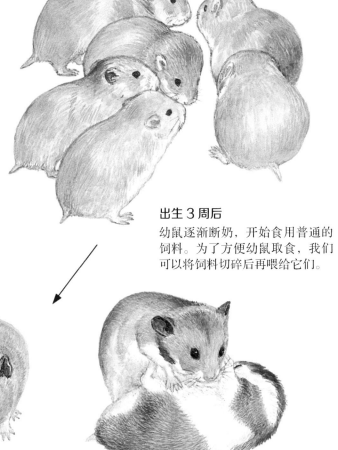

出生 3 周后
幼鼠逐渐断奶，开始食用普通的饲料。为了方便幼鼠取食，我们可以将饲料切碎后再喂给它们。

出生 4 周后
幼鼠可以离开母鼠，独立生活。

仓鼠的一天

仓鼠的活动时间与我们正好相反，它们喜欢白天睡觉，夜晚活动。现在，就让我们一起来看看仓鼠的一天到底是如何度过的吧。

玩耍过后，有些口渴。

忙来忙去的仓鼠

仓鼠是一种夜行性动物。它们白天的时候会在自己的小窝里待上一天，到了傍晚就会开始起床活动，夜里则会变得异常活跃。

起床后的仓鼠在吃饱喝足、上完厕所之后，就会开始一天的玩耍啦。在此期间，它们还会找空闲的时间，给自己梳理毛发。

你看，它们还真的是活跃，一刻也停不下来呢。

又在梳毛了，仓鼠真的很爱干净呢！

放上一个小梯子，仓鼠就会上上下下地爬个不停。

傍晚6点，仓鼠从小窝里探出头来。它一边伸着懒腰，一边大大地打着哈欠。"晚上好啊！"

仓鼠有时也会用厕砂来给自己洗个澡。

所以要记得每天都清洁笼子。

超爱小零食，但也不能吃得太多啊。

每天频繁地梳毛能够帮助仓鼠保持毛发的整洁，提高其保温的性能。

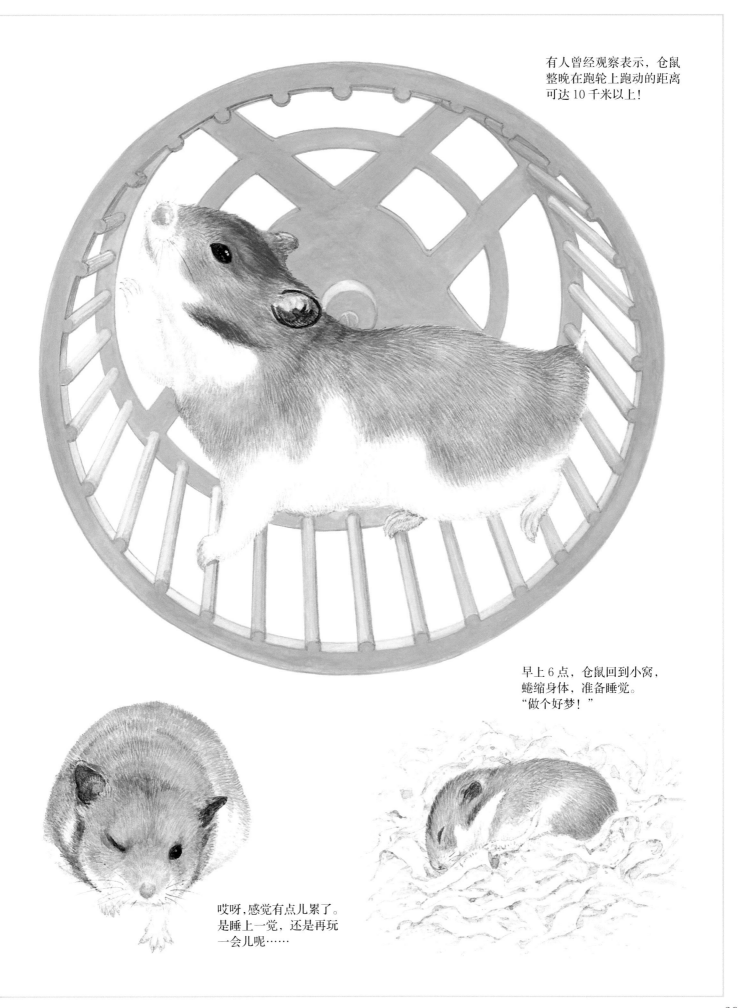

有人曾经观察表示，仓鼠整晚在跑轮上跑动的距离可达 10 千米以上！

早上 6 点，仓鼠回到小窝，蜷缩身体，准备睡觉。
"做个好梦！"

哎呀，感觉有点儿累了。是睡上一觉，还是再玩一会儿呢……

健康地饲养

就算身体不太舒服，仓鼠也会表现出很活泼的样子。一旦发现仓鼠病恹恹的，很可能病情已经变得十分凶险了。这时我们要先给仓鼠保暖，再赶紧带去医院。

悉心的照料

要想确保仓鼠健康成长，悉心的照料是最基本的要求之一。我们要给仓鼠提供营养均衡的饲料和新鲜的饮用水，还要按时打扫卫生，保证笼子内的整洁与干净。

仓鼠的体形较小，一旦出现身体上的不适，往往会比我们看到的病情更为严重。这是因为在野外生存的环境下，许多动物都会将仓鼠视作自己的美餐，要是仓鼠表现出身体不适的症状，很快就会被天敌盯上，甚至可能会在劫难逃。即便是家养的宠物仓鼠，它们也同样保留着野生仓鼠的这一习性——就算没有天敌的追捕，它们在生病的时候也依然会表现得生龙活虎，除非病情较严重。另外，我们还可以准备一本饲养手册，对仓鼠进行仔细的观察。一旦发现有什么和平时不太一样的地方，就要想一想是不是仓鼠有什么地方不舒服了。

健康检查

检查仓鼠健康情况的方法与挑选仓鼠的方法相同（请参见第 10 页）。如果每天都观察仓鼠的情况，我们还是可以很快注意到它们身上出现的些许异常的。一旦发现仓鼠身体有异，首先我们就要试着给仓鼠保暖。因为维持自身体温需要消耗大量的能量，所以在进行保暖之后，仓鼠就能够从外界补充到一定的能量。需要注意的是，温度最好控制在接近仓鼠体温的 40℃左右。

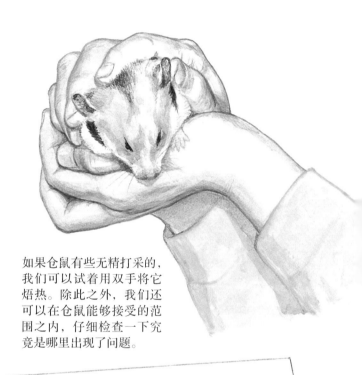

如果仓鼠有些无精打采的，我们可以试着用双手将它焐热。除此之外，我们还可以在仓鼠能够接受的范围之内，仔细检查一下究竟是哪里出现了问题。

1997 年 12 月 25 日（星期四）　阴
体重　　　　108g
食物　　　　仓鼠饲料　13 粒
　　　　　　瓜子　5 颗
　　　　　　圆白菜　少许
仓鼠在用前爪抱着饮水口喝水呢。

1997 年 12 月 12 日（星期五）　晴
体重　　　　110g
食物　　　　仓鼠饲料　15 粒
　　　　　　小鱼干　1 个小小的
　　　　　　圆白菜　少许

夜里疯狂地玩着跑轮。

仓鼠的粪便和尿液也可以作为医生诊断的依据。
建议大家将笼子一起带到医院。

仓鼠生病了……

如果在家悉心看护也没能让仓鼠彻底痊愈的话，我们就要和家人商量一下，将仓鼠带到宠物医院来进行治疗。虽然有很多宠物医院都可以给猫狗之外的动物看病，不过我们也还是可能会被医生拒之门外，因为有的医生看不了仓鼠的病。为了避免这种病急乱投医的情况出现，建议大家提前找找能够给仓鼠治病的宠物医院。另外，在将仓鼠带去医院的时候，我们可以直接将仓鼠装在平时生活的笼子里，连同笼子一起拎去。

痛苦的离别

仓鼠是有生命的动物。既然有生命，就必然会迎来生命终止的一天。

仓鼠的寿命一般为 2 ~ 3 年，而雄鼠的寿命则大多会比雌鼠的长。

仓鼠死后

我们要将仓鼠的全部用品用清水冲洗干净，然后用家用含氯漂白剂及热水进行消毒。在洗净消毒之后，这些用品还需要放在太阳下暴晒晾干。

要是家里有个小院的话，我们可以将死去的仓鼠埋在土里。如果没有可埋的地方，我们也可以试着向相关的社区服务中心咨询是否受理宠物火葬等服务。另外，也别忘了要和家人商量一下。

写在最后

我们可以将自己与小动物一同度过的欢乐时光当成一份美好的回忆，并学会在饲养其他动物时不要再犯下同样的错误。等到将来有一天你有了孩子的时候，请不要忘了告诉他们，和小动物在一起生活是一件多么美妙的事情！

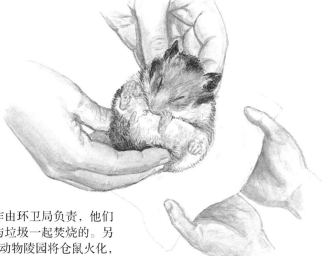

在日本，就算火化工作由环卫局负责，他们也不会将仓鼠的尸体与垃圾一起焚烧的。另外，我们还可以选择在动物陵园将仓鼠火化，不过这可是要花费一定费用的。

图书在版编目（CIP）数据

把大自然带回家．我想养只小仓鼠 /（日）成岛悦雄
著；（日）泷波明生绘；边大玉译 . -- 北京：中信出
版社，2021.4
　　ISBN 978-7-5217-2646-6

　　Ⅰ．①把… Ⅱ．①成…②泷…③边… Ⅲ．①自然科
学—儿童读物 Ⅳ．① N49

　　中国版本图书馆 CIP 数据核字 (2020) 第 260452 号

Original Japanese title: HAMSTER NO KAIKATA SODATEKATA
Text copyright © 1998 by Etsuo Narushima
Illustration copyright © 1998 by Akio Takinami
Original Japanese edition published by Iwasaki Publishing Co., Ltd.
Simplified Chinese translation rights arranged with Iwasaki Publishing Co.,
Ltd. through The English Agency (Japan) Ltd. and Eric Yang Agency, Inc
Simplified Chinese translation copyright © 2021 by CITIC Press Corporation
ALL RIGHTS RESERVED

把大自然带回家 · 我想养只小仓鼠

著　　者：[日] 成岛悦雄
绘　　者：[日] 泷波明生
译　　者：边大玉
出版发行：中信出版集团股份有限公司
　　　　　（北京市朝阳区惠新东街甲4号富盛大厦2座　邮编　100029）
承 印 者：北京汇瑞嘉合文化发展有限公司

开　　本：889mm×1194mm　1/16　　印　张：2　　字　数：70千字
版　　次：2021年4月第1版　　　　印　次：2021年4月第1次印刷
京权图字：01-2020-7610
书　　号：ISBN 978-7-5217-2646-6
定　　价：179.00元（全9册）

出　　品：中信儿童书店
图书策划：知学园
策划编辑：隋志萍　　　责任编辑：鲍芳　　营销编辑：张超　李雅希　王姜玉珏
封面设计：谢佳静　　　内文排版：王哲　　审　定：严莹

把大自然带回家

我想养只小龙虾

[日]小宫辉之 著　[日]浅井粂男 绘　边大玉 译

中信出版集团 | 北京

目录

日本黑螯虾

日本黑螯虾（俗称日本小龙虾）
生活在河水湍急的冰冷水域。
由于日本小龙虾不像克氏原螯
虾（俗称小龙虾）那样容易养殖，
因此在饲养时需注意降低水温，
并用水泵来维持供氧。

前言

　　我曾经在北海道大雪山国家公园的溪流旁遇到一家人钓小龙虾——只见他们站在瀑布旁抛出一根根系有鱿鱼的细线，小龙虾便一只只地上了钩。我上前一看，发现他们钓上来的都是个头不大的棕褐色日本小龙虾。

　　虽然日本小龙虾在日本由来已久，不过人们对它们却并不十分熟悉。究其原因，就在于这些小龙虾一直栖息于北海道及日本东北地区的山间清涧之中，生活得十分低调。虽然现如今一提到小龙虾，绝大部分日本人都会联想到浑身上下红彤彤的克氏原螯虾，但其实日语的小龙虾原本是人们给日本黑螯虾起的名字。

　　克氏原螯虾引入日本是在20世纪初，此后它们便以极快的速度发展成为日本沿湖地区的代表性生物之一。

钓小龙虾的当地人曾经提到，他们会用小龙虾来煮制高汤。不过，这些都已经是十二三年前的事情了。

小龙虾的故乡

克氏原螯虾的故乡位于美国的南部地区。作为当地一种极为常见的生物，家家户户都经常用它们来制作美食。

外来物种

克氏原螯虾（小龙虾）首次引入日本是在20世纪初。当时，人们将牛蛙（食用蛙）作为一种全新的食材带到日本，并开始了大规模的人工养殖，而小龙虾则作为这种牛蛙的饲料，一同被带了过来。

事实上，我们将这些牛蛙和小龙虾这种原本并不生活在日本，从外国引入并逐渐在本土落户的生物，统称为外来物种，如巴西红耳龟、大口黑鲈、加拿大一枝黄花等等。

浣熊

三色鹭

牛蛙

故乡的模样

　　小龙虾原生活在美国密西西比河流域及佛罗里达半岛一片广袤的湿地地带。这里水势较浅，河底淤泥堆积，水草丰茂，恰巧与日本的水田及荷塘等环境极为相仿。虽然与日本相比，小龙虾的故乡气候更为温暖，也不会遇上寒冷的冬季，不过当地雨水频繁，与日本的全年降水量却是大体相同的。这也是小龙虾可以在日本繁衍生息的重要原因之一。

在美国，小龙虾的栖息环境中潜伏着大量的天敌。住在河边的浣熊和水獭等哺乳动物，白鹭的近亲三色鹭、沙丘鹤、美洲白鹮等鸟类动物都非常喜欢捕食小龙虾。除此以外，美国短吻鳄等爬行动物和牛蛙也会经常对小龙虾"痛下杀手"。

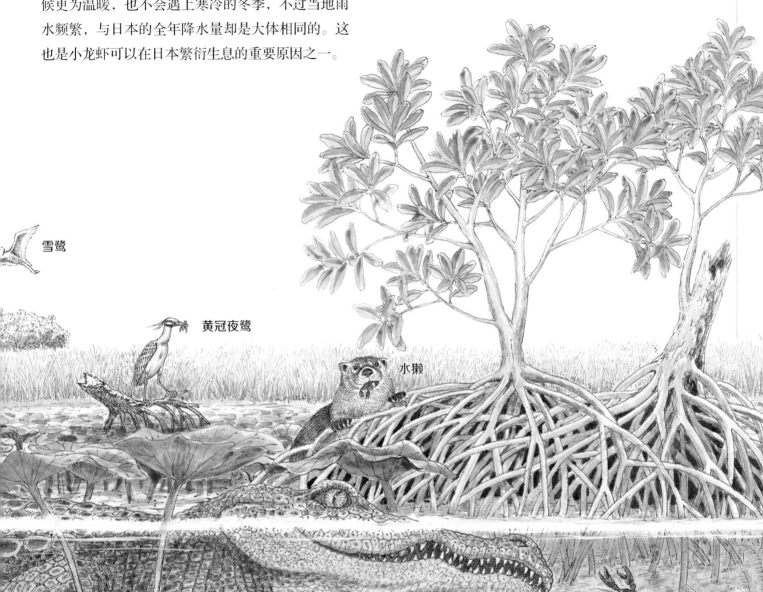

雪鹭

黄冠夜鹭

水獭

美国短吻鳄

鳄龟

栖息环境

随着小龙虾数量的增长，以小龙虾为食的生物种类也在不断地增多。食物与天敌共存，标志着小龙虾已经正式成为日本自然生态链中的一环。

栖息环境的相关情况

小龙虾生活在水田、水渠、小河、池沼、湖泊等地。由于小龙虾适于生长在水流平稳的地方，因此在溪水湍急、水温较低的山间溪流中很难发现它们的身影。另外，即便是在水质极差、污染严重的地方，小龙虾也可以安然无恙地生活。

对于河面很宽的河流来说，小龙虾一般不会出现在水势较深的地方，而是会选择河岸或岸边的水洼居住。在面积较大的湖泊地区，它们也喜欢生活在岸边芦苇繁茂的地方。另外，小龙虾属于淡水生物，在大海里自然是找不到的。

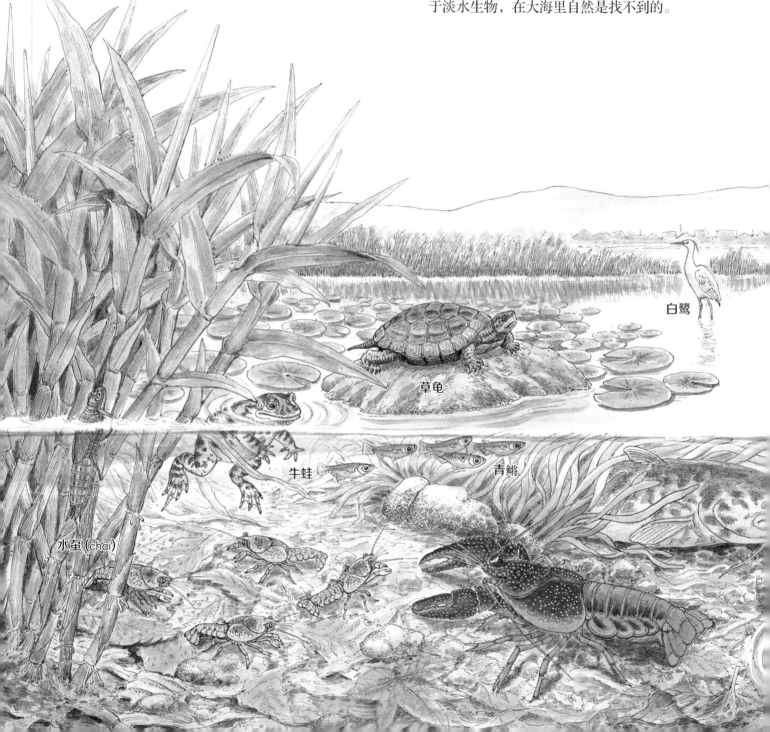

白鹭

草龟

牛蛙

青鳉

水虿 (chài)

不断增多的天敌

最初，日本的本土动物对于小龙虾这一未知生物并不感什么兴趣。对于小龙虾而言，几乎没有天敌存在的日本仿佛天堂一般美好。不过慢慢地，日本的动物们逐渐品尝到了小龙虾的味道，小龙虾的天敌也随之越来越多。

我们经常能看到白鹭在水田里捕捉小龙虾的身影。即便是在城市的水池周围，小鸊鷉（pì tī）、鸬鹚等鸟类动物捕食小龙虾的场景也同样屡见不鲜。此外，个头较小的小龙虾会被鲇鱼及草龟吃掉，也可能在浅滩等地被伯劳叼走。对于刚刚孵化不久的小龙虾来说，青鳉和水蚤也可能将它们当作盘中大餐。随着天敌种类的不断增多，小龙虾的数量得到了有效的控制，不至于泛滥成灾。

伯劳会将蝗虫、青蛙等猎物穿在尖锐的树枝上，以供日后享用。个头较小的小龙虾在被伯劳抓住以后，同样也难逃被插在树枝上的命运。

伯劳

鲇鱼

鲤鱼

小鸊鷉

抓小龙虾喽

小龙虾会在什么地方过着怎样的生活呢？如果我们对此不甚了解的话，要想抓到它们可就绝非易事了。可以说，学习了解小龙虾的习性是捕捉小龙虾的第一步。

捕捉方法

小龙虾喜欢躲在水边草丛或水草根部附近。我们可以试着用网在小龙虾可能出现的地方多捕捞几次，想必一定能够有所收获。如果是水流较浅、河床较硬的地方，我们也可以穿好长筒雨靴或凉鞋，亲自下水将它们赶出来再抓——只要用脚轻轻拨动那些可能藏有小龙虾的石头，等它们钻出来的时候就可以一网打尽啦。

捕捉地点

水田、小河、水渠、池塘或泥沼附近都是可以抓到小龙虾的。这些地方有时土面较为松软，很容易打滑，一定要注意安全。

如果在水中看到了小龙虾的身影，我们就可以找准时机，将网兜从它们的尾部向前套，并用木棒在其头部挥动驱赶。由于小龙虾习惯向后跳跃进行躲避，这样一来也就正好跳进我们的网里啦。

小龙虾有逆流爬行的特性。因此，那些捕捉小龙虾的专家老手也会在下游放上一种能让小龙虾进去出不来的特殊篓网，一次便能够捕捉到许多小龙虾。

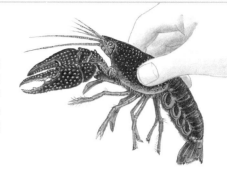

钓虾方法

我们还可以试着将鱿鱼丝系在风筝线上钓小龙虾。由于小龙虾会用一对巨大的钳子（螯）夹住猎物，类似香肠等质地较软的饵料很容易被其夹断，因此并不推荐。此外，鱼钩很可能会划伤小龙虾，所以也是不宜使用的。

如何去拿

在抓小龙虾时，我们要学会捏住它们的背部，以防被钳子夹伤。另外，切记不要去捏小龙虾的钳子或足部，否则很可能会使小龙虾出现自切行为（参见第 27 页），导致其钳子或足部脱落。

如果手指不慎被钳子夹住，用力拖拽只会让钳子越夹越紧。这时，我们只要把小龙虾放到水里，小龙虾感到安全后就会慢慢地松开钳子了。

如何运输

在运输过程中，水桶里的水只要能没过小龙虾的身体即可。在夏季较为炎热时，水温升高可能会导致小龙虾较为虚弱，所以不要贪多，养多少就带多少回去吧！

在水面清澈见底的安全地带，我们其实并不需要鱼竿，只要直接在风筝线一端系上鱿鱼丝就可以钓小龙虾啦！

身体的构造

小龙虾的外形与虾的相仿，而它们巨大的钳子和喜欢在水底爬行的特性又与螃蟹的较为类似。因此，日本人有时也会将小龙虾称为"蟹虾"。

是虾？是蟹？

结合图片观察可知，腹部较长、长有3对长长的触角、生有螯状步足（位于胸部的足）是虾身体结构的三大特征，而小龙虾也是虾的同类之一。

虾使用腹肢进行游动。虽然小龙虾也生有腹肢，但由于这些腹肢已经退化得较为细小，因此小龙虾是不会游泳的。不过，也正是因为它们不具备游动逃走的能力，所以才会进化出一对大大的钳子来保护自己。

蟹（红螯螳臂蟹）
蟹的腹部折叠于蟹壳的下部，像个肚兜。蟹有2对较短的触角，后4对步足上没有螯状的钳子，腹部也并未生出腹肢。

小龙虾（克氏原螯虾）
小龙虾的腹部较长，其上生有腹肢。此外，小龙虾的触角共有3对，前3对步足末端呈钳状。

虾（斑节虾）
虾的腹部普遍较长，其上生有腹肢，以供游泳之用。虾的触角为2对，而且在它的5对步足中，前3对上都生有小小的螯状钳子。

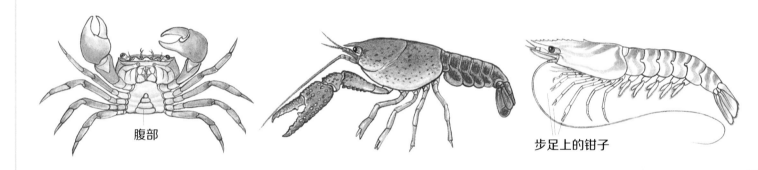

腹部

步足上的钳子

居于日本的小龙虾近亲

除了小龙虾之外，日本黑螯虾、软尾太平洋螯虾在日本也都有一定分布，不过其分布范围却较为有限。目前，全世界现存有小龙虾的同类300余种，就连海里也生活着它们的近亲美洲螯龙虾呢。

软尾太平洋螯虾（体长20 cm）
由美国俄勒冈州引入的食材之一，在日本多地均有养殖。目前已在北海道摩周湖地区繁衍开来，数量逐年增多。

日本黑螯虾（体长5 cm）
日本唯一的本土螯虾，历史悠久。生活在日本北部的冰冷溪流中。

小龙虾的性别

要想分辨小龙虾的雌雄，其实只要看看它们的肚子就一清二楚了。在小龙虾的 5 对腹肢中，如果最前面的第 1 对腹肢和第 2 对腹肢长得像长长的细管，那么我们就可以确定这是一只雄性的小龙虾了。这些长长的管状腹肢，会在交配过程中起到交接器的作用（参见第 18 页）。

雌性小龙虾的 5 对腹肢长短相同，比雄性小龙虾 3 对较短的腹肢稍长一些，可以很好地起到固定虾卵和虾宝宝的作用（参见第 19 页）。此外，雌性小龙虾第 3 对步足的根部还长有一对产卵用的圆形生殖孔。

熟悉之后，其实只要看看钳子与体长的比例就可以分辨出雌雄了，钳子占比大的就是雄性。

雌性小龙虾的钳子在闭合时严丝合缝，而雄性小龙虾的钳子在闭合时却会出现缝隙，以便在钳住雌性交配时不至于弄伤对方（参见第 18 页）。

雄性

雌性

步足

交接器

生殖孔

腹肢

腹肢

海里的 " 小龙虾 "

软尾太平洋螯虾（体长 15 cm）
由美国俄勒冈州引入的食材之一，在日本各地均有放养，不过最终只在滋贺县的淡水湖中繁衍开来。

美洲螯龙虾（体长 50 cm）
美洲螯龙虾，即俗称的波士顿龙虾，生活在大西洋海域的一种大型海水螯虾，甚至还有人曾经捕到过体长在 1 米左右的巨型螯龙虾。虽然这一品种也曾在日本开展过人工养殖，不过结果并不十分顺利。

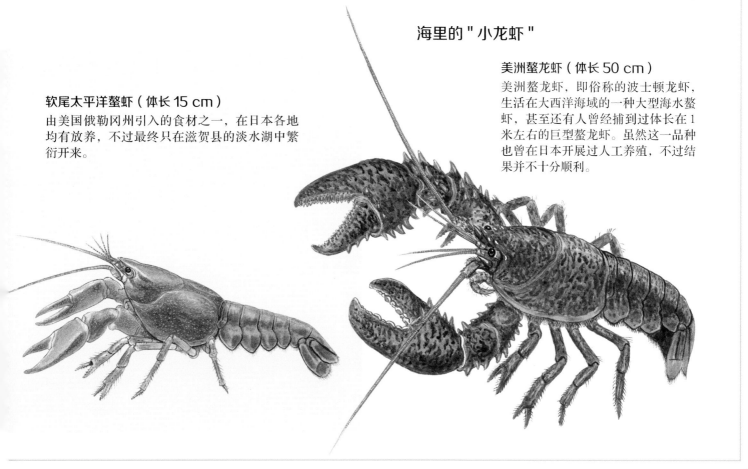

饲养方式

我们可以试着将鱼缸改造成一个适于小龙虾生活的居所，比如用砂石模拟出淤泥的环境，用花盆搭建出一个类似巢穴的藏身之处，等等，这些着实要花上一番功夫呢。

日照能够加速氯气的挥发，因此用水时先在桶中晾晒1天为宜。

加入大苏打（硫代硫酸纳）能够帮助我们快速除去自来水中的氯气。

注意事项

由于小龙虾用鳃呼吸，直接使用经过氯气消毒的自来水很可能会致其死亡。鱼缸中的水量应保持在15厘米的深度为宜，用于藏身的花盆或石块也只需要浸入水中即可。另外，水温过高可能会导致小龙虾较为虚弱，因此夏季时请记得将鱼缸放置在没有阳光直射的地方。

饲养容器

鱼缸可以方便我们从各个角度对小龙虾的情况进行观察。此外，能够储水的塑料盒或塑料箱也可用于小龙虾的饲养。

砂石

容器底部需铺入一些小粒砂石，以便于小龙虾的爬行。此外，这些沙子还能帮助蜕皮后的小龙虾重新恢复身体的平衡（参见第23页）。

选择颗粒较小的沙子，以便于小龙虾重新恢复身体的平衡。

雌性　　　雄性　　　雄性

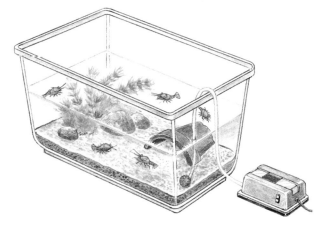

小龙虾宝宝的饲养

小龙虾宝宝可以选择在塑料泡沫箱等容器中进行饲养。待小宝宝们可以离开妈妈之后，我们就可以将它们分开饲养了。如果虾宝宝数量较多的话，建议使用氧气泵供氧更为稳妥。另外，容器里也不要忘了放些水草进去。这些水草不仅能够帮助虾宝宝们练习抓握、学会藏身，同时也可以充当它们的食物，一举多得。

小龙虾是杂食动物

虽然对于食物来者不拒（杂食动物），不过成年后的小龙虾还是更喜欢进食切好的鱼肉、小鱼干、小银鱼、其他肉类、水蚯蚓等动物性食物。当然，我们也要记得给它们喂食一些植物性饲料，如金鱼藻、伊乐藻等藻类或蔬菜，等等。此外，虽然小龙虾宝宝在进食动物性饲料上与成年后并无太大差异，不过它们相对更爱吃植物性饲料，特别是煮熟的菠菜，更是它们的心头挚爱呢。

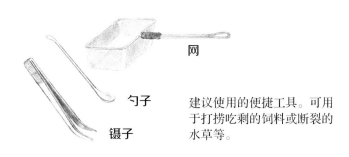

网

勺子

镊子

建议使用的便捷工具。可用于打捞吃剩的饲料或断裂的水草等。

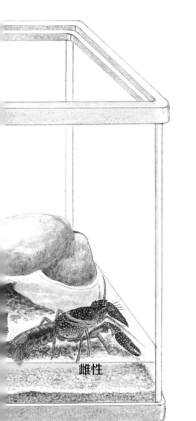

雌性

温度计
水温过高会使小龙虾较为虚弱，而水温较低则会影响小龙虾的进食。因此，我们要经常监测水温。

藏身之处
没有藏身之处的小龙虾会显得焦躁不安，因此，我们可以按照小龙虾的数量安放几处隐蔽的地方，避免同伴争斗或同类相残现象的发生。另外，残破的花盆是给小龙虾藏身的最佳选择之一。

饲料的多少

与其每天投喂同样的饲料，其实倒不如尝试着每天从自己所吃的饭里，挑一些小龙虾可以进食的食物喂给它们。不过要注意的是，过量投喂后剩余的食物残渣可能会使水质变差，因此每次不要投喂过多，只要能看着它们吃完就可以了。另外，如果饲养的小龙虾数量较多的话，我们也可以试着用筷子夹住食物，直接将食物送到那些体质较差的小龙虾嘴边。

同类相残

在缺乏食物的情况下，小龙虾虽然可以生存很长一段时间，但极有可能会导致同类相残现象的发生。因此，我们要记得每天按时喂食哟。

体形较小的小龙虾最容易成为同类相残的牺牲品。因此，建议大家最好不要将体形差异较大的小龙虾放在一起饲养。

另外，正在蜕皮的小龙虾一方面失去了硬壳的保护，另一方面行动也会较为迟缓，因此极易成为其他同伴觊觎的对象。不仅如此，在蜕皮过程中受到外界的干扰还会导致蜕皮的失败。因此，我们可以先将其他的小龙虾放在另一容器中2~3天，以便给正在蜕皮的小龙虾创造一个安静的环境。

投喂食物

就算有人一直在旁边盯着，小龙虾也是不会停止进食的。所以，我们不妨利用这个机会来好好观察一下，这样一来，每天的喂食时间也会变得更加令人期待呢！

水边的清道夫

成年小龙虾更喜欢进食肉类食物。由于它们自身的移动速度无法捕捉到健康的鱼儿，因此小龙虾也常常会以受伤或死掉的鱼儿为食。相反，小龙虾宝宝则对"素食"颇为青睐，经常会取食一些断落的水草。由此可见，小龙虾真可谓是水田或河边的清道夫呢。

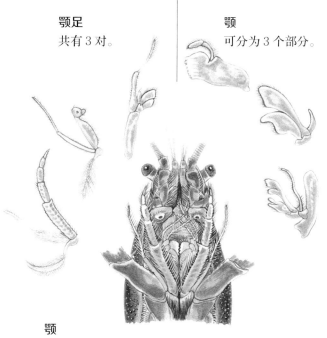

颚足
共有 3 对。

颚
可分为 3 个部分。

颚
镰刀状的鄂足可用于品尝食物的味道。小龙虾发现食物后，会利用颚足将其送入口中，并用颚进行咀嚼。

不会同类相残的小龙虾

同时投喂荤素两种饲料不仅能加速小龙虾的生长，而且还会使它们的身体呈现出通红的颜色。而如果只投喂水草这类素食的话，虽然个头上可能不会长得太大，但是这些没有开过荤的小龙虾之间却不会发生同类相残的现象。不过要注意的是，野外捕获的小龙虾由于已经尝过了荤腥的味道，一旦出现食物的缺乏，它们可就会上演一出同类相残的惨剧了。

大螯（大钳子）
小龙虾共长有 3 对钳子，其中 1 对大螯可用于牢牢地抓握食物，以防被其他同伴抢走。此外，大螯也可用于剪碎食物。

小螯（小钳子）
小龙虾的步足上还长有 2 对小螯，可用于将食物送至口中。在 2 对小螯的帮助下，小龙虾能够灵巧地抓住细小的食物，仔细咀嚼。

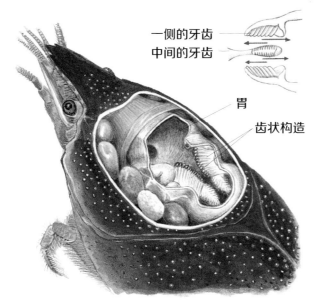

一侧的牙齿
中间的牙齿

胃

齿状构造

胃磨

　　除了小龙虾以外，很多甲壳类动物的胃里也都长有这种被称作胃磨的结构。胃磨由分布在胃部两侧及中央的齿状构造组成。当食物经食道进入胃部之后，就会通过这些齿状构造的研磨，而后被送入肠道（参见第 23 页）。

与人类牙齿主要由牙本质构成不同，胃齿的主要成分是耐酸碱性极强的甲壳质。因此，小龙虾是永远都不会长出蛀牙的。

白色小龙虾、蓝色小龙虾

　　一般来说，小龙虾幼时呈现褐色，长大后则会变成红色。类似虾、蟹等甲壳类动物的甲壳之所以会颜色发红，是因为摄食了含有虾青素的小鱼、小虾、藻类和浮游植物。

　　如果一直给小龙虾喂食不含虾青素的食物，小龙虾的甲壳颜色就会逐渐转变为微微发蓝的颜色。随着蜕皮次数的增多，红色逐渐消失，蓝色也越发浅淡，小龙虾的甲壳最终还会变为白色的。那么，如果给一只白色的小龙虾喂食富含虾青素的食物，又会发生什么样的变化呢？我们可以试着展开多种不同的实验进行尝试。

火红色小龙虾
经常投喂富含虾青素的磷虾或樱花虾，小龙虾的甲壳就会变成火红色了！

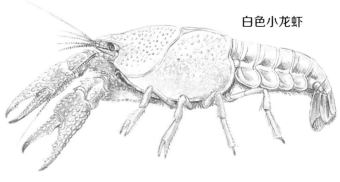

蓝色小龙虾

白色小龙虾

蓝色小龙虾蜕下的皮也是蓝色的。

想要亲自看一看蓝色小龙虾和白色小龙虾的话，日本小读者不妨到神奈川县的相模原市立相模川互动科学馆去看看。

打扫卫生

在自然界中，小龙虾的粪便和食物残渣不仅会得到水流的冲刷，而且还会被微生物最终分解。因此，在用鱼缸来养殖小龙虾时，我们就要学会用打扫卫生的方式替代大自然的自洁功能。

大扫除

夏季每月1次。建议准备2个容器交替使用，较为便利。在大扫除时，我们要使用刷子或海绵认真清洗，并置于阳光下晾晒。与使用消毒剂的做法相比，日照消毒更为环保，也更为健康。

鱼缸有水时分量较重，这时我们可以试着先把里面的水倒些出来。一点一点舀出来自然没有问题，不过要是有水泵的话可是会方便很多呢。

在清洗鱼缸时，可以先在鱼缸的底部垫上木块，保持缸体倾斜，以便打扫。

换水

小龙虾喜欢摄取肉类食物，因此水质极易浑浊，换水也就成为了一项必不可少的工作。在闻到水质有些异味时，就要赶快来换水了。另外，虽然根据鱼缸大小和饲养数量的不同，换水的频率可能会有所不同，但是夏季换水至少需要保持在1周1次以上才行！

清洗沙子

鱼缸底部的沙子之中堆积有大量的粪便和食物残渣，因此建议大家在将沙子认真清洗后放在阳光下晾干。另外，沙子和藏身的花盆也建议各备2套交替使用，以使得日照消毒更为充分。

无人在家时

出门前投喂大量食物会导致水质浑浊。因此，单只饲养的小龙虾完全可以饿上几天，而多只饲养的小龙虾则需要提前分缸，以防止同类相残的情况发生。另外，冬天的时候就算长期家中无人也没有关系。

小龙虾蜕皮时

一旦小龙虾在蜕皮过程中受到外界的触碰或干扰，蜕皮就容易发生失败，甚至可能导致小龙虾的死亡。因此，小龙虾蜕皮期间要禁止打扫。

冬眠

小龙虾有在泥里挖洞筑巢的特性（主要用于繁殖后代）。等到了冬眠的时候，它们的洞还会挖得更深。由于在水田挖洞极易导致蓄水干涸，因此农民伯伯是很讨厌小龙虾的。

自然环境下的冬眠

成年后的小龙虾会在泥洞中进行冬眠，有时这些洞的深度甚至达到了1米以上。虽然土壤表面已经干涸，但是洞里却依然有水不断渗入，湿润如常。除此之外，洞中的温度还不会发生太大的变化，水也不会结冰上冻。不过，对于体形较小的小龙虾来说，由于无法自行挖洞，它们只好选择略有些深度的地方来进行冬眠了。

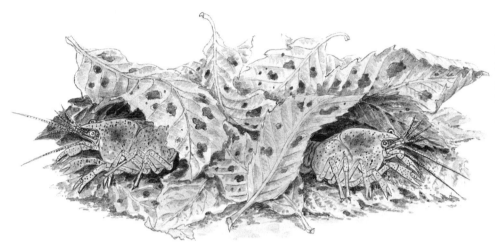

小个子小龙虾的冬眠
体形较小的小龙虾不具备能够挖洞的大螯，因此只能选择在有一定水深的淤泥或落叶堆中躲避寒冷，不过有时也能在水流涌动的地方发现它们越冬的身影。

小龙虾的过冬方式

根据饲养方式的不同，小龙虾的过冬方式也不尽相同。

① 对于养在露台等室外环境的小龙虾来说，天气渐冷后，它们就会躲在藏身之处自行冬眠。此时，缸中的水量要比往常稍多，以防止结冰上冻。

② 对于养在院中池塘或莲花缸里的小龙虾来说，只要在水底放入一些泥土或落叶，它们就会钻进去自行冬眠了。

③ 当水温高于15℃时，小龙虾就会恢复活力，开始进食了。因此，养在室内温暖环境中的小龙虾并不会进行冬眠，只需要像平时一样正常饲养即可。

小龙虾会将挖出来的田泥堆在洞口。

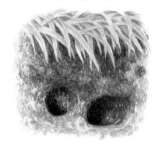

小河河堤或水田田埂处的洞穴是倾斜向下的。

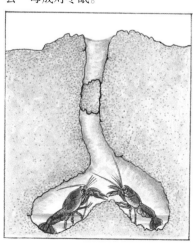

有的洞穴又分为左右两支，多为一公一母成对冬眠。

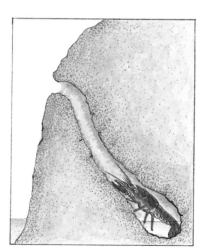

有的小龙虾也会选择独自冬眠。

求爱与产卵

雄性小龙虾开始不停地追赶雌虾，也就意味着求爱行动正式拉开了帷幕。虽然雌虾产卵不多，但虾卵的个头在同类之中却着实不小。产卵完成之后，雌虾便会守在一旁照顾这些可爱的小家伙们。

求爱行为

在水温 18~25℃的环境下，小龙虾随时都可以产卵。特别对于家养小龙虾来说，只要将水温提高至适宜的温度，冬季同样会有小龙虾展开求爱行为。在求爱时，雄虾会将钳子高高举起，直勾勾地冲对方而去。由于小龙虾生有复眼，因此就算看清了对方的动作，其实也无法捕捉到对方的样貌。在这种情况下，它们也只好根据对方的反应，来判断自己对面的到底是好兄弟还是好伴侣了。

暂管精子的雌虾

精荚是包裹有大量精子的囊状包块。雄性小龙虾的第1、第2对腹足前端合并特化为管状结构（参见第11页），而雄虾就是通过这一管状结构的交接器将精荚粘附在雌虾生殖孔附近的。事实上，在正式产卵之前，雄虾的精荚可是一直都由雌虾代为保管的。

紧紧附着在雌虾身上的精荚。精荚逐渐变色，看起来就像是有脏东西粘在了身上一般。

雄虾高举起钳子。如果对方不甘示弱，同样挥舞起了钳子，那就说明对方也是一只雄性。但如果对方很快逃走的话，那就说明这很可能是一只雌虾。

交配

雄虾会将雌虾按倒在地，用步足抱住雌虾，采用面对面的姿势进行交配。这时候雌虾会表现出顺从行为。整个交配过程从几分钟到半个小时不等。与日本伊势龙虾20秒左右的交配时长相比，小龙虾的交配时间可谓非常长了。

雄虾在发现雌虾后会紧追不舍，慢慢接近雌虾，然后用大螯夹住雌虾的大螯，将雌虾翻转过来。

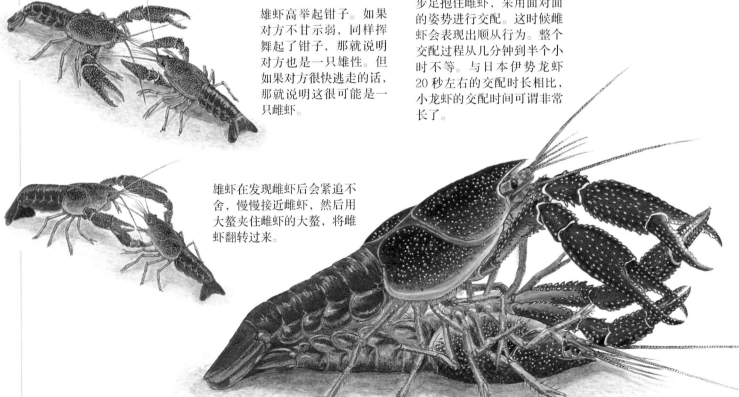

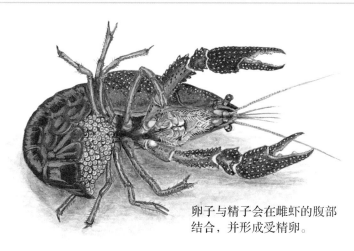

卵子与精子会在雌虾的腹部
结合，并形成受精卵。

产卵

交配成功之后，雌性小龙虾会在2周~3个月内完成产卵。在产卵之前，雌虾的腹部会分泌出一种能将精荚溶解的黏液，从而使精荚中的精子得以自由游动。随后，雌虾便会在这种黏液中产下紫色或暗褐色虾卵，并借助步足的不断摆动完成受精。

照顾虾卵

雌虾会将受精卵紧紧地抱在腹部，并通过步足的摆动使其附着在腹肢之上。通常情况下，雌虾会在相对安全的石块下守护虾卵，而且还会不停地摆动腹肢，以便给虾卵提供充足的氧气。除此之外，它们甚至还会利用步足上的钳子给虾卵洗澡，清除虾卵表面的附着物，时刻保持着未来孩子们的干净与卫生，确保虾卵可以正常孵化。

同时饲养多只
小龙虾时，我
们需要将未产
卵的小龙虾
转移至其他容
器，只留下产
卵的小龙虾单
独照顾。

为数不多的卵

小龙虾的单次产卵量通常为100~300枚。与日本伊势龙虾单次产卵50万枚相比，小龙虾的产卵数量确实少得可怜。不过，这些为数不多的卵却会通过细丝与雌虾的腹肢紧紧相连，而且还会在成长过程中得到雌虾的精心照料。

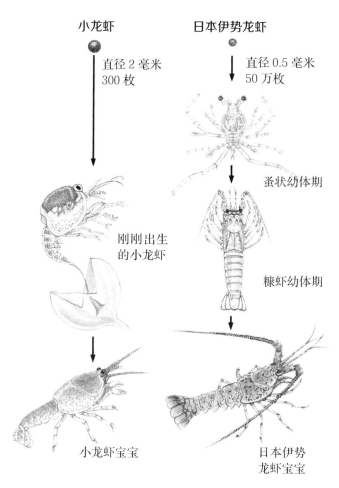

小龙虾　　　　　　日本伊势龙虾

直径2毫米　　　　直径0.5毫米
300枚　　　　　　50万枚

蚤状幼体期

刚刚出生
的小龙虾

糠虾幼体期

小龙虾宝宝　　　　日本伊势
　　　　　　　　　龙虾宝宝

大量繁育

海虾孵化成功后立刻就能在大海中自由游动。不过以日本伊势龙虾为例，据说就算一只龙虾一次所产的卵全部得以孵化，真正能够长到成年的也仅仅只有1只而已。这样看来，虽然小龙虾每次产卵的数量不多，但是小龙虾宝宝的幼体期却早已在虾卵内悉数完成，破卵而出后便是一只只发育完全的小龙虾了。不仅如此，这些小宝宝们在出生之后还会得到妈妈的精心守护，整个家族也随之越发兴旺起来。仔细想想，恐怕这也就是小龙虾能够在短时间内迅速席卷日本的原因之一吧。

养育后代

从破卵而出到学会独立，小龙虾宝宝需要经过1个月以上的时间。在这段时间里，小龙虾妈妈一直会竭尽全力地守护着自己的孩子，给予它们精心的照顾。

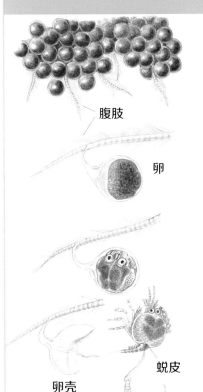

刚产下的卵，外形很像一串串葡萄。

腹肢

虾卵通过细丝与雌虾的腹肢相连。随着虾卵的不断成熟，其颜色也会呈淡褐色。

卵

破卵在即，小龙虾宝宝的眼睛已经透过卵壳清晰可见。

破卵后的第一次蜕皮。卵壳及蜕下来的甲壳都会继续附着在雌虾的腹肢上。

蜕皮

卵壳

小龙虾宝宝。连接雌虾腹肢的细丝会在第2次蜕皮后消失，小龙虾宝宝在外形上也会与父母更为相似。

小龙虾宝宝

破卵而出

产卵后2周左右，小龙虾宝宝就会破卵而出啦。刚刚出生的小宝宝们体长在4毫米左右，而且依然会继续附着在妈妈的腹肢上发育长大。不过，当环境水温较低时，小龙虾宝宝的破卵时间会相对延长，有些晚秋时节产下的虾卵甚至可能会在第二年春天才破卵而出呢。

危险信号

出生2周后左右，小龙虾宝宝会进行第2次蜕皮，连接雌虾腹肢的细丝也会在这时开始消失。蜕皮后的小龙虾宝宝在外形上会与父母更为相似，而且还会从妈妈的肚子旁探出头来，学着捡一些妈妈吃剩的食物残渣来享用一番。不过，这一时期的虾宝宝们还不能走得太远。一旦危险逼近，小龙虾妈妈就会立刻摆动腹肢来引发水流。在感应到宣告危险的水流信号之后，孩子们便会急急忙忙地重新回到妈妈身边，紧紧抱住妈妈的腹肢了。

学会独立

　　当体长超过 1 厘米时，这些一直紧紧抓着妈妈的小龙虾宝宝们就要开始独立生活啦。这些小宝宝们不仅会取食水草及藻类，而且还会在发现鱼尸体时蜂拥而至，努力地挥动着小钳子撕扯鱼肉，大快朵颐呢。在独立生活的第一年，小龙虾宝宝大约会经过 7~10 次蜕皮，体长可以长到 5~6 厘米。在第二年进行大约 3 次蜕皮之后，这些小龙虾的体长就已经达到了 7~8 厘米。未成年的小龙虾甲壳呈现浅褐或黄褐色，6~12 个月之后，小龙虾的甲壳就会慢慢变红，钳子也会不断变大，这时的它们也就终于可以宣告成年啦。

摆动腹肢代表着危险的降临，而感应到信号的小龙虾宝宝也会慌忙抓住母亲的腹肢。我们可以试着用毛笔在水中模仿雌虾腹肢的摆动，这样一来，小龙虾宝宝们就会急急忙忙地抱住毛笔不放了呢。

毛笔

小龙虾蜕皮

小龙虾的身上披着一层坚硬的甲壳。在成长过程中，小龙虾会将束缚自己生长的甲壳层层蜕去，而这一过程即被人们称为蜕皮。

蜕皮长大

在养殖情况下，小龙虾在 6~12 个月就可以完成十多次蜕皮，达到性成熟。幼年时期的蜕皮意味着小龙虾的成长，而成年后的蜕皮则是为了将破损老旧的甲壳进行更新。因为自切行为（参见第 27 页）而断裂的钳子或其他步足，也都可以通过不断地蜕皮得以再生。

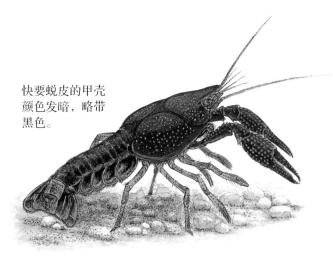

快要蜕皮的甲壳颜色发暗，略带黑色。

蜕皮的风险

在蜕皮后的 1~2 天里，小龙虾的身体会非常娇嫩。由于此时它们无法灵活地进行移动，所以很有可能会遭到同类的蚕食或天敌的袭击。不仅如此，还有些小龙虾会在蜕皮过程中被壳卡住而无法挣脱，最终也同样难逃一死。对于小龙虾而言，蜕皮确实是一个极具风险的过程呢。

蜕皮的顺序

一旦出现不进食、不活动的情况，就意味着小龙虾要开始蜕皮了。

头部和腹部之间的甲壳会最先裂开，裂缝处看起来很像是一条白色的腰带。

甲壳翘起，钳子和头部开始慢慢剥离出来。

待鳃部蜕壳成功之后，足部和触角也会逐渐开始剥离。

待腹部成功剥离之后，小龙虾会一跃而起，彻底摆脱旧壳的束缚。

体形较小的小龙虾往往会将蜕下来的甲壳吃掉，以摄取其中残余的钙质。

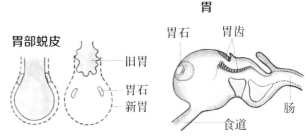

眼里揉沙

蜕皮完成后，小龙虾会用步足上的小钳子夹起沙粒并抛撒在自己的眼睛周围，以使得沙子能够进入到触角根部的平衡囊（保持平衡、感觉震动的器官）中。不仅如此，平衡囊内的感觉毛还会对沙子的重力进行感知，从而起到保持身体平衡的作用。在蜕皮过程中，由于平衡囊的囊壁同样随之脱落，其中的沙子也会一同掉出，因此为了保证身体能够重新恢复平衡，小龙虾也就不得不重新"眼里揉沙"了。

胃石

自蜕皮前 2 周左右起，小龙虾体内的钙质（构成坚硬甲壳的营养成分）就会开始逐渐溶解到血液之中。这些钙质会随着血液被运送至胃部，并最终在胃壁上结晶成为 2 粒白色的圆形胃石。在蜕皮过程中，胃石落入新胃，而后溶解成为钙质被虾体重新吸收。在这些钙质的帮助下，新的甲壳也会逐渐变得坚硬起来。不仅如此，日本小龙虾体内的胃石还曾被古人用来制作钙剂及眼药，可以说是一种非常珍贵的材料呢。

胃

胃部蜕皮

胃石　胃齿

旧胃

胃石

新胃

肠

食道

胃部同样会形成新的胃壁，其内侧的原有胃壁也会随之发生脱落。在此过程中，附着在旧胃胃壁上的胃石会掉落到新胃中去。

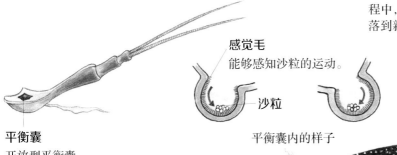

感觉毛
能够感知沙粒的运动。

沙粒

平衡囊
开放型平衡囊，开口位于第 1 触角的根部。

平衡囊内的样子

海水中含有丰富的钙质，因此生活在海中的虾并不需要胃石。

23

小龙虾的呼吸

小龙虾和鱼一样，都依靠鳃进行呼吸。不过，小龙虾的鳃不仅可以摄取水中的氧气，空气中的氧气也同样不在话下。也正是因为如此，小龙虾才可以在地面上肆无忌惮地爬来爬去。

用鳃呼吸

小龙虾的头胸甲（头胸部的甲壳）下端长有一对左右对称的鳃腔，里面长满了密密麻麻的鳃丝。鳃丝不仅能够帮助小龙虾摄取水中的氧气，而且还将血液中的二氧化碳向外排出，这一过程即被称为鳃呼吸。

水的吸吐

水自小龙虾的头胸甲边缘吸入，经口的两侧排出。此外，小龙虾的鳃腔前端还生有扇形的颚足，能够拨动水流进入鳃腔。对鱼类而言，水是从口进入经鳃流出，因此在方向上与小龙虾恰巧相反。

喷水口
水自口两侧的小孔中喷出。

进水口
水自头胸甲下端左右两侧的边缘吸入。

鳃
鳃呈羽状，能够大大增加与水的接触面积。吸水后，虾鳃发生膨胀，状如海绵，不仅可以进一步增大表面积，而且还能够吸收到更多的氧气。

缺氧时

当水中的含氧量降低时，小龙虾就会侧躺在较浅的水面处来吸收空气中的氧气。有些时候，它们甚至还会爬到高出水面的水草茎叶上透气呢。

墨水实验

我们可以通过墨水试验来观察小龙虾在吸水和吐水时的情况。具体来说，只需将墨水滴在小龙虾头胸甲的边缘，我们就能够清楚地看到墨水被吸入体内后从口部两侧排出体外的全过程了。

当夏季较为炎热时，水中的含氧量可能会急剧降低。这时，小龙虾就会选择躺在池水较浅的地方，露出半个身子呼吸空气中的氧气。

陆地上也可呼吸

只要保持鳃部的湿润，小龙虾就能够继续吸收这些水分中溶解的氧气，因此就算到了陆地，它们也依然可以维持呼吸。不知道大家有没有留意到水田退水后的泥地里会有小龙虾爬过呢？正是因为小龙虾可以在陆地上保持呼吸，所以它们才能成功地从一处水田爬向另一处水田，不断地扩张着自己生活的领地。如此想来，这恐怕也是小龙虾登陆日本后迅速蔓延开来的原因之一吧。

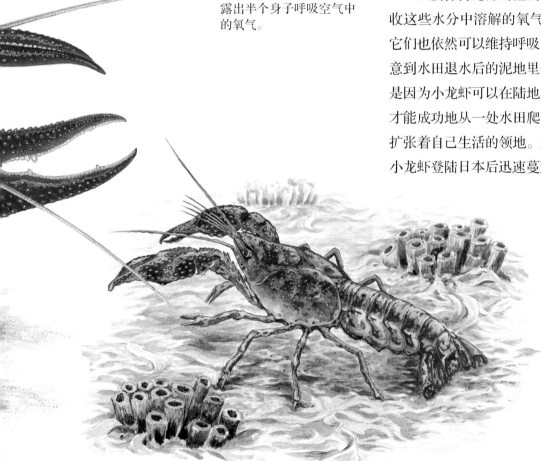

爬行于水田之间

一处水田干涸后，小龙虾就会马不停蹄地开始寻找下一处水渠或河道。只要鳃部还保持湿润，它们就不会停下搜寻的脚步！

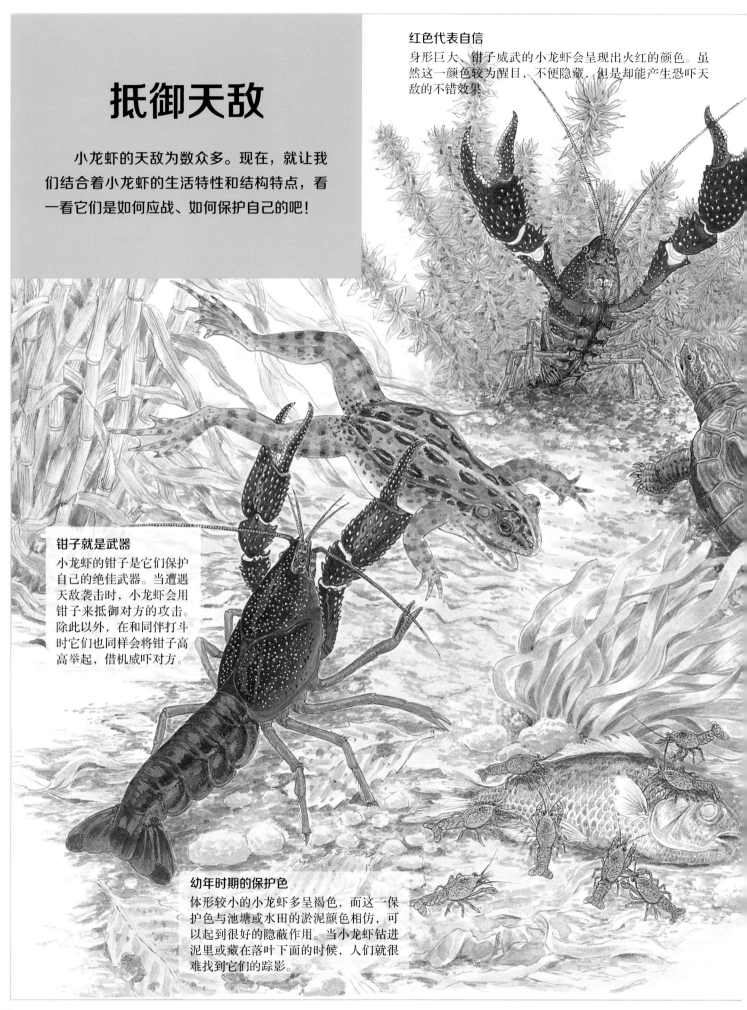

抵御天敌

小龙虾的天敌为数众多。现在，就让我们结合着小龙虾的生活特性和结构特点，看一看它们是如何应战、如何保护自己的吧！

红色代表自信
身形巨大、钳子威武的小龙虾会呈现出火红的颜色。虽然这一颜色较为醒目，不便隐藏，但是却能产生恐吓天敌的不错效果。

钳子就是武器
小龙虾的钳子是它们保护自己的绝佳武器。当遭遇天敌袭击时，小龙虾会用钳子来抵御对方的攻击。除此以外，在和同伴打斗时它们也同样会将钳子高高举起，借机威吓对方。

幼年时期的保护色
体形较小的小龙虾多呈褐色，而这一保护色与池塘或水田的淤泥颜色相仿，可以起到很好的隐蔽作用。当小龙虾钻进泥里或藏在落叶下面的时候，人们就很难找到它们的踪影。

自切行为

如果小龙虾遭到了天敌的袭击或者在打斗时碰上了强壮的对手,它们就会采取一种极端的作战方式——一旦钳子被对方叼住,小龙虾往往会选择自行断钳,然后赶紧溜之大吉。这一情况与壁虎断尾的原理相同,都是我们所说的自切行为。至于掉下来的钳子,有时可是会被饥肠辘辘的对手毫不留情地一口吃掉。

纵身一跃

小龙虾的腹足退化得十分纤细,因此无法游动着逃跑。事实上,小龙虾在逃跑时往往会用力弯折腹部,而后纵身一跃,向后弹开。

③ 如果发现小龙虾两只钳子的大小不同,那就说明较小的钳子依然还处于再生的阶段。经过2~3次蜕皮之后,小钳子就会逐渐长大到原有的大小。不仅如此,除了钳子之外,小龙虾的足部和触角在脱落之后也都可以再生。

再生 ① 钳子断落以后,其原有的位置上会生出一层囊状的薄膜。

② 这层薄膜下会逐渐长出一个全新的小钳子,颜色微微有些发白。

做个试验吧

小龙虾不仅很容易捕到，而且尺寸也比较便于试验观察的研究。所以，今天就让我们来试着探索一下甲壳动物不同于哺乳动物和鱼类的独特奥秘吧！

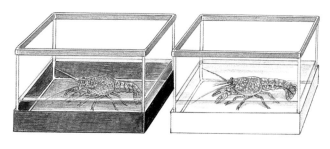

试验的具体做法
在两个鱼缸外侧底部分别贴上白纸和黑纸后，选择两只个头较小、尚未变红的小龙虾放入缸中进行饲养，并试着比较其身体颜色有何不同。

身体颜色的变化

为了起到很好的隐蔽效果，小龙虾的体色会根据周围环境的颜色而发生变化。具体来说，眼睛感受到的光亮首先会刺激到眼底激素的释放，而小龙虾身体表面的星状细胞中所含有的红色素粒子，又会在激素的作用下发生扩散或聚集，从而导致了身体颜色的不同变化。

体形较小的褐色小龙虾较易被天敌盯上，因此也更加善于变换身体的颜色。

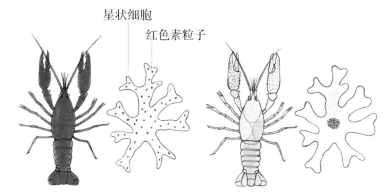

星状细胞
红色素粒子

体色较深的小龙虾　　　　　体色较浅的小龙虾

体色与红色素粒子的分布关系
色素粒子分散时，体色较暗。色素粒子聚于中心时，体色较亮。

平衡感

就算将一只普通的小龙虾倒着放入水中，它也能够灵活地调转身体，并使足部最先着地。与此不同的是，如果将一只刚刚在无沙环境中完成蜕皮的小龙虾倒着放入水中，我们会发现这只小龙虾只能一味挣扎，却始终都无法翻转过来。这是因为小龙虾平衡囊内的沙粒会随着蜕皮的过程一并脱落，而新的平衡石尚未形成，此时如果不通过"眼里揉沙"的方式将新的沙子重新放入平衡囊内的话，小龙虾便无法恢复到正常的平衡能力（参见第23页）。

在缸底无沙的鱼缸中倒满水后，将刚刚蜕皮的小龙虾倒着放入其中。

小龙虾挣扎着沉入缸底，而且沉底后仍然无法正常爬行。

蓝色的血液

小龙虾受伤后会流出胶状的蓝色透明血液，而这一颜色是由其血液中含有铜离子的血蓝蛋白与氧气结合所形成的。

人的血液之所以会呈现红色，则是由含铁的血红蛋白与氧气结合所形成的。

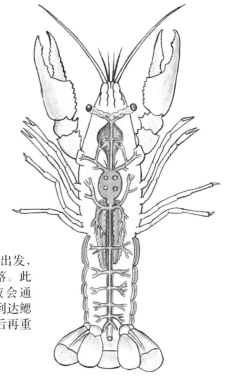

清洁

小龙虾很爱干净。具体来说，小龙虾步足的钳子上生有许多刷子一般的刚毛，可以对甲壳和眼睛等部位揉搓擦洗。此外，它们还会用颚足夹住触角来进行清洁。认真洗刷身体的习惯，还能够有效预防小龙虾受到霉菌和疾病的侵蚀。

血液的流向

小龙虾的血管由心脏出发，可到达身体的各个角落。此外，流经体内的血液会通过肌肉及内脏的间隙到达鳃部，经鳃部过滤干净后再重新返回心脏。

清洁面部

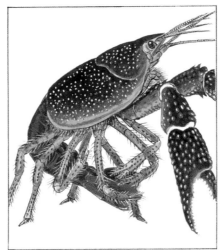

清洁尾部

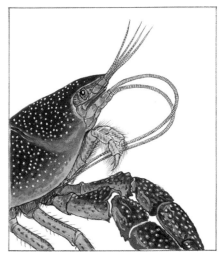

清洁触角

尿液及粪便

小龙虾的触角根部生有1对小孔，叫作触角腺，尿液便自此排出。因此，小龙虾可是用头进行排尿的。

小龙虾的肛门位于尾部的内侧。其粪便呈黑色，长度在1厘米左右。由于粪便多藏于尾部内侧，不仔细观察的话一般不易发现。

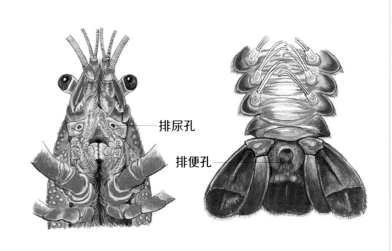

排尿孔

排便孔

制作小龙虾标本

小龙虾的寿命一般为 2~3 年，因此无论饲养得多么精心，它们终究还是会有离开我们的一天。建议大家可以试着通过甲壳的拆分来了解小龙虾的运动情况，也可以尝试对小龙虾进行一次解剖。

制作标本

我们可以将死掉的小龙虾做成标本，并学会观察其身体的具体结构。为了标本的美感，可以选择活虾来进行制作。

小龙虾会在低温环境下进行冬眠，而且此时一旦水体结冰，小龙虾就会死亡。因此，我们可以选择将小龙虾放进冰箱的冷冻室内，这样一来便可以使其毫发无伤地安然离开了。在放入冰箱前，我们需要将小龙虾放入一个带盖容器中，而且还要在容器内倒入一定量的水。此外，我们也可以在水中加入适量酒精，以帮助小龙虾在麻醉状态下安详离开。

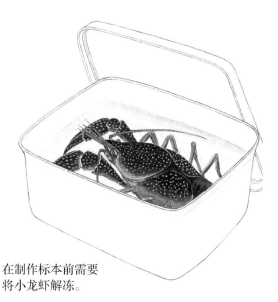

在制作标本前需要将小龙虾解冻。

具体制作方法

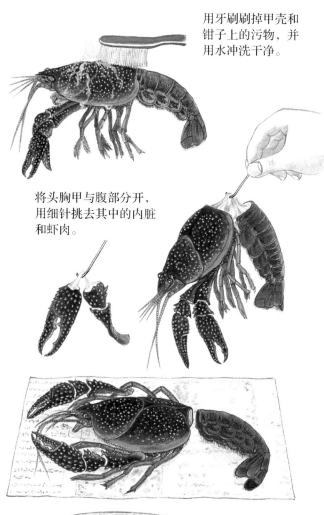

用牙刷刷掉甲壳和钳子上的污物，并用水冲洗干净。

将头胸甲与腹部分开，用细针挑去其中的内脏和虾肉。

里外冲洗干净后，用布或纸巾擦干水分，充分晾干。

将小龙虾放入酒精中浸泡 1 周左右，以防腐烂。

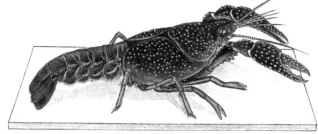

用大头针将小龙虾固定在台子上，待摆好位置后，放置背阴处晾 10 天即可。

拆分后的复原

与昆虫、蜘蛛、蜈蚣等生物一样，小龙虾等甲壳动物也同样属于节肢动物。节肢动物的身体由许多体节构成，身披硬甲的小龙虾自然也不例外。将连接小龙虾各个体节的筋膜剔除干净，然后就可以对小龙虾的标本进行拆分了。不仅如此，在将拆分下来的体节按照顺序排列完毕之后，我们还可以试着对小龙虾的头胸部、腹部及尾部等部位的运动和功能进行一次仔细的观察。

制作干燥标本时可能会出现体节的脱落，这时只要用较细的针线穿合起来即可。

钳子的解剖

将小龙虾的钳子煮熟以后，我们不妨试着用厨房剪刀剪开钳子的甲壳，其中的粗壮肌肉便一览无余了。其实，这与我们在制作螃蟹料理时经常会用到的蟹腿肉（大家常吃的部位）是同一个部位。正是有了这块粗壮肌肉的帮助，小龙虾才能够随心所欲地开合钳子呢。

指节
仅指节可以运动。

前节

钳子的雌雄之别

有些时候，仅凭一对钳子，我们就能够区分出小龙虾的性别。具体来说，钳子闭合时中间有缝的就是雄性，无缝的则是雌性。

肌肉及运动

小龙虾的钳子由前节及指节构成。在夹取物品、切断食物时，只有指节才是可以来回开合的。另外，牵引指节运动的肌肉填充在前节的整个根部。

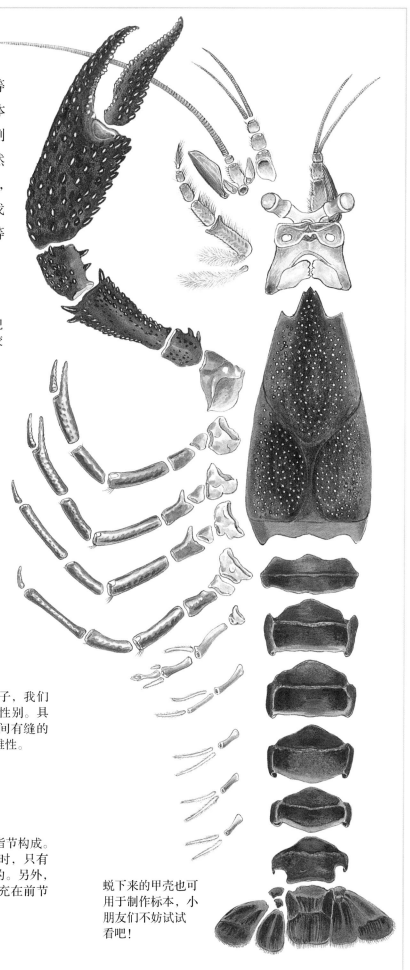

蜕下来的甲壳也可用于制作标本，小朋友们不妨试试看吧！

图书在版编目（CIP）数据

把大自然带回家 . 我想养只小龙虾 /（日）小宫辉之
著 ;（日）浅井粲男绘；边大玉译 . -- 北京：中信出
版社 , 2021.4
ISBN 978-7-5217-2646-6

Ⅰ . ①把… Ⅱ . ①小… ②浅… ③边… Ⅲ . ①自然科
学—儿童读物 Ⅳ . ① N49

中国版本图书馆 CIP 数据核字 (2020) 第 260448 号

把大自然带回家 · 我想养只小龙虾

著　　者：[日] 小宫辉之
绘　　者：[日] 浅井粲男
译　　者：边大玉
出版发行：中信出版集团股份有限公司
　　　　　（北京市朝阳区惠新东街甲4号富盛大厦2座　邮编　100029）
承　印　者：北京汇瑞嘉合文化发展有限公司

开　　本：889mm×1194mm　1/16　　印　张：2　　字　数：75千字
版　　次：2021年4月第1版　　印　次：2021年4月第1次印刷
京权图字：01-2020-7610
书　　号：ISBN 978-7-5217-2646-6
定　　价：179.00元（全9册）

出　　品：中信儿童书店
图书策划：知学园
策划编辑：隋志萍　　　责任编辑：谢媛媛　　　营销编辑：张超　李雅希　王姜玉珏
封面设计：谢佳静　　　内文排版：王哲　　　审　定：黄端杰

把大自然带回家

我想养只小乌龟

[日]小宫辉之 著 [日]佐藤芽实 绘 边大玉 译

中信出版集团 | 北京

目录

前言

东京的上野动物园里有一个名为"不忍池"的开阔池塘，许多龟就生活在这片池水之中。每每站在池边眺望，我都会想起念小学时自己曾将家里所养的石龟在此放生时的情景。虽然幼年时一直觉得自己是将石龟放归到了自然，但是如今看来却更像是抛弃了石龟，我心里觉得颇不是滋味。

事实上，在日本公园或神社的池塘中，我们总是能轻松捕捉到龟的身影，而且这些龟绝大多数都是被人丢弃或遗失后才在此安家的。最近这段时间以来，国外的龟类数量渐多，日本本土的石龟和乌龟却大有销声匿迹的势头。事实上，外来物种的入侵甚至可能会侵占本地物种的生存空间，进而导致本地物种灭绝。

在本书中，我特意选择了乌龟（又称为草龟）作为介绍的主角，借此也真诚地希望日本本土的龟类能够更好地生存下去。

图中所画的是养在我家的 2 只雌性乌龟，它们就生活在我家院子里的一个大浴盆中。尽管我们已经一起相处了 30 多年，彼此之间的关系也还算和谐，但是自从我用体温计给它们测了体温（参见第 5 页）、检查了它们的性别（参见第 12 页）之后，这 2 只乌龟就有些不太愿意理我了。等到它们冬眠结束之后，希望我们能够和好如初吧。

龟是爬行动物

在现存的 5000 多种爬行动物中，龟鳖目约占有 250 个席位。除了人们常见的池塘和沼泽之外，它们也可以生活在大海、沙漠等多种环境之中。

远古时代的龟

人们目前已经发现了中生代三叠纪时代的龟类化石，而此时恐龙才刚刚在地球上出现不久。根据该化石中的龟已具备甲壳这一特性来看，也许正是因为有了这些甲壳的保护，龟才能得以存活至今，延续了至少长达 2 亿年的物种生命。

爬行动物的特征

人们将生有脊椎骨的动物称为脊椎动物。

具体来说，脊椎动物又可以分为哺乳动物、鸟类动物、爬行动物、两栖动物、鱼类等几个大类。其中，龟与鳄鱼、蛇、蜥蜴等同属于爬行动物。

爬行动物属于变温动物，龟的体温同样也会随着气温或阳光等外界因素的影响而发生改变。因此在饲养过程中，保持最佳的环境温度是我们的一项重要工作。

青蛙、蝾螈、大鲵等两栖动物也同样属于变温动物，不过离开了水它们却无法再继续生存下去。与两栖动物相比，爬行动物的体表有了角质鳞片的保护，可以适应较为干燥的环境，因此得以摆脱水环境的束缚，从而在多种不同的环境中生存下来。

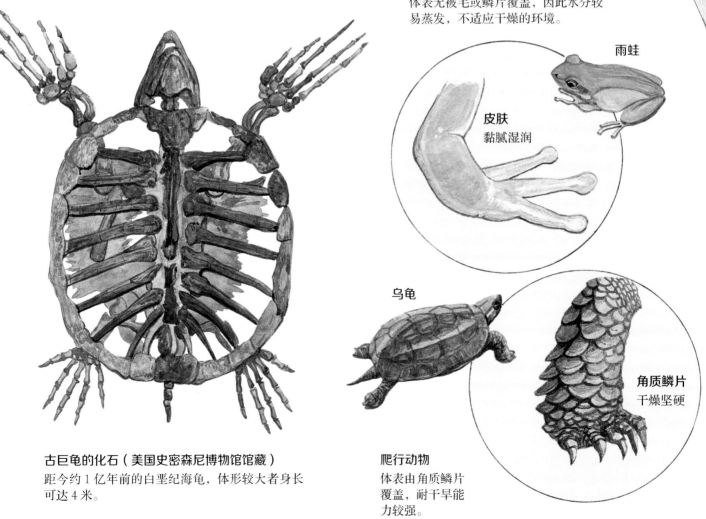

两栖动物
体表无被毛或鳞片覆盖，因此水分较易蒸发，不适应干燥的环境。

雨蛙

皮肤
黏腻湿润

乌龟

角质鳞片
干燥坚硬

爬行动物
体表由角质鳞片覆盖，耐干旱能力较强。

古巨龟的化石（美国史密森尼博物馆馆藏）
距今约 1 亿年前的白垩纪海龟，体形较大者身长可达 4 米。

测量乌龟的体温

对于人类来说，我们的体温受气温的影响不明显，波动不大，基本恒定在 36.5℃ 左右，而这一特性也被称为恒温性。那么，变温性又是指什么呢？让我们给乌龟测量一下体温看看吧。

乌龟很不情愿测量体温。由于测量次数过多，好容易养大的乌龟也会看到我掉头爬走。

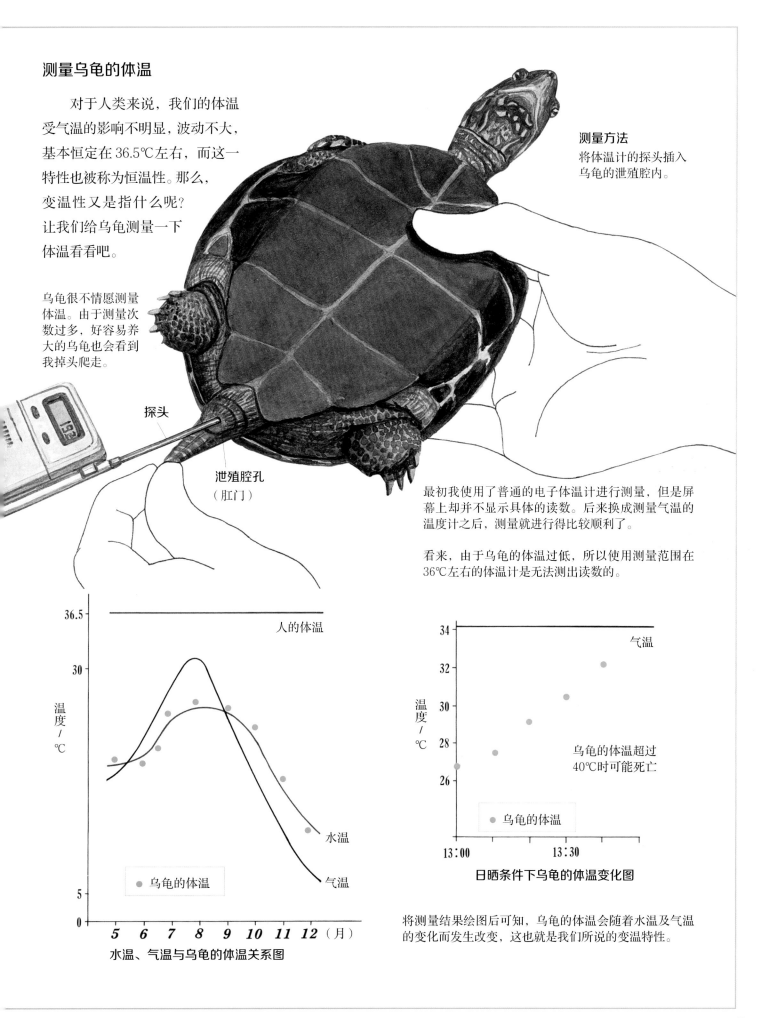

测量方法
将体温计的探头插入乌龟的泄殖腔内。

探头

泄殖腔孔
（肛门）

最初我使用了普通的电子体温计进行测量，但是屏幕上却并不显示具体的读数。后来换成测量气温的温度计之后，测量就进行得比较顺利了。

看来，由于乌龟的体温过低，所以使用测量范围在 36℃ 左右的体温计是无法测出读数的。

人的体温

温度／℃

水温

气温

● 乌龟的体温

水温、气温与乌龟的体温关系图

气温

温度／℃

乌龟的体温超过 40℃ 时可能死亡

● 乌龟的体温

13:00　　13:30

日晒条件下乌龟的体温变化图

将测量结果绘图后可知，乌龟的体温会随着水温及气温的变化而发生改变，这也就是我们所说的变温特性。

龟的身体结构

龟在身体结构上的最大特征，就是身上背着一个厚厚的龟壳。不仅如此，大部分龟类在感受到外界危险时会将头和四肢缩进壳里，起到保护自己的作用。

龟壳

龟的身体由一个像盾牌一样的坚硬甲壳所覆盖。这层甲壳不仅与皮肤及骨骼紧密相连，而且背部的甲壳（背甲）又与腹部的甲壳（腹甲）在身体两侧相互连接。也正因为如此，龟的甲壳和身体才能形成一个不可分割的整体。

另外，龟壳的表面还覆盖有一层坚硬的角质鳞板，这些角质鳞板是由鳞片异化后形成的。不过对于棱皮龟来说，由于它们的角质盾片已经发生了退化，因此龟壳表面是由一层柔软的革质皮肤所覆盖的，与鳖科的甲鱼类似。

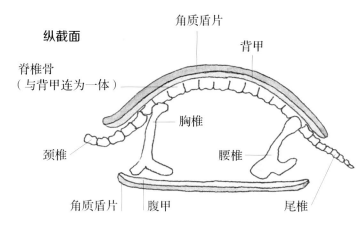

纵截面

角质盾片
背甲
脊椎骨（与背甲连为一体）
胸椎
颈椎
腰椎
角质盾片
腹甲
尾椎

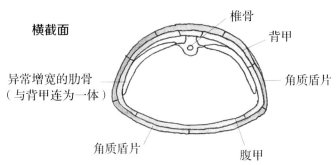

横截面

椎骨
背甲
异常增宽的肋骨（与背甲连为一体）
角质盾片
角质盾片
腹甲

龟的呼吸

虽然龟用肺呼吸，但是龟壳的存在却极大地阻碍了胸部的鼓起。因此，龟会通过喉部的舒张和收缩来将空气运送至肺部。不仅如此，它们还能利用肺部两侧的肌肉舒张肺部来吸气，同时也能依靠腹部肌肉的运动迫使内脏压迫肺部，从而达到呼气的目的。至于龟在水中冬眠也不会窒息而亡，则是由于其咽壁和泄殖腔壁中的毛细血管能够吸收水中的氧气。

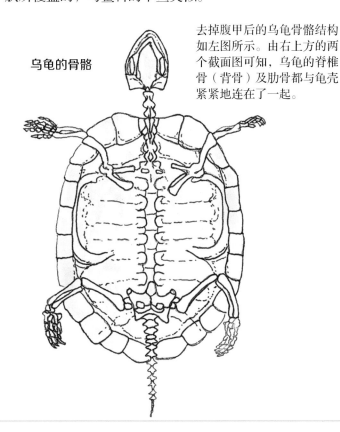

去掉腹甲后的乌龟骨骼结构如左图所示。由右上方的两个截面图可知，乌龟的脊椎骨（背骨）及肋骨都与龟壳紧紧地连在了一起。

乌龟的骨骼

眼睛
根据龟类视力的相关研究可知，龟是能够分辨出不同色彩的。

鼻
龟的鼻孔生于鼻尖，嗅觉非常灵敏。通过嗅闻气味，它们能够成功记住自己巢穴的位置或周遭环境的情况。

颈部的收缩方式

　　乌龟能够将颈部笔直地缩入壳中，而人们也将具有这种颈部收缩方式的龟称为曲颈龟。虽然生活在陆地上的龟大多属于曲颈龟，不过也有些龟（如鳄龟）却因为头部过大而无法将颈部缩回壳中。除了曲颈龟之外，还有一类龟能够将颈部向两旁左右弯折后缩入龟壳，我们将具有这一特性的龟称为侧颈龟。

　　与此不同的是，海龟及其近亲的颈部却是无法收缩的。事实上，与其缩起颈部来保护自己，伸出颈部保持流线型的身形反而能够帮助它们游得更快，更易于躲避天敌的袭击。

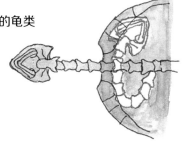

颈部纵向收缩的龟类
乌龟
石龟
巴西红耳龟

鳖科的甲鱼也可以将
颈部纵向收缩回壳内。

侧面视图

颈部横向收缩的龟类
侧颈龟

腹面视图

耳朵
生于眼后。可直接看到鼓膜。不过，龟的听力其实并不太好。

声音
龟没有声带，因此无法发声。虽然它们有时也会因为愤怒而发出唧唧的声响，其实不过是鼻腔发出的嘶鸣而已。

牙齿
龟不仅没有牙齿，而且还进化出了与鸟类颇为相似的喙部，从而代替了牙齿的功能。有了这样灵巧的喙部，龟就能够将食物撕碎后美餐一顿啦。

常见的龟类

在日常生活中，我们经常能够看到乌龟、石龟以及巴西红耳龟的身影。其中，巴西红耳龟更是作为一种原产于美国的外来物种，近期才在日本彻底扎下根来。

乌龟

生活在日本及中国等地。乌龟的头颈部生有黄色的斑纹，不过对于许多雄龟来说，这一斑纹却会随着年龄的增长逐渐消失，而且身体的颜色会逐渐变深，因此在形态上很容易与石龟发生混淆。乌龟的性格温顺亲人，其龟壳长度可以达到25厘米左右。

黑颈乌龟俗称臭龟。究其原因，就在于黑颈乌龟的四肢根部生有臭腺，而臭腺则会分泌出一种带有难闻气味的物质。雄性黑颈乌龟随着年龄的增长，通体会转为黑色，这一过程被称为"墨化"。

雌性乌龟

黄色斑纹

3条纵棱

雄性乌龟

雄性乌龟长大后通体呈黑色，眼睛后侧的黄色斑纹也会逐渐消失。

来自中国的乌龟

近来石龟在日本不太常见了，而宠物店里的乌龟却屡见不鲜。事实上，市面上的乌龟大多来自中国，人们也经常将其称为金线龟。

所以，我们在日本公园池塘里看到的乌龟，很有可能有着中国血统。

乌龟的幼体

幼年乌龟的背甲不像幼年石龟的一样浑圆。

巴西红耳龟

原产于美国，因宠物饲养时的人为丢弃或自行逃走而蔓延至日本各地。与乌龟及石龟相比，巴西红耳龟的背甲更为浑圆，其长度可达到 28 厘米左右。

事实上，密西西比红耳龟才是巴西红耳龟的官方叫法。由于密西西比河的流经纬度与日本的大体相仿，因此对于巴西红耳龟来说，日本的气候与故乡的十分相似，更适于它们在此繁衍开来。

小绿龟（巴西红耳龟的幼体）
通体呈艳绿色。

乌龟与石龟的辨别方法

① 乌龟的背甲生有 3 条纵棱（线状隆起），石龟的背甲仅有 1 条中央纵棱。

② 乌龟的背甲边缘光滑平整，石龟的背甲后部边缘呈锯齿状。

③ 乌龟的背甲呈深褐色或黑色，石龟的背甲呈土黄色。

石龟（黄喉拟水龟）

分布于中国和日本。背甲长度可达 20 厘米左右。

仅背甲的中央出现 1 条纵棱。

背甲后部的边缘呈锯齿状。

与成年石龟相比，幼年石龟的背甲更为浑圆，因此也被称为金钱龟。

石龟的幼体

栖息环境

在日本，只要处在池塘等有水的环境中，乌龟就能够存活下去。不过，要想保证其原有的产卵及冬眠等习性不受影响的话，水边还是需要有丰富的自然资源才行。

乌龟的栖息环境

在日本，乌龟大多栖息在池塘、沼泽或河流之中。到了初夏时节，它们有时还会钻到引水灌溉的水田里生活。除此以外，随着人为遗弃的巴西红耳龟在日本的神社及公园的池塘里逐渐定居，它们在日本的数量甚至已经超过了日本原有的乌龟和石龟了。

乌龟与石龟的栖息环境不同

在日本的市内公园或神社的人工池塘里，我们经常能够见到乌龟和石龟的身影。虽然这两种龟在野生状态下可以共存，不过石龟却相对更喜欢生活在山地的池沼之中，而乌龟则乐于生活在地势平坦的地区。

由于石龟生性胆小，行动敏捷，经常在陡峭的斜坡上来回爬行，因此在饲养时也会发生"越狱逃走"的情况。与此相反，乌龟反而更易饲养，性格也更为亲人。

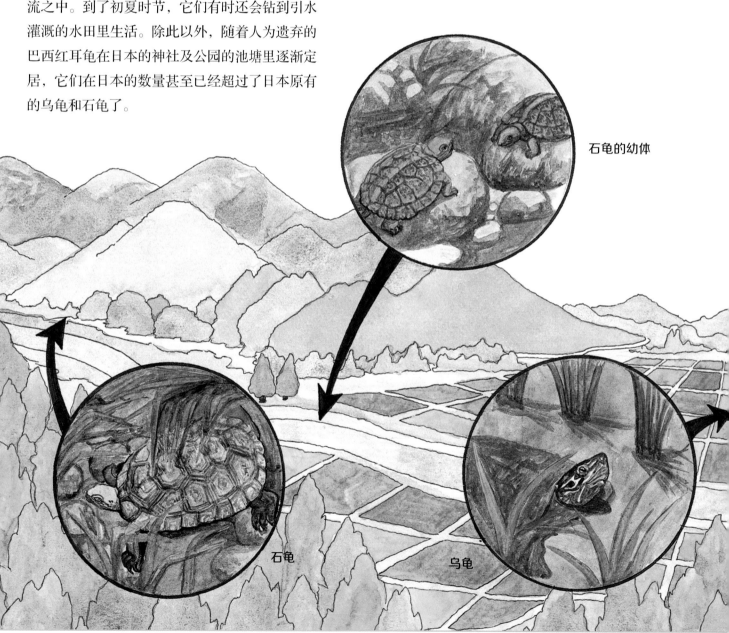

石龟的幼体

石龟

乌龟

环境与保护色

　　刚刚破壳的幼龟会受到多种天敌的袭击。因此，乌龟的幼体通体呈现墨绿色，与平地区域的土壤颜色十分相近，而石龟的幼体则会呈现出类似于山石或者落叶的颜色。至于巴西红耳龟的幼体（小绿龟）之所以会通体绿色，想来应该是为了便于隐匿于美国本地沼泽的水草中吧。

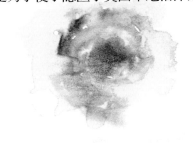

捕龟并非易事

　　春夏时节天气较暖，幼龟有时也会爬到水草或浮于水面的垃圾上休息。如果此时悄悄拉网的话，也许就能够有所收获。不过对于成年乌龟来说，由于它们的游泳速度很快，要想在水里抓到它们绝非易事。不仅如此，水域附近的乌龟大多也极为警觉，一旦有人接近便会立刻钻入水中，溜之大吉。

　　相对来说，爬到陆地上产卵的乌龟由于距离水流较远，因此在捕捉时反而不难得手。不过尽管如此，我们还是建议大家不要捕捉这些乌龟，只要静静地在一旁观察它们产卵的过程即可。另外，只要我们记住了乌龟产卵的具体位置，也许就能在龟蛋孵化时抓到一两只幼龟呢。

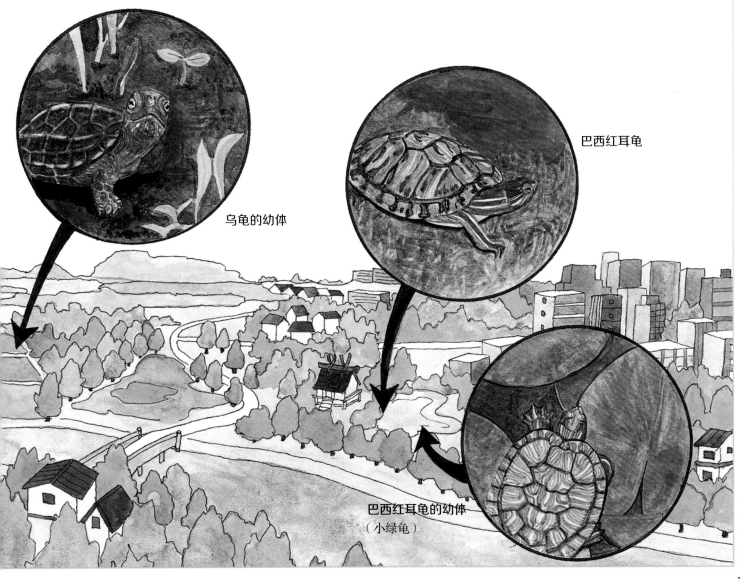

巴西红耳龟

乌龟的幼体

巴西红耳龟的幼体
（小绿龟）

饲养方法

在饲养乌龟时，可根据乌龟的大小来准备适当的容器，如：幼龟需准备一个浅水容器，而成年乌龟则需要一个较大的鱼缸。此外，我们还要在缸内进行布置，为乌龟营造一个良好的生活环境。

学会分辨乌龟的性别

将乌龟翻转过来，拽住尾巴并观察泄殖腔孔的位置。

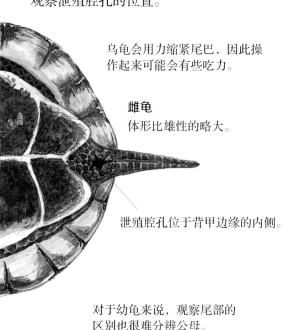

乌龟会用力缩紧尾巴，因此操作起来可能会有些吃力。

雌龟
体形比雄性的略大。

泄殖腔孔位于背甲边缘的内侧。

对于幼龟来说，观察尾部的区别也很难分辨公母。

至于成年后的乌龟，其实只需通过体色及花纹便可辨别雌雄（参见第8页）。

雄龟

泄殖腔孔位于背甲边缘的外侧。

与雌龟相比，雄龟的尾部较长且根部较粗。

学会在宠物店选购乌龟

不建议大家选择眼睛肿胀、眼屎较多或一直闭着眼睛的乌龟。此外，我们也可以试着摸一摸乌龟的背甲，正常情况下乌龟的背甲应该呈坚硬状态，若发现甲壳变软则表示这只乌龟的营养状态不佳。

还有，如果乌龟的背甲及头部出现了一层白膜，那么很有可能是这只乌龟的身上长出了霉菌。由于霉菌会传染给同一饲养环境下的其他乌龟，因此特别需要引起我们的注意。

最后，精神萎靡的乌龟行动会较为迟缓。在购买乌龟前，建议大家先暂时观察一下乌龟的状态是否活跃。

布置缸内环境

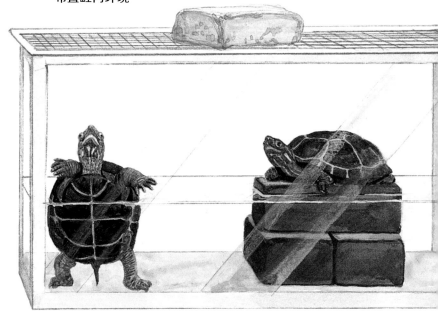

容器
尽量使用较大的容器进行饲养，以便于乌龟在缸内四处爬动。特别是对于缸底的边长来说，建议其中一边至少在龟壳长度的4倍以上为佳。

如果乌龟在站起来时前足能碰到容器的边缘，也就意味着这个容器是拦不住乌龟"越狱"的。建议大家在进行选择时，容器的高度应保证在龟壳长度的2倍。

水
缸内的水需要没过龟体，让乌龟可以在里面游来游去。

陆地
需要在缸内搭建一块陆地，以便乌龟晾晒身体之用。与砂石相比，石块或方砖制成的陆地更易于打扫，清洁卫生。

摆放位置
室内环境下，建议将鱼缸摆放在无强光照射的安静角落。如果选择放在露台的话，千万要记得做好防护措施，谨防乌龟从高处跌落。还有，一定要注意提防乌鸦和野猫的袭击。

学会正确的抓乌龟姿势

在抓握乌龟时，我们应该紧紧地握住乌龟的背甲两侧。至于乌龟的头部、四肢及尾部等较为柔软的部位，由于在受到人手碰触时会立刻缩回壳内，因此并不便于抓握。此外，强行捏住这些地方还会让乌龟感到非常痛苦，而且也很有可能会弄伤它们，所以建议大家千万不要这样做。

巴西红耳龟有时也会咬人。如果乌龟的体形较大，甚至还有可能会咬破我们手上的皮肤，因此一定要多加留意。此外，一旦被乌龟咬住，切记不要生拉硬拽，只需将其整个浸入水中，让它们感到安全，乌龟便会自然而然地松开嘴巴了。

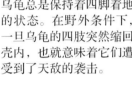

乌龟总是保持着四脚着地的状态。在野外条件下，一旦乌龟的四肢突然缩回壳内，也就意味着它们遭受到了天敌的袭击。

乌龟将四肢和头部缩进壳里时，全身的肌肉都处在发力紧张的状态。

盖子
上面可放置重物，以防乌龟顶开盖子越狱逃走。

搭建人工池塘

既然选择费心尽力地搭建池塘，不如干脆就在其中布置一处便于乌龟产卵及冬眠的舒适环境吧。池塘的水深建议保持在30厘米以上，而且还需另行开设深水区域，方便乌龟在其中自在地遨游。等到了冬季，我们还可以在深水区内铺入一些泥巴和落叶，以供乌龟冬眠之用。

背阴环境
建议给鱼缸的部分区域盖上板子，为乌龟营造一个可以避暑的背阴环境。

在池中放入石块假山，乌龟就能爬到上面尽情地晒壳啦。

我们也可以在池塘四周铺些沙土，以供乌龟产卵之用。

建议在水池四周安装一圈高度在40厘米左右的围挡。对于面积较大的水池来说，虽然没有围挡乌龟也不会逃走，不过我们还是要小心雨天或产卵季节时乌龟可能会爬行较远，甚至遭遇交通意外等不测情况的发生。

饲料

作为一种杂食性动物，乌龟在野外环境下的食物来源十分丰富。因此，如果我们能够每天给宠物龟喂食不同饲料的话，相信它们一定也会很开心的。

饲料的种类

虽然我们可以在市面上买到一些龟粮，不过很多龟粮中的营养成分其实并不全面。在营养搭配方面，德国的龟粮品牌一直颇有心得，选择相关的龟粮就可以不用再添加其他的辅食啦。除了龟粮之外，生鱼刺身、肉类、肝脏、小鱼干及小银鱼等整条小鱼、猫粮及狗粮等宠物用粮、米饭、面包、油菜、生菜等食材也都可以喂给乌龟食用。

喂食多种不同的饲料

只喂食单一饲料会导致乌龟的营养不够全面。尤其是在增加龟壳硬度方面，钙和磷的均衡吸收更是至关重要。不仅如此，钙的吸收还会受到脂肪过量摄入的不良影响。所以，如果我们选择常见的食物进行喂养，一定要记得增加富含钙质的物质，并尽可能地给乌龟的伙食进行花样翻新。

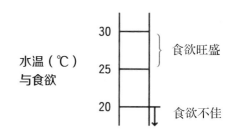

水温（℃）与食欲

30

25 —— 食欲旺盛

20 —— 食欲不佳

饲料的喂食方法

喂食饲料时，单次投喂量应控制在乌龟能够一次性全部吃完为宜。特别是对于肉类饲料来说，一旦出现剩余，一定要记得立刻取出。另外，乌龟在温暖的季节食欲较为旺盛，随着天气的变冷，食欲也会逐渐减弱。因此在室外饲养时，建议大家也能按照季节的不同来调整饲料的多少。

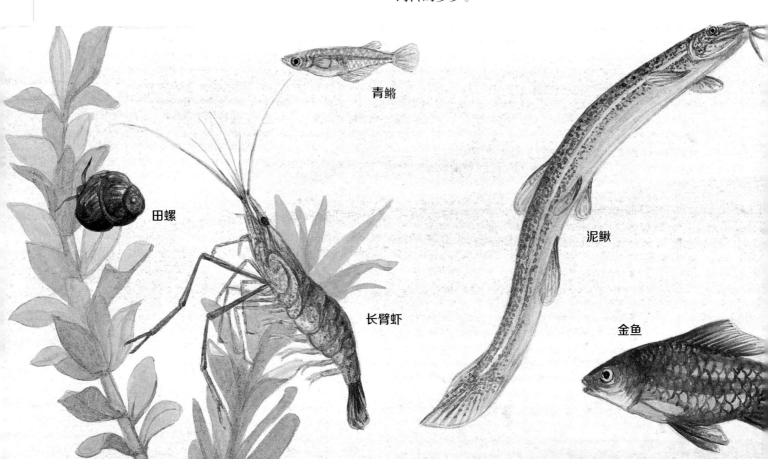

青鳉

田螺

长臂虾

泥鳅

金鱼

乌龟会将大块的食物带入水中撕咬进食，而这一习性也会导致水体浑浊。因此，在夏季乌龟食欲旺盛的季节，我们一定要勤加换水。

如果同时饲养了多只乌龟，一定要确保每只乌龟都有饲料可吃。

刚开始投喂饲料时，也可以向原主人或宠物店咨询饲料的具体种类。

如果是野外抓来的乌龟，那就不妨试着将河里的小鱼整条地喂给它们吃。

乌龟的美食驯服法

如果能够坚持每天都在固定的时间给乌龟投喂同样的食物，乌龟就会逐渐与主人亲密起来。等相互熟识之后，主人只要在喂食的时间向鱼缸或水池中探头张望，乌龟就会立刻伸着脖子游到主人身边，仿佛在催促着赶快开饭呢。待乌龟与主人非常熟悉之后，我们甚至可以不用借助于筷子或镊子喂食，而是直接将食物放在手中，乌龟也会大大方方地游过来吃个干净。

相反，如果主人只是单纯地放下食物就走，连看都不看乌龟一眼，那么乌龟也同样不会和主人亲近起来。要是主人对待乌龟的方式很不友善的话，乌龟甚至会感到害怕，看到主人一来就赶忙逃之夭夭呢。

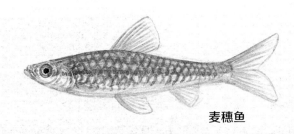

麦穗鱼

在野生环境下，乌龟主要以水蚯蚓、小鱼、田螺、虾、蟹、蝌蚪等动物为食，偶尔也会进食一些水草。特别是整条吞食小鱼、贝类及小龙虾等食物，还可以为乌龟提供优质的钙质来源。

养在池塘或大型鱼缸中

如果池塘或缸内单纯饲养乌龟的话，到了夏天就会滋生出许多蚊子的幼虫。因此，我们不妨试着将河里的小鱼或贝类放入水中与乌龟一同生活，因为小鱼和贝类会以蚊子的幼虫为食，这样一来不仅能够防止蚊虫的滋生，而且还能为乌龟提供天然的饲料呢。

高体鳑鲏

卫生清洁

打扫卫生是饲养宠物的基本工作之一。对于生活在有限空间内的宠物龟来说，如果主人能够设身处地地从乌龟的需求出发，认真愉悦地做好清洁的相关工作，那么这位主人必定是一位真正的动物爱好者。

打扫鱼缸及饲养容器

乌龟不仅会在水中进食，而且排出的粪便和尿液都相对较多，因此水质很容易出现浑浊。在发现水体变浑或散发异味之前，我们就应该进行换水的相关工作了。另外，虽然换水的次数会随着季节的变化及乌龟的只数而有所不同，不过我们还是建议大家至少要保证每周1次的频率。

在天气较为炎热或使用加热棒加热时，水质浑浊很容易引发细菌的滋生，从而导致乌龟出现生病的情况。

与用鳃呼吸的鱼类不同，饲养乌龟时可以直接使用自来水。

洗净的容器建议在阳光下晾晒消毒。与使用清洁产品相比，日晒消毒不仅对乌龟更为安全，而且也很利于环保呢。

突然倒入冷水会对乌龟的健康造成不良的影响。因此在将乌龟放回缸中之前，我们需要保证换水前后的水温大致相同。

另找一个容器，暂时安置一下乌龟。

家里没有人时

乌龟几天不喂食也是没有关系的。不仅如此，要是选择在临出门时投喂食物的话，反而还会导致水体变浑，对乌龟不利。因此，我们建议大家不如在出门前1~2天时多给乌龟喂食一些饲料，在出门当天只需要换上干净的水就可以安安心心地离开家啦。

另外，如果主人长期外出的话，那就必须要将乌龟托付给别人帮忙照顾了。不过对于乌龟来说，只要3天喂食1次就不会有性命之忧。

打扫水池

　　根据水池的大小及季节的不同，打扫的频率也不尽相同。不过需要注意的是，我们一定不能等到水池散发异味了才想到清洁换水。夏季时节水藻生长茂盛，池水会变为绿色，此时就需要我们勤加打扫了。不过，乌龟在冬眠时可是不需要清洁换水的。等到春暖花开，水温上升，乌龟每天都会钻出来透气时，我们就可以将淤泥和落叶打捞出来，进行一次彻底的大扫除了。不仅如此，这样的大扫除在乌龟冬眠之前也要进行一遍。具体来说，我们只需要将水池抽干并暴晒一天，然后再将落叶和淤泥铺入乌龟冬眠的深水区就算大功告成啦。

　　乌龟一旦迈开四肢，就会慢悠悠地一直爬到自己喜欢的位置为止。细算起来，乌龟的时速在 500 米左右，5 分钟大约可以爬行 40 米的距离。在乌龟爬行时，建议大家还是要小心留意一下，不要放任不管哟。

前足印

尾巴印

后足印

如果清洁水池时抽干了池水，我们不妨让乌龟在苔藓上爬一爬看看。这样一来，我们就能够观察到乌龟的脚印了。

沙门氏菌

　　人们曾在小绿龟的体内发现了能够引发食物中毒的沙门氏菌。其实除了乌龟之外，很多动物都可能携带有这种病菌。这种病菌不仅会出现在水质浑浊的池水之中，而且还会通过饲养的水域使乌龟受到感染。因此，对于新买回来的乌龟来说，我们在接触时应该多加小心，除了要在摸过乌龟后立刻用肥皂洗手，在换水时也不应使用厨房的水池，以免交叉感染。只要好好遵守这些饲养动物的相关原则，病菌就不会轻易地找上门来。

　　不仅如此，即便是动物园里新来了某种动物，我们也不会立刻将它与园内的其他同伴放在一起饲养，而是会进行一些例行的观察和检查——这也就是我们常说的动物检疫。与此同理，如果小朋友们的家里迎来了新的宠物，也一定要记得暂时观察一段时间，确认宠物的健康情况哟。

晒太阳

对于乌龟的健康来说，晒太阳是一项必不可少的重要内容。考虑到每次日晒的时间不需要太长，所以我们也可以偶尔陪着它们一起晒晒太阳，做个游戏呢！

晒壳

乌龟可以通过日晒来调节体温，而这一过程也被人们称为晒壳。由于乌龟自身无法产出热能，因此只能借助于阳光的照射将自身的温度调整到适宜的状态。当外界温度过高时，乌龟就会钻入水中或躲进阴凉处避暑。不仅如此，晒壳还能有效地防止水蛭等寄生虫的滋生，对乌龟的身体起到杀菌消毒的作用。在紫外线的照射下，维生素 D 迅速合成，有力地保障着身体骨骼和甲壳的强健。此外，晒壳也有着增进乌龟食欲、促进消化吸收的重要功效。

太阳光不仅能够帮助乌龟升高体温，而且还能起到杀菌消毒、促进维生素 D 合成的作用。

小心体温过高

体温超过 40℃极有可能导致乌龟死亡，因此我们需要提前准备好避暑所用的遮阳棚及充足的水分。在炎热的夏季，我们可以将板子盖在容器的上方，为乌龟搭建一处阴凉。不过对于容量较小的鱼缸来说，由于缸内的水温会随着气温的升高而不断上升，因此就算躲入水中，乌龟也依然无法避暑，而且这一情况对幼龟尤为危险。所以，我们建议大家一定要密切关注水温的变化，在水温过热之前就要有所行动。此外，夏季较为炎热时我们最好能将鱼缸摆放在阴凉的地方，然后另选一个容器供乌龟晒壳之用，待晒壳结束之后再将乌龟放回鱼缸。这里请大家重新翻看一下第 5 页上的图表。由表中数据可知，夏季半小时的照射就可使乌龟的体温升高约 5℃，因此晒壳的时间应该控制在 30 分钟以内。

隔着鱼缸的玻璃，乌龟是无法吸收到紫外线的。建议晒壳时还是以阳光直射为佳。

正在东京井之头公园的池塘里晒壳的龟。注意，图中绝大部分都是巴西红耳龟，只有标有箭头的 2 只才是乌龟。

在乌龟晒壳期间，我们不妨一起来做个游戏吧。

你家的乌龟几岁了

龟的年龄可以根据每片背甲上同心环纹的数量来进行判断。具体来说，环纹由内向外分别代表 0 岁、1 岁、2 岁，以此类推。不过，背甲的磨损有时也会导致这种方法无法奏效。

我家里的乌龟是在我念高中的时候开始饲养的，由于刚来的时候这只乌龟的背甲长度就已经在 10 厘米左右，想来当时应该就已经是一只成年龟了。现如今，这只雌性乌龟的背甲已经长到了 18 厘米。而我所认识的另一位大学教授家的雌性乌龟，更是已经有了 40 岁的高龄呢。

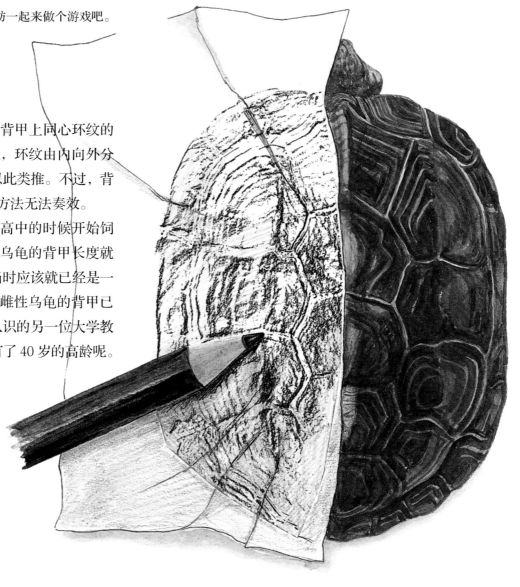

取一张略大于龟背甲的薄纸，用 4B 铅笔或彩色铅笔拓出龟壳上的印记。

观察乌龟的翻身方式

在甲壳的束缚之下，四脚朝天的乌龟是很难翻转过来的。不过对于身强体壮的乌龟来说，翻个身子似乎也并非什么难事。不仅如此，乌龟在翻身成功之后还会立刻爬走，想必也是为了能够尽快离开这个让它四脚朝天的"是非之地"吧。

① 四脚朝天的乌龟会将头部、四肢及尾部缩入壳内。

④ 足部着地站稳，翻转成功。

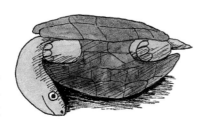

② 不一会儿，乌龟便伸出脖子歪在一旁，并用鼻尖顶住地面。

③ 将距离地面较近一侧的足部伸出壳外，颈部发力，鼻尖用力一顶。

冬眠

乌龟作为一种变温动物，一般都会在天气变冷时进入冬眠的状态。至于家养的乌龟要不要冬眠，则需要综合考虑其健康情况后再做决定。

冬眠的时间

日本东京地区的野生乌龟会在每年的 11 月前后进入冬眠，来年的 3 月中旬左右苏醒。在冬眠时，它们会钻入没有结冰的池塘或河流之中，躲在水底的落叶和淤泥里呼呼大睡。

而对于家养的龟来说，入秋后如果不提高水温的话，龟同样也会渐渐丧失食欲。以乌龟为例，水温在 15℃ 以下时乌龟就不再进食了。所以，如果打算让家养的龟顺利冬眠的话，我们就需要在夏季时多投喂一些食物，让龟提前做好营养的储备工作。

冬眠前的准备——水池篇

对于底部附有淤泥的水池来说，乌龟可以直接在里面进行冬眠。不过要是池底只是一层水泥的话，我们也可以选择在秋季时向池中倒入落叶和淤泥，等到天气转凉之后，乌龟自然就会钻入泥里开始冬眠了。另外需要注意的是，严寒地区或水浅易冻的池塘是不适合乌龟冬眠的。

冬眠时的乌龟会将四肢半缩在壳中，眼睛闭起来。

在天气极为寒冷之前，乌龟还是会偶尔到水面透透气的。等到池面结冰之时，它们就会一直躲在水底呼呼大睡起来（乌龟的呼吸方式请参见第 6 页）。

冬眠前的准备——鱼缸及其他容器篇

我们需要准备一个高度在30厘米以上的鱼缸，并在鱼缸底部铺入泥土和落叶。另外还要注意的是，一直在浅水中饲养的乌龟有时可能无法完成潜水动作，因此缸内的水量可以慢慢增加，不要一次加得过多。此外，鱼缸或其他饲养容器需放置在安静昏暗的阴凉场所，而且温度不能过低，以防水体结冰。

冬眠结束

乌龟在结束冬眠之后并不会立刻活跃起来，同样也不会一下子胃口大开。只有在气温和水温都适于乌龟活动之后，它们才会恢复往日的活力和食欲。如果我们在这个时候发现水体有些浑浊的话，换一换水也是完全没有关系的。

放入泥土和落叶。

冬季缸内的水温高于周围气温，因此可以在缸中多加入一些水。

鱼缸需放在阴凉的地方，但注意温度不可过低，以防结冰。另外，如果房间内装有暖气且室温较高（如15℃左右）的话，乌龟不仅无法冬眠，而且还会食欲不振，反而对身体健康不利。

恒温器

恒温器能够自动调节水温。

建议每年11月前后安装加热棒。不过，使用加热棒升温后水体易滋生细菌，千万要记得勤加清扫哟。

避免乌龟冬眠的方法

对于幼龟或营养不良的乌龟来说，直接将其置于温暖的室内，并适当升高水温的过冬方式反而要比冬眠更为稳妥。温度过低会影响乌龟进食。但要注意，频繁地开关空调会导致温差过大，因而这种单纯依靠室温保暖的方式也很可能会对乌龟的健康不利。因此，我们建议大家还是借助加热棒将水温提高至27℃左右，这样一来，乌龟的食欲就不会受到影响啦。

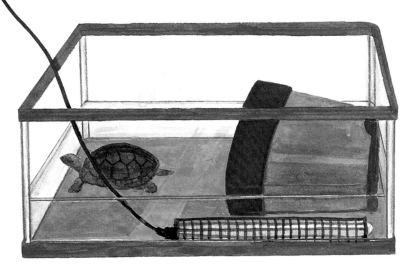

不带恒温器的自动加热棒也很方便。

将加热棒装入套子后再放入缸中，以防乌龟直接碰触发生危险。

产卵及自然孵化

乌龟在产卵期时会不停地爬动，以便找到适合的产卵位置。因此在这一时期，河边及山间的马路上也会频繁地出现与乌龟相关的交通事故。在此我们呼吁大家，开车时还是要留意一下马路上的乌龟。

乌龟是卵生动物

乌龟依靠产卵的方式来进行繁殖。所有龟类都会将卵产在陆地上，海龟自然也不例外。

在将雄龟与雌龟放在一处进行饲养时，如果没有交配行为的发生，雌龟是无法产下受精卵的。对于受精卵来说，只要中途没有发生意外，这些卵都会成功地孵化为幼龟。不过需要注意的是，雌龟在单独饲养的情况下同样也会产卵，只是这些卵并未受精，因此无法孵化成功。

在找到合适的产卵位置之后，雌龟就会开始用后足挖洞。

雌龟的后足像铲子一样来回挥动。

搭建产卵小窝

每年5月到8月，乌龟都会在池塘或河流附近的沙土堆中挖洞产卵。具体来说，乌龟每年产卵2~3次，每次产卵7~8枚。因此，如果乌龟是养在室外池塘的话，我们就需要在池塘周围堆好沙土，以供乌龟产卵之用。至于那些养在鱼缸中的乌龟，由于找不到合适的产卵地点，它们甚至可能将卵直接产在地面上或鱼缸里。所以，我们还是应该尽量选择较大的鱼缸，以便乌龟能够利用沙土为自己搭建产卵的小窝。

乌龟正在草丛里来回寻找适合的产卵地点。在产卵前1个月左右的时间里，雌龟几乎不会进食。等到产卵结束之后，它们的食欲就会恢复正常了。

大约 1 个小时后，雌龟挖洞结束，开始产卵。

雌龟产卵所需时间会随着产卵数量增加而增加。

雌龟会用后足将产下的卵仔细埋好，不留下任何的痕迹。

乌龟的卵是椭圆形的。其中长直径约为 3.5 厘米，短直径约为 2 厘米。更有意思的是，每一枚卵的大小都不尽相同。

在自然环境下，钻出土壤的幼龟会朝着河流或池塘等有水的地方一路爬去。

破卵齿
幼龟的鼻子前端长有尖尖的破卵齿，可以帮助幼龟穿破卵壳。在幼龟孵化后 2~3 天，破卵齿就会逐渐脱落。

自然孵化

在野外环境中，乌龟产下的卵经过 60~90 天便可自然孵化成功，而孵化的具体天数又与所处地区及气候条件息息相关——在气候温暖、地面温度较高的地区，孵化的时间也会大大缩短。对于幼龟来说，它们一般都会在雌龟挖好的产卵窝中直接越冬，等到了春天再钻出土壤，爬出地面。但是，如果某些地区气候适宜或者当年气温偏高的话，幼龟甚至可能会在破壳后不久（夏末秋初）便爬出地面，无须在窝中越冬。

人工孵化

我们也可以人工搭建乌龟的产卵场地用于龟卵的孵化。选择人工孵化，还能够帮助我们观察到龟卵颜色的变化、幼龟诞生的过程等等。

产在地面或水中的龟卵

在鱼缸内的沙堆或水中产下的龟卵，可以通过人工干预的方式来进行孵化。特别是在鱼缸的沙堆中产下的龟卵，更是需要将雌龟转移至其他鱼缸中饲养，又或是选择将卵取出后再进行人工孵化，以防止为雌龟日常换水或清洁打扫时妨碍到幼龟的诞生。

取出时需轻拿轻放，以防压坏。

给龟卵做上标记

对于刚刚开始发育的龟卵来说，上下颠倒的放置方式是会导致幼龟死亡的。因为龟卵无蛋系带，胚胎匍匐在一个大的卵黄囊上，如果把卵倒过来，胚胎会被卵黄囊压迫窒息而死。因此，我们应该在取出龟卵之前在其上端做好标记，这样一来也就可以在着手取出或转移至其他地方时始终保持正确的放置方式了。

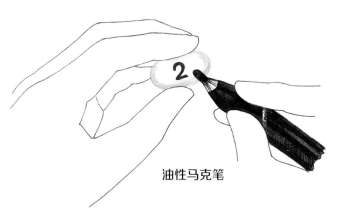

油性马克笔

搭建人工孵化的场地

鱼缸、水缸、水桶、塑料泡沫箱等都可用作龟卵孵化的容器。具体来说，首先我们要取一些乌龟产卵所在地的沙土放入容器（沙土深度应保持在 20 厘米左右），在将龟卵埋在 5~10 厘米左右的深度之后，只需保持沙土微微湿润的状态即可。除此之外，我们也可以选择将龟卵放置在大约 5 厘米厚度的泥炭藓（需事先拧干水分）上进行孵化。

龟卵沉入水中的时间不超过 1 天的话，基本无大碍。

泥炭藓在宠物店或园艺店中可以买到。除了铺在下面以外，龟卵上也可以轻轻地铺上一层拧干的泥炭藓。

卵的变化

选择将龟卵放在泥炭藓上进行人工孵化的话，我们就可以观察到龟卵的整个变化过程。

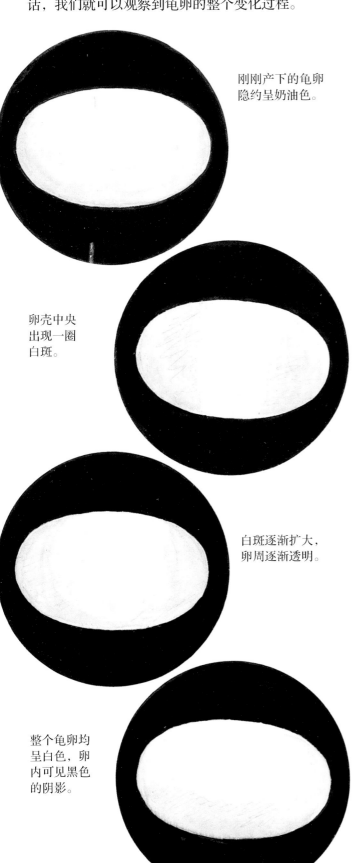

刚刚产下的龟卵隐约呈奶油色。

卵壳中央出现一圈白斑。

白斑逐渐扩大，卵周逐渐透明。

整个龟卵均呈白色，卵内可见黑色的阴影。

孵化以后

在温暖环境下，龟卵的孵化大约需要 2 个月的时间。

幼龟孵化成功之后，切记不要急于将其转移到鱼缸之中，而是应该先在泥炭藓上适应一段时间。刚刚破壳的幼龟甲壳柔软，腹部还长有一个黄色的卵黄囊。待幼龟甲壳变硬、卵黄囊脱落之后，我们就可以将其转移到有水的容器中啦。

幼龟刚刚孵化出来的时候，身上还长着一个在卵中负责储存营养（卵黄）的袋子。这个袋子与脐带颇为相似，人们也将其称为卵黄囊。

虽然带着卵黄囊的幼龟在爬行时似乎比较吃力，但是强行去除卵黄囊的行为却很容易造成幼龟受伤。事实上，卵黄囊会在破壳后 2~3 天萎缩脱落，所以并不需要人工的干预。而且卵黄囊在脱落之后，还会在乌龟的身上留下一个类似肚脐的痕迹呢。

卵黄囊

龟壳逐渐变硬。

待卵黄囊萎缩脱落之后，我们就可以将幼龟转移至鱼缸中了。

孵化温度与性别

很多爬行动物的性别都是由孵化期间的温度所决定的。对于大部分种类的龟来说，高温孵化会得到雌性的幼龟，而低温孵化则会产出雄性的幼龟。

幼龟的饲养

一般来说，动物在幼年时期的死亡率相对较高，乌龟自然也不例外。如果能在幼龟孵化后的第1年里悉心饲养的话，它就可以陪伴我们很长时间。

容器

待幼龟的卵黄囊脱落，我们就可以把它们转移到适合的容器中了。由于刚刚孵化不久的幼龟体形较小，因此除了鱼缸之外，我们也可以将其养在高度为10厘米左右的塑料盒或塑料泡沫箱中。另外，容器内的水面高度应保持在3~5厘米左右，而且还应在其中放入石块或花盆碎片，以便于幼龟攀爬。

喂食

等到腹部的卵黄囊脱落，破卵齿也逐渐消失之后，我们就可以开始给幼龟喂食了。不过需要注意的是，水温过低会导致幼龟不愿进食。此时若选用加热棒将水温提升至27℃左右，幼龟便能够重新活跃起来，食欲也会跟着旺盛不少。虽然每只幼龟的进食方式各有不同，不过投喂游动的食物（如水蚯蚓等）却能让幼龟们胃口大开。除此以外，还有一些幼龟从一开始就非常喜欢进食龟粮，而至于那些不爱吃饭的小家伙们，我们也可以试试用镊子夹住食物在其鼻尖处来回晃动，或许就能成功地唤醒它们的食欲呢。

等到幼龟胃口大开之后，我们就可以给它们喂食一些小鱼干、煮鸡蛋或是整条的小鱼或整只小虾了。除此之外，偶尔喂些动物肝脏或蔬菜也是很不错的选择。

容器内不堆放沙土或水草既便于打扫，又能够保持环境的卫生。

如果幼龟的饲养容器是放在阳台或者院子里的话，很可能会遇到乌鸦和野猫等不速之客的袭击。这时，我们就需要给容器罩上一个可以透光的铁丝网，而且还要保证这个铁丝网不能被轻易打开。

市面上常见的龟粮颗粒较大，若幼龟不易吞咽，则可以选择将这些大颗粒的龟粮敲碎后再喂给幼龟，或者直接购买幼龟专用的龟粮进行饲养。

晒壳

　　幼龟体温较低时会出现食欲不振、发育不良等情况。因此，最为理想的解决方式就是通过日照晒壳的方式来提高幼龟的体温（参见第 18 页）。一旦体温过高，幼龟就会钻入水中或躲入阴凉处避暑，从而有效实现了体温的调节。不过需要注意的是，经常会有主人在乌龟晒壳时置之不理，最终导致乌龟体温过高而不幸死亡。因此，幼龟在夏季晒壳时，建议还是有主人在一旁陪同更为安全。

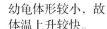

幼龟体形较小，故体温上升较快。

不知道它们会不会吃胡萝卜呢？

如遇阴雨天气无法进行日晒时，也可使用晒背灯照射缸内的陆地部分，为幼龟提供一个温暖的场地。

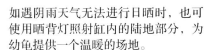

晒背灯
射出的光线与太阳光较为接近。

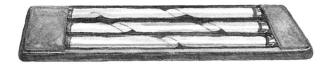

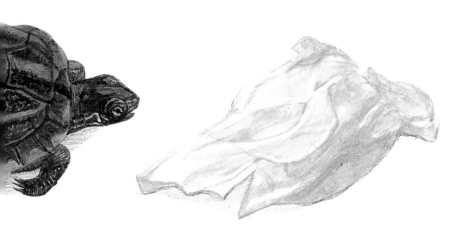

也可以试着投喂一些圆白菜或生菜。

具体型号可向宠物店咨询。

疾病与防治

虽然生病后的治疗过程非常重要，但更为关键的却是在饲养过程中如何保证龟的健康，免受疾病的侵害。具体来说，清洁卫生、均衡营养、保证日晒都是健康养龟的制胜法宝。

为防止龟生病，饲养时要注意：

① 保持养龟容器或鱼缸的清洁卫生；

② 喂食饲料要保证营养的均衡；

③ 确保龟日照晒壳及四处活动的时间和空间。

蜕皮（巴西红耳龟）

与蛇及蜥蜴类似，作为爬行动物的龟类同样也会蜕皮。在蜕皮时，龟壳外层的角质鳞板会像肉刺一样向上翘起，虽然乌龟的这一现象不甚明显，不过巴西红耳龟在蜕皮时却是一目了然的。要注意的是，蜕皮并不代表龟生病了。

当四肢无法正常缩入壳中时，就表示这只乌龟有些太胖了。

乌龟过胖甚至可能会引发死亡，因此不要觉得乌龟可爱就投喂过多食物。

乌龟的常见疾病

白眼病、软骨病都是乌龟的常见疾病，二者均由维生素的缺乏所导致。除此以外，只给乌龟喂食生鱼片或瘦肉还会引发乌龟缺钙，而钙与磷的比例失衡则是诱发乌龟生病的根源所在。

白眼病：眼睛肿胀，无法睁开。进一步恶化时还会诱发全身溃烂。

软骨病：龟壳变软，严重时甚至可能变形。

水霉病

患上此病时，龟壳表面会长出一层白色的絮状菌丝。由于水霉病易造成感染，因此染病的龟需要分缸单独饲养。在治疗时，我们应在乌龟壳上涂抹含碘的消毒液，并尽量保持龟壳的清爽与干燥。此外，多晒太阳也能对水霉病起到预防和治疗的作用。

寄生虫

乌龟的晒壳行为能够有效地预防水蛭等寄生虫的侵扰。当乌龟受伤时，食肉苍蝇还会在伤口附近产下蝇卵，从而进入乌龟的体内。因此，一旦发现乌龟受伤，我们需要立刻进行消毒，并保证伤口的干爽。

沙门氏菌病

虽然乌龟无症状表现，但却会传染给人，引发食物中毒（参见第17页）。

制作龟壳标本

　　乌龟死掉之后，我们既可以选择将尸体进行安葬，也可以将其制成标本保存起来。具体做法是：首先将乌龟的尸体在水中浸泡数日，待其变软后再用锯子将背甲与腹甲切分开来；在取出乌龟的身体部位后，用牙刷等工具将龟壳仔细地清洗干净，我们就成功地得到了一件龟壳制成的标本；最后再在龟壳表面刷上一层清漆，一件漂亮的标本就大功告成了。

　　不过值得注意的是，在水中浸泡时间过长或埋入土中都易令龟壳表层的角质鳞板发生脱落，在制作标本时一定要仔细观察，量力而行。

腹甲

背甲

腹甲与背甲切分后的痕迹

一边用水冲洗，一边将乌龟的躯体剥离下来，用酒精彻底消毒后晾干，最后再刷上一层清漆即可。

治疗

　　建议每天在饲料中滴入2~3滴鱼肝油及维生素补充剂，也可以将肝脏或整条的小型淡水鱼喂给乌龟食用。除此之外，蛋黄、石灰水和碳酸钙也能为乌龟提供丰富的矿物质来源。当然，我们还能在市面上买到爬行动物专用的营养剂，其中同样富含有大量的矿物质和微量元素。不仅如此，婴幼儿食用的复合维生素也可以喂给乌龟食用。

如果乌龟不喜欢饲料中混有鱼肝油及营养剂的话，我们也可以使用滴管或针筒（去掉针头）将营养物质直接喂入乌龟的口中。

乌龟不肯张开嘴巴时，只需将其滴在乌龟的嘴边即可。

此外，我们还可以降低鱼缸中的水位，并将营养剂直接溶解在水里。

龟在日本的分布

日本的乌龟、石龟主要生活在本州、四国及九州等地，而巴西红耳龟也以各大城市为中心，成功地在上述地区定居下来。

10厘米

你的小手与陆龟相比，哪个更大呢?

● 为本书中涉及到的龟类

● 乌龟（地龟科）

● 石龟（地龟科）

● 巴西红耳龟（泽龟科）

南方石龟（地龟科）
目前仅生活在京都附近及琉球群岛日本的八重山群岛、宝岛群岛地区。

日本地龟（地龟科）
日本天然纪念物之一。生活在琉球群岛的冲绳岛、久米岛及渡嘉敷岛地区。

产卵地
玳瑁
红海龟
绿海龟

黄缘闭壳龟（地龟科）
日本天然纪念物之一。生活在琉球群岛中八重山群岛的石垣岛及西表岛等地。腹甲可向上闭合于背甲，头尾及四肢可完全缩入壳内。

红海龟（海龟科）
前往日本中南部产卵。

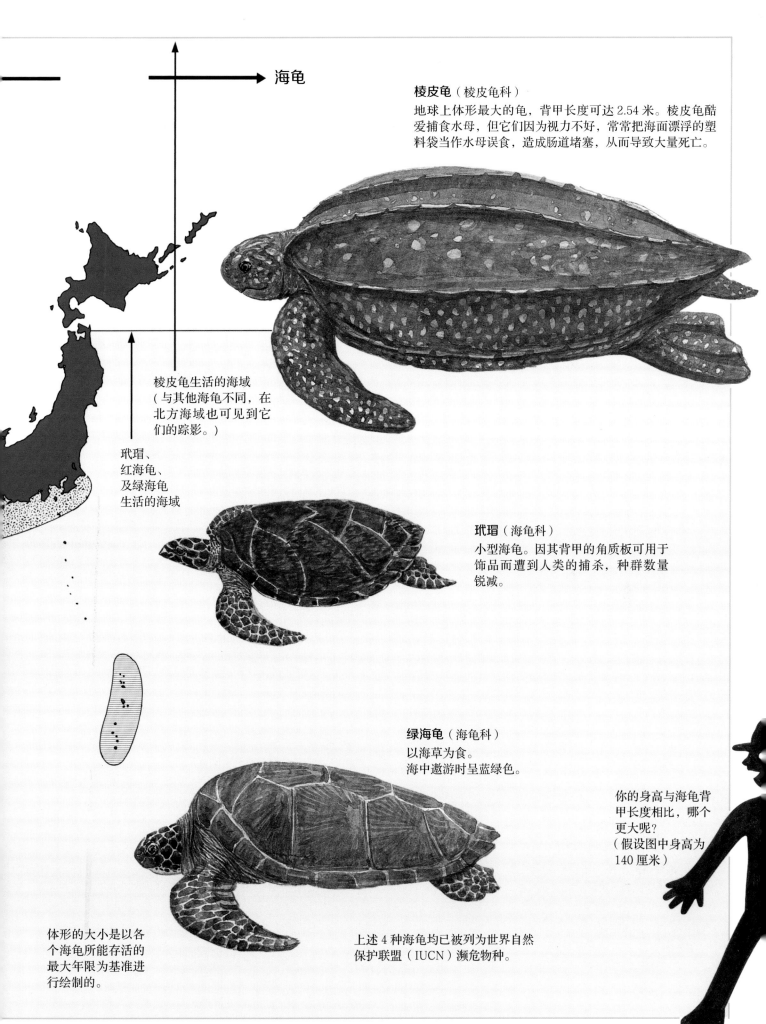

海龟

棱皮龟（棱皮龟科）
地球上体形最大的龟，背甲长度可达 2.54 米。棱皮龟酷爱捕食水母，但它们因为视力不好，常常把海面漂浮的塑料袋当作水母误食，造成肠道堵塞，从而导致大量死亡。

棱皮龟生活的海域
（与其他海龟不同，在北方海域也可见到它们的踪影。）

玳瑁、
红海龟、
及绿海龟
生活的海域

玳瑁（海龟科）
小型海龟。因其背甲的角质板可用于饰品而遭到人类的捕杀，种群数量锐减。

绿海龟（海龟科）
以海草为食。
海中遨游时呈蓝绿色。

你的身高与海龟背甲长度相比，哪个更大呢？
（假设图中身高为140 厘米）

体形的大小是以各个海龟所能存活的最大年限为基准进行绘制的。

上述 4 种海龟均已被列为世界自然保护联盟（IUCN）濒危物种。

图书在版编目（CIP）数据

把大自然带回家.我想养只小乌龟/(日)小宫辉之
著;(日)佐藤芽实绘;边大玉译. -- 北京:中信出
版社, 2021.4
ISBN 978-7-5217-2646-6

Ⅰ.①把… Ⅱ.①小… ②佐… ③边… Ⅲ.①自然科
学—儿童读物 Ⅳ.① N49

中国版本图书馆 CIP 数据核字 (2020) 第 260449 号

把大自然带回家·我想养只小乌龟

著　　者：[日]小宫辉之
绘　　者：[日]佐藤芽实
译　　者：边大玉
出版发行：中信出版集团股份有限公司
　　　　　（北京市朝阳区东街甲4号富盛大厦2座　邮编　100029）
承 印 者：北京汇瑞嘉合展有限公司

开　　本：889mm×11 　　 1/16　　印　张：2　　字　数：75千字
版　　次：2021年4月　　　　　　　 印　次：2021年4月第1次印刷
京权图字：01-2020-　　　　　　　　审 图 号：GS（2020）6609号（本书地图系原文插附地图）
书　　号：ISBN 978　　-2646-6
定　　价：179.00元

出　　品：中信儿童
图书策划：知学园
策划编辑：隋志　　责任编辑：谢媛媛　　营销编辑：张超　李雅希　王姜玉珏
封面设计：谢佳　　内文排版：王哲　　审　定：黄端杰

把大自然带回家
我想养只虎皮鹦鹉

[日]小宫辉之 著　　[日]大野彰子 [日]大野弘子 绘　曹元 译

中信出版集团｜北京

目录

卡梅
亮绿蛋白石品系

这是它们早上起床时的样子。在
将两只翅膀向上展开之后，波奇
还会将一侧的翅膀和爪子一起伸
展开来。

图上两只鹦鹉的大小，其实就是
波奇与卡梅的实际大小。

前言

我家养了两只雄性虎皮鹦鹉，一只叫波奇，另一只叫卡梅。那时我还在上野动物园工作，波奇就是被人遗弃在园内的。当我收养波奇的时候，它已经成年。不过，它渐渐习惯了在人的手掌上玩耍，还学会了很多词语。我很喜欢它聪明伶俐的样子，它也会经常得意地说着"聪明聪明真聪明，波奇真聪明"，"波奇好乖，好乖好乖"之类的话。

卡梅是我在井之头动物园上班时捡到的。它当时还是幼鸟，很难让我分辨公母。不过随着它渐渐长大，鸟喙上端的蜡膜也开始慢慢变蓝，我就知道它是一只雄性的鹦鹉了。

有一天，波奇突然开始不学人说话了，那是原本养在其他笼子的卡梅搬去与它同住的第四天。也许是有了可以相互说鹦鹉话的同伴，波奇就改回了自己的语言吧。如今，我的家里每天都回荡着波奇和卡梅的鹦鹉话。

波奇
亮绿蛋白石灰翅品系

虎皮鹦鹉，属于鸟纲鹦形目鹦鹉科。

鹦鹉与凤头鹦鹉有些不易区分。一般来说，羽毛呈黑白等色、头上长有冠状羽毛的是凤头鹦鹉，而羽毛呈绿、黄、蓝等多种色彩的大多称为鹦鹉。

例如，玄凤鹦鹉属于凤头鹦鹉科，啄羊鹦鹉和鸮鹦鹉则属于鹦鹉科。

本书将对虎皮鹦鹉展开详细介绍。

故乡

树木稀少的澳大利亚中部平原，是虎皮鹦鹉的故乡。野生的虎皮鹦鹉均有着色彩鲜艳的绿色、黄色羽毛。

红大袋鼠

群居生活

野生的虎皮鹦鹉过着群居的生活，甚至可以组成一个数千只乃至上万只的大族群。平时，它们总是成群活动，比如一起在水边喝水，一起落在地面或草丛中采食草籽。早上和傍晚，虎皮鹦鹉最为活跃。

雨季到来，草籽等食物变得更为丰富，虎皮鹦鹉们也就开始繁殖了。澳大利亚幅员辽阔，不同地区雨季的时间不尽相同。随着雨季的到来，它们的食物也充足起来。北部地区的多在 6 月至 9 月，南部地区的则多在 8 月至次年大量繁殖。

分布图

澳大利亚

悉尼

墨尔本

虎皮鹦鹉分布在远离海岸的内陆地区，如图中绿色部分所示。我的一位悉尼朋友说，他从来没有见过野生的虎皮鹦鹉。

桉树

鸸鹋

粉红凤头鹦鹉

鹦形目动物

鹦形目动物广泛分布在全球的热带及亚热带地区，其中吸蜜鹦鹉科 55 种，凤头鹦鹉科 21 种，鹦鹉科 332 种，合计共有 408 种不同的种类。

美食的诱惑

对于自古就生活在澳大利亚的土著居民来说，数量庞大的虎皮鹦鹉是一种极佳的食物。虎皮鹦鹉在英语中被称为 budgerigar，这在澳大利亚的土著语中表示"美味的食物"。

鸟儿的身体

虎皮鹦鹉是会飞的鸟儿。就算一直被养在笼中，打开笼门，它们也依然能够挥动翅膀飞上蓝天。

适于飞翔的身体

鸟儿的身体结构非常适于飞翔。让我们一起来看看鸟儿的骨骼、羽毛及消化道的构造吧。

鸟儿的翅膀与人类的胳膊和手

鸟儿的翅膀相当于哺乳类的前肢（胳膊和手）。与人类的手骨相比，鸟儿翅膀上的骨头减少到了 3 根，这使得飞羽可以更灵活地活动。

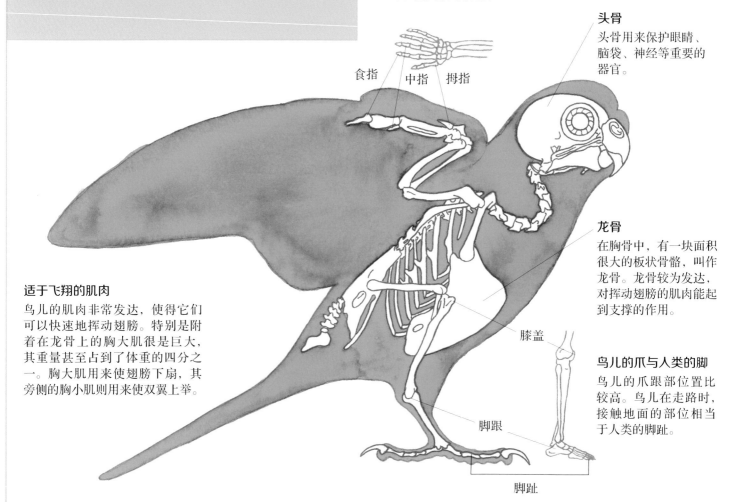

食指　中指　拇指

头骨
头骨用来保护眼睛、脑袋、神经等重要的器官。

龙骨
在胸骨中，有一块面积很大的板状骨骼，叫作龙骨。龙骨较为发达，对挥动翅膀的肌肉能起到支撑的作用。

膝盖

鸟儿的爪与人类的脚
鸟儿的爪跟部位置比较高。鸟儿在走路时，接触地面的部位相当于人类的脚趾。

脚跟

脚趾

适于飞翔的肌肉

鸟儿的肌肉非常发达，使得它们可以快速地挥动翅膀。特别是附着在龙骨上的胸大肌很是巨大，其重量甚至占到了体重的四分之一。胸大肌用来使翅膀下扇，其旁侧的胸小肌则用来使双翼上举。

鸟儿的骨骼是空心的

为了让身体更加轻盈，鸟儿的骨骼变成了空心结构。骨腔内有很多骨质小梁，用来支撑较轻的骨骼。纸板箱的纸板轻巧结实，也是同样的原因。

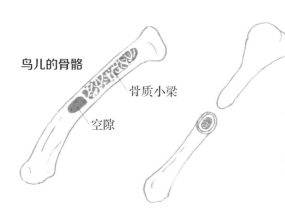

鸟儿的骨骼

骨质小梁

空隙

牛的骨骼
牛骨和人骨都是实心的，质地很厚，非常结实。与鸟儿的骨骼相比，重量也要高出许多。即便是鸵鸟这样不会飞翔的鸟儿，也有空心的骨骼。

鸟儿的羽毛

　　鸟儿的羽毛有着御寒保温、保护身体不受伤害的功能。此外，羽毛还可以巧妙地帮助鸟儿，使它们更适于飞翔。

短短的消化道

　　鸟儿的肠道很短，而且没有膀胱。这样一来，消化过的食物就会立刻以粪便的形式排出体外，从而使得鸟儿的身体在任何时候都能保持轻盈。

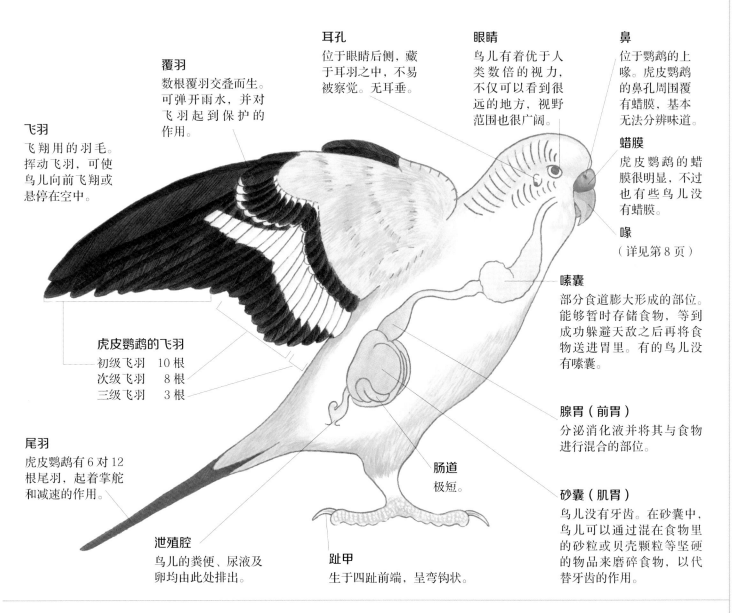

覆羽
数根覆羽交叠而生。可弹开雨水，并对飞羽起到保护的作用。

耳孔
位于眼睛后侧，藏于耳羽之中，不易被察觉。无耳垂。

眼睛
鸟儿有着优于人类数倍的视力，不仅可以看到很远的地方，视野范围也很广阔。

鼻
位于鹦鹉的上喙。虎皮鹦鹉的鼻孔周围覆有蜡膜，基本无法分辨味道。

飞羽
飞翔用的羽毛。挥动飞羽，可使鸟儿向前飞翔或悬停在空中。

蜡膜
虎皮鹦鹉的蜡膜很明显，不过也有些鸟儿没有蜡膜。

喙
（详见第8页）

虎皮鹦鹉的飞羽
初级飞羽　10根
次级飞羽　8根
三级飞羽　3根

嗉囊
部分食道膨大形成的部位。能够暂时存储食物，等到成功躲避天敌之后再将食物送进胃里。有的鸟儿没有嗉囊。

腺胃（前胃）
分泌消化液并将其与食物进行混合的部位。

尾羽
虎皮鹦鹉有6对12根尾羽，起着掌舵和减速的作用。

泄殖腔
鸟儿的粪便、尿液及卵均由此处排出。

趾甲
生于四趾前端，呈弯钩状。

肠道
极短。

砂囊（肌胃）
鸟儿没有牙齿。在砂囊中，鸟儿可以通过混在食物里的砂粒或贝壳颗粒等坚硬的物品来磨碎食物，以代替牙齿的作用。

鸟儿由爬行动物进化而来

　　鸟儿是从爬行动物进化而来的。仔细观察鸟儿的爪子，就能发现上面长着一些和爬行动物极为类似的鳞片。事实上，羽毛也是鳞片衍化形成的产物。

乌龟的爪子
（爬行动物）

虎皮鹦鹉的爪子
（鸟类）

鸟儿与哺乳动物的区别

　　让我们再来比较一下，看看鸟儿与同为脊椎动物的哺乳动物之间有什么区别。哺乳动物全身被毛，鸟儿则周身覆羽。与绝大多数哺乳动物的幼崽在母体腹中发育长大不同，鸟儿是直接产卵，在卵中发育成形的。鸟儿虽然没有牙齿，但却可以用砂囊中的砂粒等来磨碎食物。

虎皮鹦鹉的特征

在鹦鹉中，虎皮鹦鹉算是体形较小的品种。和其他的鸟儿相比，虎皮鹦鹉与体形较大的鹦鹉有很多共同的特点。

比比看

虎皮鹦鹉色彩斑斓，性格活泼，擅长模仿，而这也正是所有鹦鹉具有的共同特点。那么，虎皮鹦鹉的身体特征是什么呢？让我们来和其他的鸟儿比比看吧。

喙
上喙较长，向下弯曲。可以啄开坚硬的树木、水果的外皮，也能将草籽的外壳剥开。

日本绿啄木鸟
（啄木鸟科）啄木开洞，并用长长的舌头将洞里的虫子钩住吸出。

鲑色凤头鹦鹉
（凤头鹦鹉科）

麻雀
（与织布鸟同属雀形目）啄食稻米、草籽、虫子。

舌头
舌头的形状很像人的指头，短小厚实。即便是滚圆的种子，也能被喙和舌头灵活地叼住。

爪
大多数鸟儿都是3趾朝前，1趾朝后。不过鹦鹉却是2趾朝前，2趾朝后。

鲑色凤头鹦鹉
2趾朝前，2趾朝后。这样的趾型可以帮助它停在树上，也使其十分擅长头朝下的倒立姿势。

麻雀
3趾朝前，1趾朝后。或落于树枝，或行于地面。

日本绿啄木鸟
2趾朝前，2趾朝后。既可以保持身体以垂直于地面的姿势停在树上，也可以在不同的位置之间来回飞翔跳跃。

仔细观察羽毛

毛色艳丽也是虎皮鹦鹉的特征之一，这也使其作为一种观赏性的宠物得到了人们的喜爱。对于鸟儿来说，羽毛就像件保温性能出众的漂亮衣服。每年 6 月前后，虎皮鹦鹉会换上新的羽毛（详见第 21 页）。如果看到有旧的羽毛掉落，不妨赶紧捡起来用放大镜仔细看看。

绒羽
内侧的羽毛。蓬松柔软，用来保温。

斑纹的名称

头部到背部
壳纹斑（贝壳纹样）

颊部
颊部紫蓝斑

喉部
喉部小黑斑

覆羽

喉部小黑斑

羽轴

羽枝

羽小枝

整理羽毛
鸟儿用喙来回地梳理，凌乱的羽毛就能变得十分整齐了。不仅如此，这样做还能清理脏东西和寄生虫。

正羽
位于绒羽的外侧。保护身体不受风吹雨淋。

飞羽

尾羽

尾羽

用放大镜观察一下
用放大镜对羽毛进行观察，我们便能看到位于正中的羽轴上有很多相互平行的羽枝。羽枝上整齐地排列着许多细小的羽小枝，羽小枝上还生有钩状的突起。当鸟儿用喙梳理羽毛的时候，这些细钩就会像拉链一样勾住与其相邻的羽小枝，羽毛也就变得整齐起来了。要是用大拇指和食指捏住羽毛捋一下的话，羽毛也可以变成平整的样子。如果看到有羽毛掉落，你也来这样试试看吧。

羽毛颜色的奥秘

虎皮鹦鹉在日语中也叫"背黄青"，取其背部呈黄绿两色之意。通过黄色与绿色的组合搭配，虎皮鹦鹉的羽毛可以衍生出多种多样的绚烂色彩。

3种羽毛层

虎皮鹦鹉的羽毛共分为3层，其中黄色素位于外层，黑色素位于内芯，而外层与内芯之间还飘浮着很多微小的空气颗粒。光线照射在这些空气颗粒上时会散射成为各种不同的颜色，所以这一层也被称为散射层。散射层还可以对蓝绿色系（绿、蓝－紫）的光线进行反射。羽毛横截面上的3层结构相当于3片滤镜的组合，营造出了绚烂缤纷的羽毛色彩。

外层
黄色素中的类胡萝卜素多在这一层。

中间层
反射蓝绿色系的光线。这一层并没有蓝色的色素。

内芯
黑色素丰富。

羽毛的横截面
我们将羽毛放大，并取羽轴上所生羽枝的横截面进行再次放大，结果如图所示。

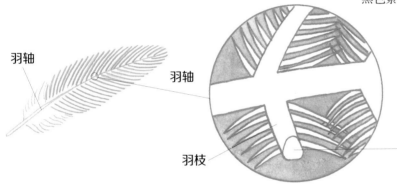

羽轴

羽轴

羽枝

一起来看看原始种亮绿虎皮鹦鹉的绿色羽毛吧。

羽枝的横截面

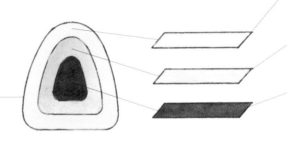

羽枝横截面的放大版示意图

替换成相应的滤镜

羽毛颜色的深浅

就算同为绿色或蓝色，其颜色的深浅也存在着一定的差异，有些虎皮鹦鹉的羽毛斑纹甚至还会出现淡化或消失。而这一深浅的差异，则是由羽毛上黑色素的多少来决定的。

黑色素
黑色素存在于动物的皮肤、羽毛之中，色素本身为黑色或咖啡色。

人体皮肤会因为黑色素的增加呈现出晒黑的样子。不过对于虎皮鹦鹉来说，黑色素的含量却是固定不变的，并不会像人一样因为阳光的照射而出现黑色素增加的情况。

原始种

亮绿	深绿	橄榄绿

原始色	黑色素较多	黑色素极多

对原始种亮绿虎皮鹦鹉的胸部羽毛颜色进行比较，可以看出其颜色深浅确实有所差异。蓝色系虎皮鹦鹉也同样如此。

反射的光线形成了我们看到的颜色

　　照射到羽毛上的各色光线在通过羽毛的3层结构时，有些会被吸收，有些会被反射。被反射回来的光线相互交织，也就形成了我们所能看到的羽毛的颜色。当3层结构一起发挥作用时，我们看到的原始种亮绿虎皮鹦鹉便是黄色、绿色的。

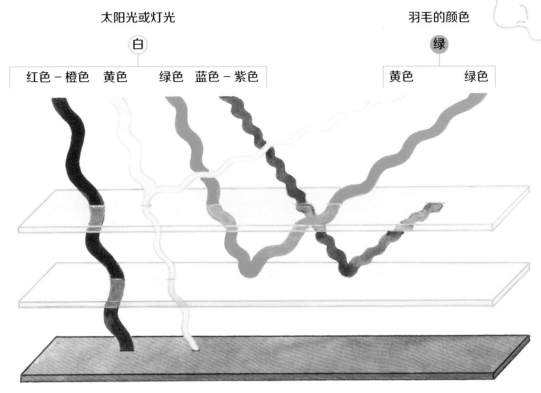

太阳光或灯光

白

羽毛的颜色

绿

原始种亮绿虎皮鹦鹉羽枝的3个羽毛层及光线的通过方式

| 红色－橙色 | 黄色 | 绿色 | 蓝色－紫色 |

| 黄色 | 绿色 |

黄色层
反射少量黄色的光线。
吸收蓝色－紫色的光线。

散射层
反射绿色、蓝色－紫色的光线。

黑色层
吸收所有光线。

颜色与光线的性质
太阳光及灯光看起来都是"白的"，这其实是各色光线交织与混合的结果。各色颜料混在一起会变成黑色的，而各色光线混在一起则会变成白色的。

缺乏色素的虎皮鹦鹉

　　有些虎皮鹦鹉的部分羽毛缺乏色素，还有些甚至全身都没有色素。

　　蓝色系虎皮鹦鹉的羽毛中没有类胡萝卜素。它们无法吸收蓝色－紫色的光线，而这些光线则会在羽枝的散射层发生反射，进入我们的视线。

　　白化虎皮鹦鹉没有类胡萝卜素和黑色素。即便绿色到紫色的光线在散射层被反射，黑色素的缺乏也使红色到黄色的光线同样被反射进入眼，这些光线混合之后羽毛便呈现为白色了。

原始种

原始种色型 　　　蓝色色型 　　　白化色型

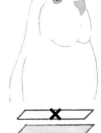

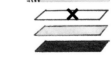

缺乏类胡萝卜素 　　缺乏类胡萝卜素及黑色素

白化虎皮鹦鹉与白化兔子、白化豚鼠一样，都是缺乏色素的品种。由于血管的存在，它们的眼睛看起来都是红色的。

五彩斑斓的虎皮鹦鹉

原始种亮绿虎皮鹦鹉偶尔可能繁殖出新颜色的幼雏。让这些新颜色的鹦鹉进行交配，人们就可以繁育出色彩更为绚烂的品种了。

自然界中的虎皮鹦鹉，颜色相近

即便在野生状态下，虎皮鹦鹉也可能自然繁殖出蓝色或白化的色型。但是，由于这些颜色在种群中实在太过醒目，很容易被天敌捕获，所以并不能存续。因此，野生的虎皮鹦鹉均颜色相近，呈现出亮绿的色彩。

让我们按照颜色的深浅来试着排列一下。横轴表示黑色素的含量，纵轴表示类胡萝卜素的含量。原始种虎皮鹦鹉的亮绿色为基本色。

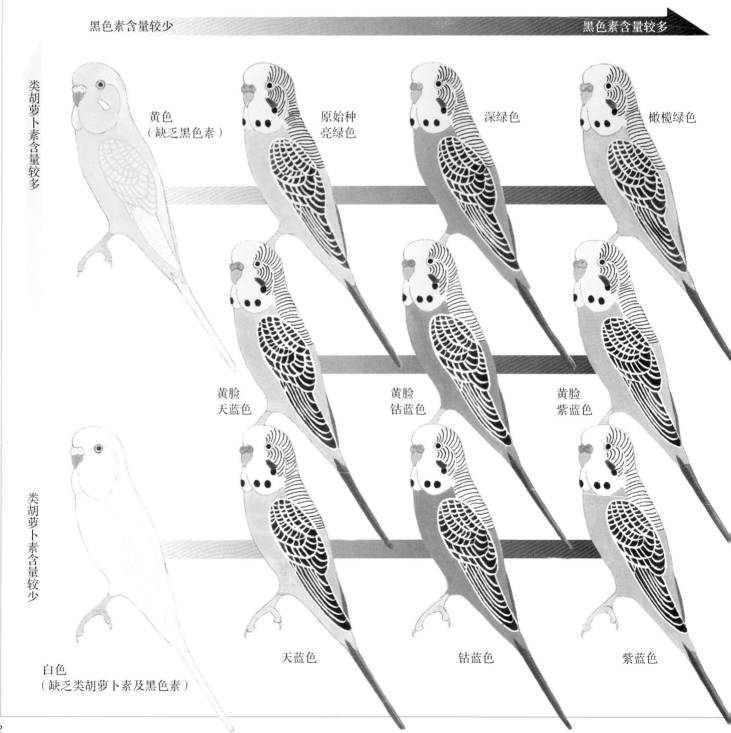

黑色素含量较少　　　　　　　　　　　　　　　黑色素含量较多

类胡萝卜素含量较多

类胡萝卜素含量较少

黄色
（缺乏黑色素）

原始种
亮绿色

深绿色

橄榄绿色

黄脸
天蓝色

黄脸
钴蓝色

黄脸
紫蓝色

白色
（缺乏类胡萝卜素及黑色素）

天蓝色

钴蓝色

紫蓝色

羽翼斑纹

虎皮鹦鹉的羽翼斑纹多为黑色。由于黑色素的减少或呈现咖啡色，现在也出现了羽翼斑纹浅淡的虎皮鹦鹉。

原始种
黑翅
（黑色素）

肉桂翅
（咖啡色的
黑色素）

灰翅
（黑色素较少）

黄翅
（缺乏黑色素）

白翅
（缺乏黑色素及类胡萝卜素）

更为漂亮的虎皮鹦鹉

蛋白石
背部斑纹消失，胸部及羽翼同色，颜色十分绚烂。因与珠宝中的蛋白石类似，故得名。

通过让基因突变的美丽虎皮鹦鹉相互交配，人们繁育出了许多羽毛色彩更为艳丽的虎皮鹦鹉品种。目前，虎皮鹦鹉已有 100 多个品种。

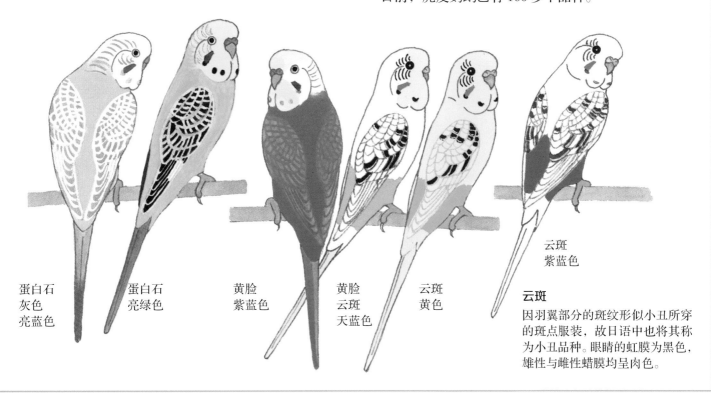

蛋白石
灰色
亮蓝色

蛋白石
亮绿色

黄脸
紫蓝色

黄脸
云斑
天蓝色

云斑
黄色

云斑
紫蓝色

云斑
因羽翼部分的斑纹形似小丑所穿的斑点服装，故日语中也将其称为小丑品种。眼睛的虹膜为黑色，雄性与雌性蜡膜均呈肉色。

如何挑选
虎皮鹦鹉

请选择干净整洁、色彩艳丽、性格活泼的虎皮鹦鹉进行饲养。另外，还需结合饲养方式的不同，对鸟儿的年龄、数量和品种等进行判断。

如何购买虎皮鹦鹉

最简单的方法就是去宠物店购买。如果是从繁育虎皮鹦鹉的人那里拿到的，不妨也请他们教教你饲养方法。

如果想让虎皮鹦鹉停在手上或是学会模仿的话，最好只养 1 只。如果想让它们繁殖，就买一公一母 2 只。如果是在学校等处的大型鸟舍中进行饲养，自然也就可以多买几只了。

雏鸟的挑选方法

如果想要一只手养虎皮鹦鹉，就要选择雏鸟来进行喂养。注意挑选屁股干净的鸟儿。当然也有一些成鸟（长大的鸟）已经习惯了手养，具体情况可以在宠物店里咨询一下。

为了便于客人观赏，宠物店一般都会将雏鸟放入鱼缸饲养，并在鱼缸中附带加热装置进行保温。

雏鸟无论公母，蜡膜的颜色都是相同的。即便是宠物店里的人，分辨起来也十分困难。

参展用的虎皮鹦鹉很难饲养

在鸟儿的品评会或展览会上，许多体形较大的虎皮鹦鹉及一些生有冠羽或卷羽的新奇品种竞相争艳。这些参展的鸟儿，大多都是由专门从事繁育工作的专业饲养者喂养的。

当饲养者繁育出一种颜色新颖的虎皮鹦鹉时，一般都会让这只鹦鹉的父母兄妹之间相互交配近亲繁殖，所以这些鸟儿的身体并不太强健，新手饲养的话会比较困难。

我们还是先选择一只健壮的绿色或蓝色系虎皮鹦鹉，将它健健康康地饲养长大吧！

大头虎皮鹦鹉
头部较大，向上隆起。体重有时儿乎能达到 60 克，是普通虎皮鹦鹉的 2 倍以上。

幼鸟的挑选方法

如果想教虎皮鹦鹉说话，可以选择幼鸟来进行饲养。此外，由于幼鸟的虹膜（负责调节进入眼内的光线的强弱）发育尚不完全，所以整个眼睛看起来都是黑色的。

幼鸟

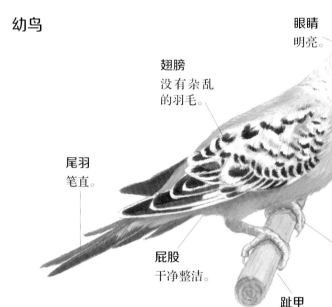

眼睛
明亮。

翅膀
没有杂乱的羽毛。

尾羽
笔直。

鹦鹉的性别可通过蜡膜的颜色分辨。（详见第 22 页）

喙部
有光泽。

屁股
干净整洁。

爪及趾部
能够牢固地抓紧站棍。

趾甲
无伤。

最好不要选择
躲在角落静静发呆的、身上羽毛凌乱松散的、眼眶湿润或睁不开眼的、身体瘦弱的。

成鸟的挑选方法

随着虎皮鹦鹉不断长大，雄性与雌性的区别也变得明显起来。想要繁殖的话，可以选择成鸟来进行饲养。

瞳孔周围呈白色。

蜡膜呈蓝色，说明这是一只雄性鹦鹉。

不过对于云斑等品种的虎皮鹦鹉来说，成鸟全眼黑亮，而且雌性、雄性的蜡膜均为肉色。

上了年纪以后，虎皮鹦鹉的爪子和喙部都会失去光泽。

体长　18～20 厘米，头顶到尾羽末端的长度。
寿命　大多 7～8 年，也有存活 25 年的记录。
体温　40～42℃。

全冠品系
头部的羽毛垂下，很像是娃娃头造型。

羽衣品系
背部的羽毛较长，向上翘起。

鱼鳞品系
羽毛看起来像鱼鳞一样。

冠羽品系
头部的羽毛直立上翘。

需要准备的物品

虎皮鹦鹉非常喜欢玩耍。除了在笼子里放入食盒、水盒和站棍，如果能再装上各式的玩具，它也就不会觉得无聊了。

笼子

鹦鹉的喙部非常坚硬，竹制或者木制的笼子的笼柱很可能会被它咬断。所以，我们要在没有喷漆的金属笼子中饲养虎皮鹦鹉。另外，如果你是为了享受和它的互动而决定只养一只的话，那就可以选择圆形或者可悬挂的笼子。如果是养了一对，想要繁殖，请选择宽度在50厘米以上的箱式笼子。要是放置笼子的空间足够充裕，建议选择宽敞的笼子进行饲养。

食盒与水盒

装在笼子里的塑料或陶瓷小盒。虎皮鹦鹉不常洗澡，故水盒不需要很大。另外，它会立在站棍上排便，所以不能将食盒和水盒放在站棍的正下方。

站棍

在鸟笼中放入1到2根形状笔直且便于鸟儿横向行走的木棍，木棍要与鸟笼的底部平行。另外，最好将一根站棍装在鹦鹉容易取食的地方。

保健砂盒

市面上多为塑料小盒，尺寸比食盒的要小。

蔬菜盒

细长的塑料小盒，可放入油菜叶子1到2片。塑料盒相对容易清理。

晾衣夹

虎皮鹦鹉能用喙部打开笼门。如果笼子本身不带插销的话，请用晾衣夹将笼门夹住。

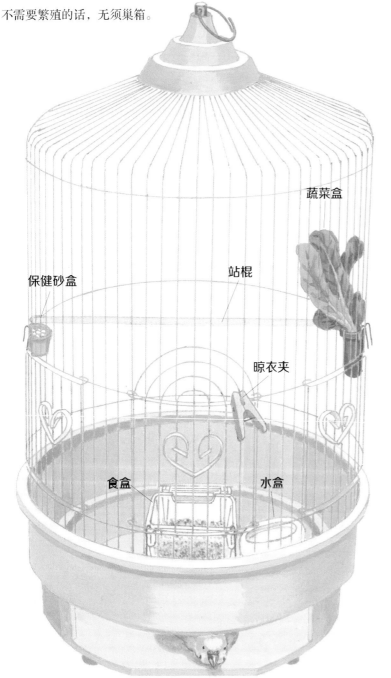

不需要繁殖的话，无须巢箱。

蔬菜盒

站棍

保健砂盒

晾衣夹

食盒

水盒

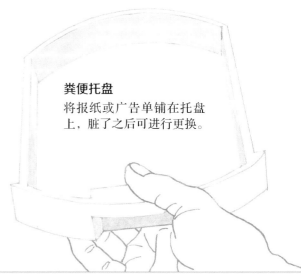

粪便托盘

将报纸或广告单铺在托盘上，脏了之后可进行更换。

站棍的粗细

当鸟儿停在站棍上时，前后趾甲间需要留有一定的距离。

如果鸟儿不好落脚，身体就会来回摇晃，站立不稳。

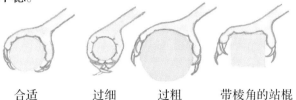

合适　　过细　　过粗　　带棱角的站棍
　　　　　　　　　　　　 不易站立。

睡觉时
虎皮鹦鹉会将脸埋
进背部的羽毛里。

肌腱
在骨骼与肌肉
的连接处有强
健的肌肉。

玩具

虎皮鹦鹉活泼调皮，幼鸟更是贪玩。我们可以在笼里放些玩具，不过笼子可不能太挤。

为什么鸟儿睡觉的时候也能抓住站棍
肌腱将鸟爪上的骨骼与肌肉连接在了一起。鸟爪舒展时，相关肌腱自动放松。鸟爪弯曲时（如睡觉的时候），相关肌腱则会绷紧并牵拉脚趾，鸟儿便能牢牢地抓住站棍了。

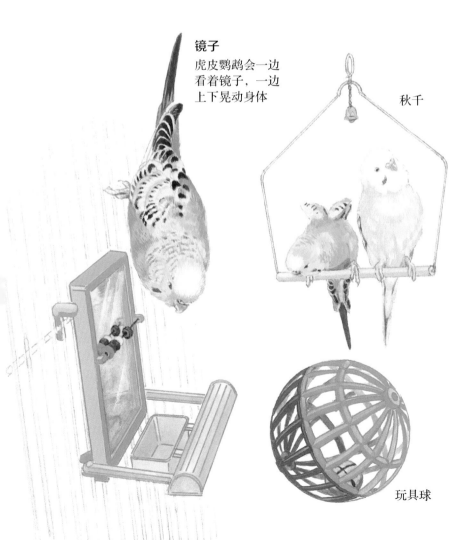

镜子
虎皮鹦鹉会一边
看着镜子，一边
上下晃动身体

秋千

玩具球

梯子
用喙啄着向上爬。

饲料与喂养

鸟儿喜欢早起，每天日出便开始鸣啭。建议大家选择每天清晨来给鸟儿进行简单的清扫和换水、换食等。

第一次带虎皮鹦鹉回家的注意事项

刚刚领回家时，请先让虎皮鹦鹉安安静静地待上一会儿，给它一个适应新环境的时间。如果家里还有其他虎皮鹦鹉，建议先将新的虎皮鹦鹉分笼饲养，等到它们之间相互适应后再进行合笼。

保健砂

牡蛎贝壳敲碎后形成的细小颗粒。

主食

野生的虎皮鹦鹉以草籽为食。对于饲养的虎皮鹦鹉来说，主食选择稗子和谷子就足够了。市面上的部分复合饲料中还添加了黍子，有些则添加了加纳利子，以供它们繁殖期食用。

副食

在寒冷的冬天或是希望虎皮鹦鹉进行繁殖的时候，可以喂一些青菜、保健砂、蛋小米等补充营养。

墨鱼骨

保健砂和墨鱼骨可以补钙。在虎皮鹦鹉产卵或哺喂幼鸟期间，一定要记得喂。

进食方式

在进食前，虎皮鹦鹉会用喙剥开稗子及谷子的外壳。如果喂食的是带壳的饲料，请记得每天都要先将它们剥下来的谷壳吹净，然后再补充饲料。每周都需要彻底清理食盒一次，并将其中的鸟粮全部换新。

蛋小米

将小米与鸡蛋黄混合后晒干而成，可以给病鸟、幼鸟或繁殖前的鸟儿补充蛋白质。过量食用会导致鸟儿发胖，所以还是要注意不能喂得太多。

正在啄食薄荷叶的虎皮鹦鹉。在日本，鸡肠繁缕等野草及香草也是它们的食物。

将饲料撒在桌上，然后来观察一下虎皮鹦鹉用喙进食的样子吧。

青菜
主要用来补充维生素。每三至四天可以喂食几片新鲜圆白菜或油菜的菜叶。

水
饮用水需要每天更换。最好选用不易打翻的陶瓷水盒。由于鹦鹉不常洗澡，所以无须专门为此备水。

打扫卫生

铺在粪便托盘上的报纸需要每周更换一两次。在天气晴朗的时候，还可以将托盘、站棍、食盒等物品全部用清水洗净后进行晾晒。这样的大扫除请记得每个月都要至少进行一次。

取出鸟儿之后，可以用水将笼子全部冲洗干净，然后放在阳光下暴晒消毒。与杀菌的药品相比，用阳光消毒对人和鸟儿都更为安全。有些笼子的托盘是可以拆卸的。如果使用的是这种笼子，要记得用刷子将粘在托盘上的鸟粪擦洗干净。

如果有备用的笼子，可以先将鸟儿放进备用笼子，然后再进行清扫。如果暂时需要将鸟儿放进纸箱的话，千万注意不能让它们打开盖子——毕竟，鹦鹉的喙可是十分灵巧的。

手握虎皮鹦鹉的方式
将虎皮鹦鹉握在手里时，请用食指和中指夹住它的脖颈附近。为了便于给它们修剪趾甲（详见第20页），建议也要学会使用左手来握住鸟儿。对于那些还不太习惯被人握在手里的虎皮鹦鹉，在抓取它们时可以戴上手套，以防被啄伤。

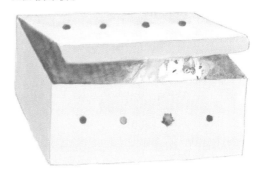

家里没人的时候

要是三四天不在家的话，多留一些水和食物就可以了。如果家中长期无人，那就需要将虎皮鹦鹉寄养在别人家里请对方帮忙照顾。别忘了将虎皮鹦鹉每天的情况和需要注意的地方事先记录在观察日记里，然后将日记和虎皮鹦鹉一起交给对方。

虎皮鹦鹉的健康注意事项

虎皮鹦鹉体形较小，一旦出现腹泻或炸毛的情况，很可能就已经无力回天了。在平时的饲养中，要记得仔细观察鸟儿是否健康。

强健的鸟儿

虎皮鹦鹉一般身体强壮。只要记得给予新鲜的食物，让鸟儿晒晒太阳，注意保持笼子干净，基本上不用担心它会生病。

检查健康状况

羽毛
有无掉落、蓬乱。

眼睛
有无眼屎或泪痕。

蜡膜
有无光泽，有无鼻涕。

尾羽
有无断裂、减少。

喙
有无光泽，是否过长。

屁股
有无污物附着。

爪部
有无光泽。

趾甲
是否过长。

日光浴

紫外线的照射能够促进维生素 D 的合成，使骨骼更为强壮。天气暖和的时候，可以让虎皮鹦鹉晒晒太阳，时间在 15 ~ 30 分钟为佳。夏季阳光过强，直晒的话虎皮鹦鹉可能中暑，所以要学会根据季节的不同，合理地安排日光浴的地点及时间。例如，可以让笼子的一半背阴，风太大时把笼子放在避风的地方。

保温
鸟儿的体温比人类的要高，在 40℃左右。由于它们的身体较小，生病时很难保持正常的体温。如果发现鸟儿将头埋进背后的羽毛中，又或是出现缩头、炸毛等情况时，请先尽量采取保温措施，让它们暖和起来。

喙与趾甲

与野生鸟儿相比，家养虎皮鹦鹉用到喙和趾甲的机会较少，所以喙与趾甲很可能会长得过长。当发现喙和趾甲过长时，就要用指甲刀慢慢进行修剪，修剪时注意不要碰到血管。

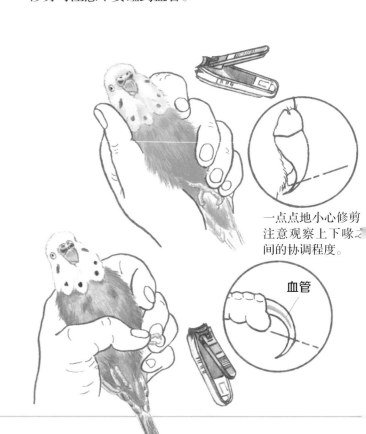

一点点地小心修剪
注意观察上下喙之间的协调程度。

血管

不同季节的饲养方式

春——天气转暖，寄生虫活跃起来。请用热水烫洗笼子进行消毒。

夏——梅雨季节请务必保持通风。虎皮鹦鹉不会出汗，平时是靠张嘴呼吸来进行降温的。如果看到鹦鹉张着嘴呼哧喘气的话，请将它们转移到凉爽的地方。

秋——注意夜晚降温。如果雏鸟刚刚与父母分笼，请在笼内铺上纸巾等进行保温。

冬——打开空调，保证温度在10℃以上。使用暖炉等工具时，请注意温度不要过高。

将它掉落的羽毛保留起来吧。

绿色和蓝色的羽毛会一直闪闪发亮，而且永不褪色。

如果虎皮鹦鹉对着镜子吐食

如果家中只养了1只雄性虎皮鹦鹉的话，有时可能会出现它对着镜子吐食的情况。其实，这是雄性在给雌性赠送礼物的行为，也被称为求爱漱食。雄性将镜子里的自己当成了异性，所以才会出现漱食的行为，这可不是生病。

提前找好宠物医院

感冒、难产、长螨虫等寄生虫是虎皮鹦鹉可能出现的几种主要疾病。此外，饲养在笼中的虎皮鹦鹉有时也可能受伤。

如果发现它出现了腹泻、炸毛等情况，此时很可能已经无力回天了。若自己处理不了或发病原因不明，请立刻去找兽医进行诊断。另外，平时就要找好可以收治鸟类的宠物医院，用药时也请咨询兽医的专业意见。

如果羽毛出现破损

如果在6月前后出现了羽毛自然破损的情况，这其实并不是虎皮鹦鹉生了病或是受了伤，而是它即将长出新羽的一种换羽行为。30～40天以后，鸟儿便会重新长出一身漂亮的羽毛了。

虎皮鹦鹉虽然平时不爱打架，但如果关系不好总是因打架受伤的话，建议还是将不和的虎皮鹦鹉分笼饲养为佳。

会传染给人的疾病

鹦鹉热是一种由衣原体引起并可传染人类的疾病。在从热带地区直接运送而来的野生鸟儿身上，偶尔能发现其携带该种衣原体。

如果虎皮鹦鹉死了

要是家里有院子的话，请就地埋葬。如果没有地方掩埋，可以咨询相关的政府部门进行火葬处理。闲置的笼子等物品请彻底清洗并用开水消毒后晒干收好。

虎皮鹦鹉的繁殖

感情融洽的两只虎皮鹦鹉繁殖起来极为简单。不过在繁殖之前，请先考虑好自己是否可以一直饲养雏鸟，或者是否可以找到合适的人接手。

虎皮鹦鹉相处是否融洽

只要仔细观察一下，就能很快看出虎皮鹦鹉之间的相处是否融洽。如果出现相互鸣叫、互蹭鸟喙、相互梳毛等情况，说明它们之间的关系很好，相处得也十分不错。

如何分辨公母

我们可以通过虎皮鹦鹉蜡膜的颜色来区分雌雄。不过对于幼鸟及云斑、白化种等品种的虎皮鹦鹉来说，雄性与雌性的蜡膜均是肉色的，很难进行区分。

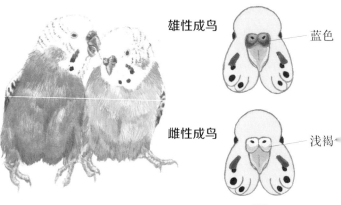

雄性成鸟 —— 蓝色

雌性成鸟 —— 浅褐

选好伴侣

选择的虎皮鹦鹉需身体健康，无血缘关系。另外，所选的不能有产蛋不孵、啄蛋、弃蛋等恶习。

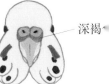

已经做好产卵准备的雌鸟 —— 深褐

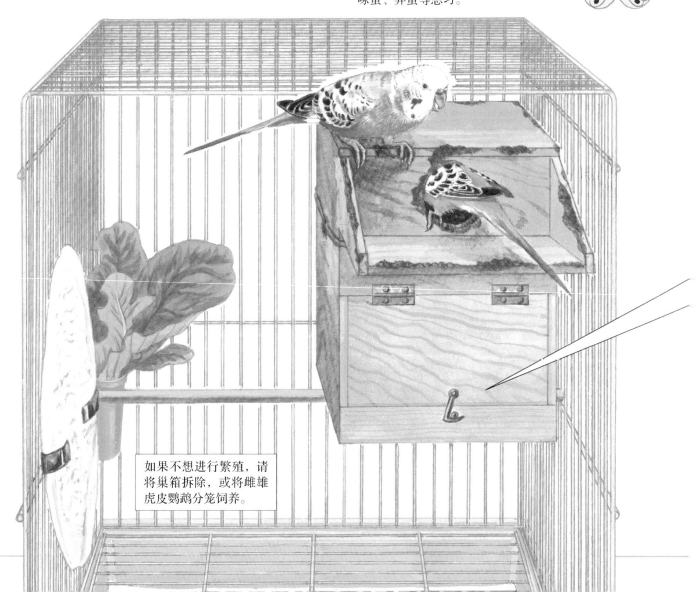

如果不想进行繁殖，请将巢箱拆除，或将雌雄虎皮鹦鹉分笼饲养。

交尾

交尾时，雄性虎皮鹦鹉会打开翅膀将雌性抱住。虎皮鹦鹉的这种交尾姿势较为特殊，在其他鸟儿中并不常见。

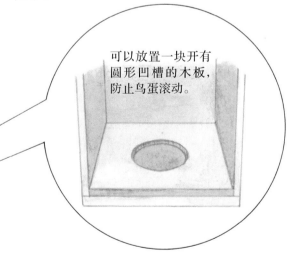

繁殖的季节

虎皮鹦鹉的故乡是一个气候较为干燥的地方。潮湿的梅雨季节或闷热的夏季环境都令它们很是难挨，所以如果想要人工繁殖的话，还是要选在适宜虎皮鹦鹉生活的春秋两季进行。如果发现雄性与雌性之间举止亲密，而且雌鸟蜡膜的颜色也已变深，那就说明雌鸟已经做好了产卵的准备。此时，就要多给它们喂食一些繁殖期饲料。

树洞中的鸟巢

野生的虎皮鹦鹉会在桉树等树木的洞穴中筑巢。在同一棵树上，虎皮鹦鹉们会集体筑巢进行繁殖。

准备巢箱

野生的虎皮鹦鹉在树枝上睡觉，只有繁殖时才会钻入鸟巢。因为笼子中放置巢箱后空间会变小很多，所以只需在繁殖阶段将巢箱放入笼子。

正在孵蛋的雌鸟与送来食物的雄鸟。

可以放置一块开有圆形凹槽的木板，防止鸟蛋滚动。

繁殖时，最好选择一个较大的方形巢箱。

在购买巢箱时，选择虎皮鹦鹉专用的款式比较方便。巢箱可以放在笼子底部，也可以用金属丝牢牢地悬挂固定在笼壁上。不过把巢箱悬挂在笼壁上时需要注意，一定要在巢箱上面留出可供雄鸟站立的空间。

虎皮鹦鹉会自行啃啄巢箱并将碎屑铺在里面，所以无须单独准备木屑。

雌鸟产卵
与雏鸟成长

如果雌鸟总是愿意待在巢箱里，那就说明它很快就要产卵了。雌性虎皮鹦鹉通常一次可产卵5~6枚，18~20天后雏鸟孵化，再过40天左右雏鸟即可离巢。

产卵

在做好产卵准备后，雌鸟的蜡膜颜色加深，开始频繁地叮啄巢箱。当雌鸟的屁股鼓起且排出的粪便较粗时，说明它已经产下第一枚鸟蛋了。通常情况下，雌鸟每天或隔一天产一枚卵，每窝卵共5~6枚。

与排便过程相同，鸟儿在产卵时也是经由泄殖腔将鸟蛋排出体外的。产卵后泄殖腔孔变大，粪便也会变粗许多。

雏鸟的喂养

在产卵2~3枚以后，雌鸟就开始孵蛋了。整个孵化过程大约需要18天。孵化成功后，雏鸟会发出类似虫鸣的啾啾叫声，此时并不需要对巢箱进行查看。另外，成鸟还会将自己胃里消化过的黏稠状食物反吐，而后喂食给雏鸟吃。

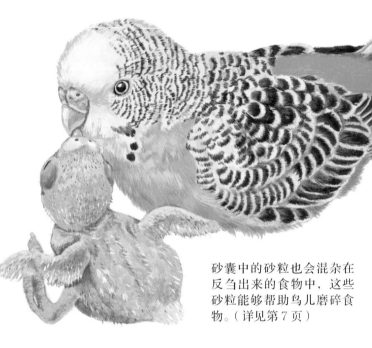

砂囊中的砂粒也会混杂在反刍出来的食物中，这些砂粒能够帮助鸟儿磨碎食物。（详见第7页）

孵蛋由雌鸟单独完成。在此期间，雄鸟会给雌鸟送来食物。

虎皮鹦鹉会将啄食巢箱后掉落的木屑叼进箱里做窝，雌鸟也会在这里产卵。

鸟窝之中

雏鸟的成长

破卵齿
用来啄破蛋壳的凸起。位于上喙前端，孵化数日后自行消失。

破壳时
雏鸟未生羽毛，周身呈粉红色，喙部前端生有破卵齿。

注意事项

雌鸟进入巢箱之后，请用布料盖住鸟笼并保持安静。换食时动作要快。请注意千万不要偷看巢箱，否则雌鸟可能会出现啄蛋、弃蛋等情况。在雏鸟哺育期间，请提供充足的加纳利子、黍子、保健砂等饲料供成年虎皮鹦鹉食用。

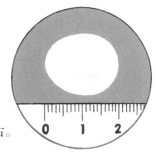

虎皮鹦鹉蛋长 2 厘米左右。

无法孵化的鸟蛋

当饲养环境中没有雄鸟时，雌鸟产的蛋是无法孵化的。另外，如果雌鸟在孵化过程中受到惊吓，鸟蛋中的雏鸟可能会停止发育。对于那些没有产在窝里的鸟蛋来说，由于雌鸟不会对其进行孵化，所以也是无法孵出小鸟的。

燕子一家
（晚熟性雏鸟）

斑嘴鸭一家
（早熟性雏鸟）

早熟性雏鸟与晚熟性雏鸟

破壳后可立刻离巢并能跟着成鸟走来走去的雏鸟，我们称之为早熟性雏鸟，如鸡、斑嘴鸭等等。与此相对，破壳后还需要成鸟将食物送至鸟巢进行喂养的雏鸟，我们称之为晚熟性雏鸟，如麻雀、燕子等。虎皮鹦鹉属于晚熟性雏鸟。我们可以通过人工喂食的方式来替代成鸟的哺育，这样就能培养出可爱的手养虎皮鹦鹉啦。

在此之前，切记不要偷看巢箱。

最好不要偷看巢箱。如果想训练手养鹦鹉，则应在破壳 2 周后将其与成鸟分开，且最晚不可超过 3 周。

第 1 周
生出羽毛，但皮肤仍清晰可见。

第 2 周
开始长出柔软的绒毛。眼睛睁开。

第 3 周
周身被绒毛覆盖，翅膀逐渐伸展。此时便可知虎皮鹦鹉长大后的颜色了。

第 4 周
爪部愈发有力。肚子饿时鸟儿会叫个不停。

第 5 周
雏鸟便会从巢箱出来。此时便是它们离巢的时候了。

第 6 周
能够独自进食。此时可以与成鸟分开饲养了。

第 4 个月
雏鸟羽毛开始掉落，成鸟羽毛开始生出。

第 6 个月
成鸟羽毛长全。

手养鹦鹉

如果从雏鸟开始养起，虎皮鹦鹉会变得十分黏人，甚至习惯于站到人的手上。一看到主人出现，它们就会一下子兴奋起来，迫不及待想要从笼子里出来玩耍。

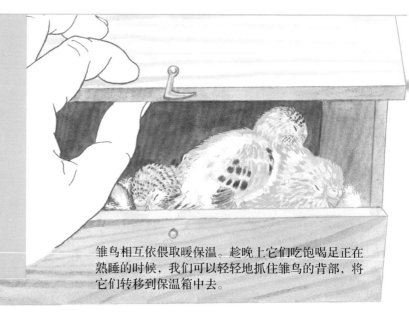

雏鸟相互依偎取暖保温。趁晚上它们吃饱喝足正在熟睡的时候，我们可以轻轻地抓住雏鸟的背部，将它们转移到保温箱中去。

离开成鸟

如果想让鹦鹉习惯手养，就要在雏鸟破壳 2 ~ 3 周时将其与成鸟分开，把雏鸟装入保温箱中进行饲养。当巢箱中可以听到雏鸟叫声的时候，就可以算为它们破壳的第 1 天了。

这个时期的雏鸟在宠物商店里也是可以买到的。如果饲主能够替代成鸟抚育雏鸟的话，虎皮鹦鹉就会慢慢习惯于手养了。

保温箱

饲养羽毛还未长全的雏鸟所用，保温性能极佳。

铺上纸巾等进行保温。

格子笼

搬运鸟儿时使用的笼子。等到虎皮鹦鹉的羽毛长齐，就可以放进格子笼里搬运了。格子笼也可用箱子或鱼缸等代替。

如何制作饲料

雏鸟所吃的都是在成鸟的胃部经过加热的食物。雏鸟的主食多为小米，因此我们需要先用热水将其泡软后再对雏鸟进行喂食。由于水泡后的小米易坏，故每次只做一顿饭的量即可。

1 周以后，雏鸟饭量激增，我们可以适当添加一些保健砂、青菜来为它们补充钙和维生素。

用热水将小米烫洗消毒，放至不烫手后再进行喂食。

鸟儿的饭量取决于嗉囊的大小。刚开始时，喂食 1 勺饲料就够了。

将新鲜的蔬菜用研钵或料理机打碎后进行喂食。

手养鹦鹉的喂食方法

手养虎皮鹦鹉的诀窍就在于其巧妙的喂养方式。

勺子

由于虎皮鹦鹉的喙上部向下弯曲，所以在日本用来辅助饲喂文鸟的竹片是不适合拿来辅助喂食虎皮鹦鹉的。我们可以试着用一下家里的小勺，或者干脆买一把带孔的勺子，方便沥水。

雏鸟不爱吃冰冷的食物。如果感觉鸟儿没什么食欲，不妨将食物再热一次试试。

等到雏鸟肚子饿了便会张大嘴巴着急吃食的时候，虎皮鹦鹉就不会再嫌弃冷掉的食物了，有时候还会把那些掉在外面的饲料捡起来吃干净呢。

多与它玩耍

就算雏鸟可以自行进食了，我们也还是要坚持将其放在手上喂食。手养虎皮鹦鹉最喜欢的，就是经常给它喂食的人了。要记得温柔地跟它讲话，多喊喊它的名字，与鹦鹉增进感情。

喂食方法

刚开始的时候，我们要将勺子上的食物灌入鸟喙。等到鸟儿会自行进食，我们就可以将虎皮鹦鹉从保温箱里取出，放在自己的手上进行饲喂了。这样一来，鸟儿与饲主的关系也会愈发亲密，甚至一看到食物就会主动跳到人的手上。

喂食时间

最初需要从早到晚每隔 1 ~ 2 小时喂食一次。大约 1 周之后，就可以改为每隔 3 ~ 4 小时喂食一次了。当鹦鹉的羽毛开始慢慢长齐的时候，我们可以在碟子中放入浇过热水的小米，让鸟儿学着自己进食。差不多 1 个月之后，就可以将小米换成与成鸟相同的饲料了。

喂食多少

当雏鸟唤食的声音变小，开始不太愿意张嘴时，它们应该已经吃饱了。此时，鸟儿的嗉囊圆鼓鼓的像个葫芦，仿佛马上就要被食物撑破了。

嗉囊的位置

会说话的鹦鹉

与八哥一样，鹦鹉也很善于模仿人类说话。我们可以将虎皮鹦鹉在室内放飞，然后一边和它们玩耍，一边开心地教它们说话。

鹦鹉学舌

有些种类的鸟儿甚至还能模仿配偶的叫声。虎皮鹦鹉模仿的是人类的声音，不过它们只是学舌而已，其实并不明白模仿的话的意思。虽然会学舌的不一定都是手养虎皮鹦鹉，但是喜欢站在手上玩耍的大多能够更迅速地学会说话。

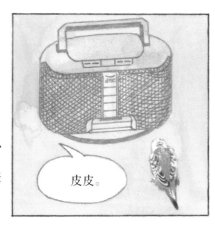

如果时间太忙没办法陪它们玩耍的话，也可以用磁带来进行训练。

皮皮。

训练

选择孵化 2 个月左右的幼鸟开始训练为佳。这时的幼鸟正处在从唧唧啾啾的叽喳声向高亢嘹亮的鸣叫声转变的时期。虽然鸟儿们有着自己的特点，例如有些学舌很快，有些则学舌较慢，但训练其实也是有一定诀窍的。让我们坚持不懈地、快乐地对虎皮鹦鹉进行训练吧。

只养一只

如果想教虎皮鹦鹉说话，建议只养一只。这是因为只要有同类出现，鹦鹉之间便会互相鸣叫，也就很难去记住人类的语言了。（详见第 3 页）另外，雌鸟虽然也会模仿，但相对来说还是雄鸟更爱说话。

训练的技巧

音调较高的声音更易于虎皮鹦鹉模仿，女性比男性教得要快，小孩比大人教得要好。最好是同一个人用同一种声音不断重复同一句话来进行训练。先从简单的词语教起，待它们学会简单的话语以后，再逐渐加长训练的句子。

笼外训练

在训练虎皮鹦鹉说话时，我们可以将它们放出笼外，边玩边教。不过，即便是已经养熟的，也还是很有可能会在受到惊吓后突然飞走的。如果在户外放飞，虎皮鹦鹉可能无法独立回家，甚至还有可能被大鸟抓走。所以，放飞请选择室内进行。

试着让虎皮鹦鹉停在你的手上或者肩上，也可以试着将饲料放在手里让它们啄取。如果能让虎皮鹦鹉记住口哨的声音就是喂食信号的话，一吹口哨它们就会朝着你飞过来了。

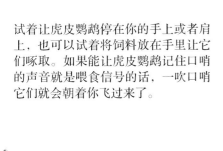

室内放飞时的注意事项

注意窗户
鹦鹉可能会撞在透明的玻璃上，提前拉好窗帘就放心多了。

小心猫咪等动物
家养虎皮鹦鹉并不了解猫和狗等动物的危险性，请不要让它们在你没留神的时候受到攻击。

提醒家人
此外，如果没有看牢的话，虎皮鹦鹉也有可能会被家人不慎踩到。建议只在你可以陪着它们玩耍的时候，将其放出笼外。

如果实在抓不住室内放飞的虎皮鹦鹉，可以从背后悄悄靠近，然后用布将其罩住。

留意锅具及蟑螂贴等物品
做饭时请不要让虎皮鹦鹉在空中飞翔，以防鸟儿飞进热锅的惨剧发生。

如果虎皮鹦鹉不小心粘到了地上的蟑螂贴，羽毛很可能会受伤脱落。

一起来观察吧

虎皮鹦鹉在想让人陪它玩耍的时候，会走过来歪着小脑袋发出"邀请"。

经常观察虎皮鹦鹉的动作，你就能慢慢了解它们想要表达的意思了。

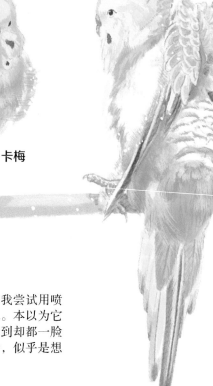

波奇

面对比自己年长的波奇，后来才养的卡梅显得有些拘谨，经常还会一边看着波奇的表情，一边模仿波奇的动作。在养了2只鹦鹉以后，它们性格上的差异就表现得非常明显了。

▲ 倒挂金钩
每当喊到波奇的名字时，它都会靠在笼子上仔细地分辨我的声音，仿佛是在回应我。

卡梅

波奇

◀ 洗澡
夏天很热的时候，我尝试用喷壶给它们喷了喷水。本以为它们会很开心，没想到却都一脸嫌弃地展开了翅膀，似乎是想赶快逃走。

波奇会在小碟子里用水洗澡，但是似乎对喷水很是恐惧。想来也许是因为虎皮鹦鹉的故乡气候少雨干旱，所以它才不太明白下雨是怎么回事吧。

卡梅

波奇

虎皮鹦鹉

◀ 吊住身体

卡梅有时会用这个姿势将自己吊在笼子上，可能是在表达赶紧让人把它放出去玩的意思吧。

▲ 打开书来

一看到虎皮鹦鹉的照片，波奇立刻摆出了警惕的姿势。

波奇

▶ 仰面朝天

波奇仰躺在我的手上，一动不动。不知道是太过惬意还是有些犯困，它后来陶醉地闭上了眼睛。

波奇

◀ 一探究竟

只要飞出笼子，它们就会对周围的一切表现出极大的好奇，就连罐头盒子也要钻进去看看才肯罢休。

▶ 晚安好梦

周围环境暗下来以后，它们便会立刻老老实实地进入梦乡了。睡觉的时候，它们低头的姿势也都是一模一样的呢。

波奇   卡梅

图书在版编目（CIP）数据

把大自然带回家.我想养只虎皮鹦鹉/（日）小宫辉
之著；（日）大野彰子，（日）大野弘子绘；曹元译. --
北京：中信出版社，2021.4
　　ISBN 978-7-5217-2646-6

Ⅰ.①把… Ⅱ.①小…②大…③大…④曹… Ⅲ.
自然科学—儿童读物 Ⅳ.① N49

中国版本图书馆 CIP 数据核字 (2020) 第 260455 号

把大自然带回家·我想养只虎皮鹦鹉

著　　者：[日] 小宫辉之
绘　　者：[日] 大野彰子　[日] 大野弘子
译　　者：曹元
出版发行：中信出版集团股份有限公司
　　　　　（北京市朝阳区惠新东街甲4号富盛大厦2座　邮编　100029）
承 印 者：北京汇瑞嘉合文化发展有限公司

开　　本：889mm×1194mm　1/16　　印　张：2　　字　数：75千字
版　　次：2021年4月第1版　　印　次：2021年4月第1次印刷
京权图字：01-2020-7610　　审 图 号：GS (2020) 6609号（本书地图系原文插附地图）
书　　号：ISBN 978-7-5217-2646-6
定　　价：179.00元（全9册）

出　　品：中信儿童书店
图书策划：知学园
策划编辑：隋志萍　　责任编辑：鲍芳　　营销编辑：张超　李雅希　王姜玉珏
封面设计：谢佳静　　内文排版：王哲　　审　定：杨毅